聚合氯化铝絮凝形态学与凝聚絮凝机理

冯成洪　毕　哲　伍晓红　著

科学出版社

北　京

内 容 简 介

本书基于传统 Al-Ferron 络合反应动力学（Ferron 法）与 ^{27}Al NMR 光谱联合应用，以及改进提出的新型电喷雾质谱（ESI-MS）定性定量表征技术，系统探讨碱化度连续变化的典型羟基聚合铝溶液中羟基铝团簇（尤其是 Keggin 结构和平面 Mögel 结构 Al_{13}）的形态、结构，阐述不同结构铝（六元环结构与 Keggin 结构）的双水解转化模式；在此基础上，从界面吸附絮凝过程、絮凝动态过程及絮体结构变化、絮凝过程颗粒物间的相互作用能变化等角度深入研究羟基聚合铝的凝聚絮凝作用机理，并以传统混凝剂硫酸铝为对比，综合分析羟基聚合铝的絮凝特点、适用条件及其化学计量特性。

本书可供水处理、絮凝剂生产及应用、无机聚合物化学等方面的科研人员，以及给水排水工程、环境工程、环境科学、环境化学等学科的高校师生阅读和参考。

图书在版编目（CIP）数据

聚合氯化铝絮凝形态学与凝聚絮凝机理/冯成洪，毕哲，伍晓红著. —北京：科学出版社. 2015.3

ISBN 978-7-03-043735-8

Ⅰ. ①聚… Ⅱ. ①冯… ②毕… ③伍… Ⅲ. ①聚合–氯化铝–水絮凝–研究 Ⅳ. ①TU991.22

中国版本图书馆 CIP 数据核字（2015）第 049853 号

责任编辑：周巧龙 赵 慧/责任校对：赵桂芬
责任印制：徐晓晨/封面设计：铭轩堂

科 学 出 版 社 出版
北京东黄城根北街 16 号
邮政编码：100717
http://www.sciencep.com

北京厚诚则铭印刷科技有限公司 印刷
科学出版社发行 各地新华书店经销
*
2015 年 3 月第 一 版 开本：B5（720 × 1000）
2015 年 3 月第一次印刷 印张：16 3/4
字数：335 000
定价：98.00 元
（如有印装质量问题，我社负责调换）

序

    这本书是根据我们研究室冯成洪、毕哲、伍晓红三位的博士学位论文综合编著而成的。他们的共同研究方向是"无机高分子絮凝剂羟基聚合铝的形态转化及作用机理"。这是我室多年来传统研究系列项目之一，它已经趋于完整并形成具有独立特色的理论体系。他们三位的研究成果继承和发展了前人的成绩，开拓了新的研究点并提出了自己的实验验证，使这一研究系列进入更深入的层面。

    冯成洪的论文主要研究了分光光度扫描统计分析聚合铝形态分类法，并以核磁共振 ^{27}Al NMR 法证实把 Al_b 划分为 Al_{b1} 及 Al_{b2} 的合理性。毕哲的论文主要研究了平面 Mögel-Al_{13} 晶体形态的存在和制备条件，并实验表明了它和 Keggin-Al_{13} 二者形态转化的过程及机理。伍晓红的论文主要以微界面定量计算研究了羟基聚合铝的絮凝机理特色，并以 DLVO 理论计算表达出势能曲线第二极小值的絮凝机理。此外，冯成洪、汤鸿霄、毕哲还一起集中研究改进了以电喷雾质谱法识别羟基聚合铝谱图的原则及形态列表方法。

    所有这些研究进展都已发表在国外 SCI 期刊十数篇论文中，进一步充实了我室絮凝理论及实践研究的文献系列。这次又由冯成洪为主编写成书以中文出版，为国内读者提供直接有序的版本。本书就内容的延续和深入而言，也堪称为已由中国建筑工业出版社出版的《无机高分子絮凝理论与絮凝剂》一书的续集。

中国科学院生态环境研究中心
环境水质学国家重点实验室

2015 年 2 月

前　言

　　1965 年，汤鸿霄先生发表文章《浑浊水铝钒絮凝机理的胶体化学观》，综述了当时水处理领域中各派学者的观点，系统阐述了絮凝物形态和絮凝机理，提出絮凝物质和混凝剂的形态学，结合凝聚物理理论强调了势能第二极小值的作用，对不同凝聚和絮凝区域提出脱稳和黏结各有侧重的观念。时隔五十年，我们编著这本《聚合氯化铝絮凝形态学与凝聚絮凝机理》，以无机高分子絮凝剂羟基聚合铝为研究对象，应用 Ferron 比色分析法、^{27}Al NMR、电喷雾质谱（ESI-MS）和混凝实验等技术手段，对羟基聚合铝水解过程中的形态转化、结构特征及其凝聚絮凝作用效果进行定性和定量分析，力图进一步阐述羟基聚合铝的水解聚合转化双水解模式和凝聚絮凝过程中的第二极小值作用。编著本书不仅是传承五十年前汤鸿霄先生提出的"絮凝机理的胶体化学观"，更是向先生在科学道路上孜孜不倦、勇于探索的精神致敬！

　　在现代水污染日益严重且水质标准要求日益严格的背景下，混凝过程不仅要满足形成粗大絮团后达到除浊和除色的目的，而且还要达到去除有机有毒微量物质等纳米级污染物的要求，这也提高了对絮凝剂凝聚絮凝特性的要求。自 20 世纪 60 年代以来，人工预制的无机高分子絮凝剂得到了蓬勃发展，其在溶液中的化学形态转化、结构特征及其相应的凝聚絮凝效果和机理受到国内外大量学者的关注与研究，我们三人也有幸在汤鸿霄先生的带领下成为该领域研究行列的成员。在先生的指导下，我们分别以羟基聚合铝的形态转化和作用机理为研究方向，一方面采用改进的 Al-Ferron 络合反应动力学方法、^{27}Al NMR 光谱和 ESI-MS 等方法，综合探讨了不同强制水解和自发水解条件下铝形态分布、结构及转化过程，对融合并高于传统六元环模式和 Keggin-Al$_{13}$ 笼状模式的双水解模式进行了阐述、验证；另一方面以球形二氧化硅颗粒物模拟水处理颗粒物群体微界面，从界面吸附絮凝过程、絮凝动态过程及絮体结构变化、絮凝过程颗粒物间的相互作用能变化等角度深入探讨羟基聚合铝絮凝剂的凝聚絮凝作用机理，并以传统混凝剂硫酸铝为对比，综合分析了羟基聚合铝的絮凝特点、适用条件及其化学计量特性。虽然是在不同时间阶段投身汤鸿霄先生门下，并且采用的研究方法和手段不同，但我们研究的对象是相同的。同样怀着对铝系家族前生后世的好奇与关注，同样沐浴在先生淳厚质朴的学者风范下，我们不仅取得了一些研究进展，更收获了人生成长的金色年华，也因此有机会将博士学习期间的研究成果整理成册。

　　本书内容先后在"颗粒物群体微界面吸附絮凝的作用机理和计算模式"（项

目号：50678167)、"改进铝谱解析——电喷雾质谱法对 Al（III）水解团簇形态及转化机制的研究"（项目号：21007004）等国家自然科学基金项目，以及"多相凝聚的微界面过程与强化混凝工艺原理"国家杰出青年科学基金（项目号：51025830）的资助下，在汤鸿霄先生及研究组组长王东升老师的鼓励与大力支持下完成。本书摘用了汤鸿霄先生的部分总结报告，融合了研究组王东升、葛小鹏、石宝友等几位老师的部分研究思路，也综合了中国科学院生态环境研究中心环境微界面研究组相关同学的部分研究成果。当然，书中也大量引用了国内外相关科研人员的研究成果以说明佐证我们的结论，在此对列出及限于篇幅要求没有列出的引用文献成果的作者深表谢意。

尽管本书详细论述了羟基聚合铝水解聚合形态结构、转化模式及其微界面接触絮凝过程、凝聚絮凝机理方面的一些进展，然而不足及遗憾之处仍然较多，要完全弄清羟基聚合铝水解聚合形态结构及其絮凝行为、针对性地提出合适的絮凝工艺参数仍需无数科研工作者前赴后继的努力。同时，鉴于羟基铝团簇形态结构的复杂性及现有仪器技术的不足，本书在论述过程中也将部分至今仍存在争议、从不同角度得出的观点一并列出，愿本书引用的相关研究者的研究成果能为广大科研工作者开展相关工作提供参考。

作　者

2015 年 2 月

目　　录

第1章 绪 论

絮凝是当今水处理技术中应用最广泛、最普遍的单元操作工艺。无论是在给水处理，还是污废水处理及污泥处理中，絮凝往往是各种处理工艺流程中不可缺少的前置关键环节。絮凝效果的好坏决定着后续流程的运行工况、最终出水质量和成本费用。

随着经济的发展，水质恶化日趋严重，传统水处理工艺往往不能保证合格安全的出水，研究开发新的水处理技术工艺已成为当今亟待解决的重点问题。强化絮凝成本低、效率高，已逐渐发展为水质深度处理的一个重要技术方法。该技术通常可以包括三个方面：发展新型高效絮凝剂、发展高效絮凝反应器及高效自控系统，三者相互结合，可从整体上改进絮凝出水的效率和质量。其中，絮凝剂特性及其形态转化又起着核心作用[1]。

在研发新型高效絮凝剂方面，无机高分子絮凝剂无疑是当前研究的热点。迄今为止，很多研究者提出了各种各样的无机高分子絮凝剂，如聚合氯化铝、聚合硫酸铝、聚合磷酸铝、聚合硅酸铝铁、聚合硅铝，以及有机高分子与聚合铝复合型絮凝剂等。其中，聚合氯化铝是当前工业生产技术最成熟、效能最高、应用也最为广泛的品种。相对于传统的硫酸铝絮凝剂，聚合氯化铝具有适应性强、高效、价廉的优点，近年来得到了广泛应用，正在逐步成为絮凝工艺的主流药剂。

尽管聚合铝絮凝剂在中国、日本、俄罗斯以及欧洲等国家和地区都已有相当规模的生产及应用，但对其基础理论研究却始终停留在传统硫酸铝盐药剂的作用机理上，对于这类新型药剂为何比传统的硫酸铝更为高效尚缺乏深入的科学验证和理论分析，这在很大程度上影响了无机高分子絮凝剂尤其是羟基聚合铝絮凝剂的进一步开发及应用[2, 3]。

此外，水溶液中铝的化学行为和生态毒性主要取决于它的存在形态。已有研究表明，聚合铝对植物和水生生物产生的毒害作用比 Al^{3+} 和单核铝更严重，对环境的影响更为深远。聚合铝在水体中通过聚合、絮凝、沉淀、络合、吸附以及电中和等物理化学反应影响着其他元素尤其是一些重金属的生物地球化学循环，其他污染物的迁移，以及污染物的存在形态及生态毒性。同时，也有研究者指出，水处理出水中残余铝的存在以及铝壶烧水等原因使饮用水中铝浓度升高，这已成为引起骨质疏松、老年痴呆、帕金森病及肌萎缩侧索硬化等疾病的重要致病因素之一。对羟基聚合铝形态结构的研究将会对其在地球化学、土壤化学、环境科学及医学等学科的应用产生积极的影响[4, 5]。

近年来，随着羟基聚合铝絮凝剂的广泛应用，有关羟基聚合铝的基础研究及报道也在日益增多。但总体上说，尚有许多不同观点，达不到统一认识。因此，有必要从羟基聚合铝形态分布及其转化规律、水解聚合反应控制参数及其制备条件、投加后的形态转化及其稳定性，以及高效凝聚絮凝机理及其效能等方面对羟基聚合铝进行全面、深入、系统的研究探讨。

1.1　铝的水化学概述

铝通常以 Al（Ⅲ）的形式存在。在水溶液中，铝离子是半径小并带高正电荷的阳离子。在低 pH 水溶液中，铝离子通常络合 6 个水分子，以八面体结构的六水合铝离子形式存在。其中，配位水分子中荷负电的 O 朝向铝离子，荷正电的 H 则背离中心铝离子。Al—O 结合形成的强键减弱了水分子中 O—H 的结合力，使一部分氢离子容易离解扩散到溶液中，生成不同级别的羟基铝化合态，而使溶液趋向酸性，此过程称为铝离子的水解。当溶液 pH 增大时，铝离子周围络合的 6 个水分子逐步脱去氢离子，转移给周围溶液水分子，各级脱质子反应过程如下[6]：

$$Al^{3+}+H_2O \rightleftharpoons [Al(OH)]^{2+}+H^+ \qquad K_{1,1}$$

$$[Al(OH)]^{2+}+H_2O \rightleftharpoons [Al(OH)_2]^{+}+H^+ \qquad K_{1,2}$$

$$[Al(OH)_2]^{+}+H_2O \rightleftharpoons Al(OH)_3+H^+ \qquad K_{1,3}$$

$$Al(OH)_3+H_2O \rightleftharpoons [Al(OH)_4]^{-}+H^+ \qquad K_{1,4}$$

式中，$K_{x,y}$（$x=1$，y 分别为 1、2、3、4）为逐级水解常数，其值列于表 1-1。

表 1-1　Al（Ⅲ）的逐级水解常数

	$K_{1,1}$	$K_{1,2}$	$K_{1,3}$	$K_{1,4}$
$\lg K_{x,y}$	−4.95	−5.15	−6.7	−6.07

整体而言，在溶液 pH 较低时，铝水解聚合形态通常是以八面体结构的 $Al(OH)^{2+}$、$Al(OH)_2^{+}$、$Al(OH)_3^{0}$ 等形态存在，而在更高 pH 条件下则主要是以四面体 $Al(OH)_4^{-}$ 为主要存在形态。总之，随 pH 的变化，溶液中水解聚合铝形态分布也相应发生变化。不同溶液 pH 下铝水解产物形态含量*的变化如图 1-1 所示[7]。

---

* 含量为质量分数。

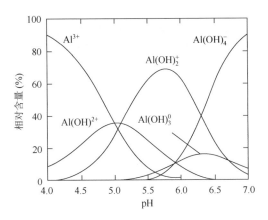

图 1-1 不同 Al（III）水解形态含量随溶液 pH 的变化[7]

实际上，羟基铝离子在外界因素的促发下有强烈的聚合趋势。单核铝离子在水中趋于聚合生成初聚体及高聚体等多种羟基聚合形态。铝在水解聚合过程中，OH 作为配位体，存有三对可提供的孤对电子，可发生羟基桥联，生成具有聚合结构的羟基铝离子，且随溶液 pH 的升高或碱化度（B）的增加，这种聚铝离子会继续生成复杂多变的各种羟基聚合物[6]。

聚合铝离子可以看作是 Al（III）在水中经水解聚合转化为氢氧化铝沉淀过程中出现的一系列动力学中间产物，是在铝离子水解和聚合两个反应交替进行过程中形成的。水解反应的结果使得水解形态的电荷降低，羟基增多，因而为进一步聚合创造条件；而聚合的结果使得离子电荷增大，静电斥力阻碍进一步聚合，因而有待于发生进一步水解；如此交替进行，在一定条件下，最后可达到难溶氢氧化铝沉淀的终点。对于铝离子在水中发生的一系列水解、聚合直至沉淀的过程，可综合表达为[7]

$$x\text{Al}^{3+} + y\text{H}_2\text{O} \rightleftharpoons \text{Al}_x(\text{OH})_y^{(3x-y)+} + y\text{H}^+$$

1.2 羟基铝水解聚合形态、结构

多核聚合铝的存在最早是 1931 年，由 Jander 与 Winkel 在测定碱式铝盐扩散系数的过程中提出[8]。1952 年，Brosset 应用电位滴定，并结合配位化学理论提出在铝水解溶液中存在一系列水解聚合形态，最初假设分子式为 $[\text{Al}(\text{OH})_3]_n$，其后在 1954 年又进一步明确提出在碱化度（$B=[\text{OH}^-]/[\text{Al}]$）为 2.5 的铝水解溶液中，存在 $\text{Al}[\text{Al}_2(\text{OH})_5]_n^{(3+n)+}$ 或 $\text{Al}_6(\text{OH})_{15}^{3+}$ 聚合形态[9, 10]。此后，Matijevic 等[11]还提出存在 $\text{Al}_8(\text{OH})_{20}^{4+}$ 聚合形态。Hsu 等[12, 13]采用化学络合、渗析实验以及 X 射线衍射等方法，提出铝原子是以环状结构相连，其最小结构单元是六元环状的

$Al_6(OH)_{12}^{6+}$ 聚合物。Mesmer 和 Baes[14]根据酸度测定结果认为，在铝水解溶液中除存在 $Al_2(OH)_2^{4+}$ 和 $Al_{13}(OH)_{32}^{7+}$ 外，还有更大分子的聚合形态如 $Al_{14}(OH)_{34}^{8+}$、$Al_{15}(OH)_{37}^{8+}$ 等存在。Patterson 和 Tyree[15]采用光散射及浊度测定法研究了铝水解聚合形态转化，进一步指出在 $10^{-2}\sim10^{-5}$mol/L、碱化度 B 为 0.5～2.5 的水解铝溶液中存在 $Al_2\sim Al_{13}$ 水解聚合物，平均相对分子质量为 256～1430。到目前为止，其他研究者根据他们的实验结果或推算结果也曾提出其他聚合形态，如 $Al_2(OH)_5^+$、$Al_2(OH)_2^{4+}$、$Al_3(OH)_8^+$、$Al_3(OH)_4^{5+}$、$Al_4(OH)_8^{4+}$、$Al_6(OH)_{15}^{3+}$、$Al_6(OH)_{12}^{6+}$、$Al_7(OH)_{16}^{5+}$、$Al_9(OH)_n^{(27-n)+}$、$Al_{10}(OH)_{22}^{8+}$、$Al_{16}(OH)_{38}^{10+}$ 等。此外，还有氢氧化铝溶胶或沉淀$[Al(OH)_3]_n$ 等[10, 16, 17]。

尽管不同研究者提出的羟基聚合铝形态不尽相同，但是各形态大多是由不同研究者根据其实验结果推算出来的，这些形态结构是否存在依然缺乏直接证明。然而，很多研究提出，铝的水解聚合最终形态是固态 $Al(OH)_3(s)$。这种 $Al(OH)_3(s)$ 可以三种形式存在，即一种无定形 $Al(OH)_3(am)$，两种结晶形态 α-$Al(OH)_3(s)$ 及 γ-$Al(OH)_3(s)$。很多学者认为以往提出的各种铝水解聚合形态是以六元环为基本单元组成的，而这部分六元环均是八面体结构。单体向六元环转化过程中出现的形态如图 1-2[18]所示。

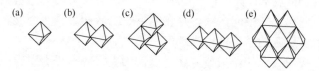

图 1-2 八面体铝单体（a）、二聚体（b）、紧密排列（c）、线型三聚体（d）、六聚体结构（e）[18]

如图 1-2 所示，羟基铝在由单体逐渐向高聚体铝甚至最终沉淀转化的过程中均保持了以六元环为基本组成单元的拜尔石结构。该过程就是传统上的核链六元环结构转化模式。该模式的提出澄清了铝形态转化过程，对铝水解聚合形态的认识起到了极大的推动作用。该观点以多核络合物的核链理论为基础，符合结晶规律，在地球化学、土壤学、地质、地矿等研究体系中得到了普遍认同[19, 20]。

但是，核磁共振（NMR）仪器的出现对这种传统的六元环转化模式提出了极大的挑战。该仪器可以明确鉴定 Keggin-Al_{13} 的结构（图 1-3），而传统的六元环结构转化理论无法阐述它的形成机理，尤其是其中间四面体铝的形成过程[5]。此外，核链六元环理论也无法很好地说明 Keggin-Al_{13} 向凝胶高聚体尤其是三羟基铝沉淀的转化过程。NMR 可以直接无破坏地对铝水解聚合形态进行测定，并且能直接给出结构信息。因此，Keggin-Al_{13} 的发现对铝的水溶液化学研究具有相当重要的意义，将铝的水解聚合研究引入更深的领域。

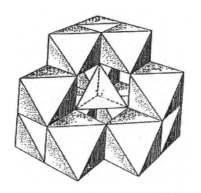

图 1-3　Keggin-Al$_{13}$ 的结构模型

Akitt 等首次应用 ^{27}Al NMR 的特征谱峰来鉴别铝溶液中的聚合形态[21]。最初研究表明，在 Al 浓度为 $10^{-2}\sim10^{-4}$mol/L、碱化度 $B=0.5\sim2.5$ 的铝水解溶液中主要存在 $Al(H_2O)_6^{3+}$、$Al_2(OH)_2(H_2O)_8^{4+}$、$Al_{13}O_4(OH)_{24}(H_2O)_{12}^{7+}$ 和 $Al_8(OH)_{20}(H_2O)_x^{4+}$ 等水解聚合形态。之后，Akitt 和 Farthing[22]进一步指出，在 $B>2.0$ 的铝水解溶液中，仅存在少量 $Al(H_2O)_6^{3+}$ 和 $Al_2(OH)_2(H_2O)_8^{4+}$，以及大量 $Al_{13}O_4(OH)_{24}(H_2O)_{12}^{7+}$ 聚合形态。Bottero 等[23, 24]分别采用 ^{27}Al NMR、电位滴定、小角度 X 射线散射、红外光谱以及化学平衡模式计算等多种手段综合研究了 Al 浓度为 0.1mol/L、$B=0.5\sim2.5$ 的铝水解溶液中的形态分布，认为铝在其水解溶液中的存在形态主要为 $Al(H_2O)_6^{3+}$、$Al(OH)(H_2O)_5^{2+}$、$Al(OH)_2(H_2O)_4^+$、$Al_2(OH)_2(H_2O)_8^{4+}$、$Al_{13}O_4(OH)_{28}(H_2O)_8^{3+}$ 和一种带电溶胶 $Al(OH)_3$，并指出在 $B>2.0$ 的铝水解溶液中，Al_{13} 聚合形态可高达 70%～90%，小角度 X 射线散射测得其回转半径为 9.8Å，对应的离子半径为 12.6Å。Buffle 和 Parthasarathy 等[25, 26]采用逐时络合比色、超滤膜分离及 ^{27}Al NMR 法进行综合研究，指出在 $B=2.5$、Al 浓度为 $10^{-1}\sim10^{-4}$mol/L 的铝水解溶液中，$Al_{13}O_4(OH)_{24}(H_2O)_{12}^{7+}$ 形态可达 80%以上，聚合物直径为 10～20Å，平均电荷为 0.53～0.56。此外，Baker 和 Figgis[27]还提出，Keggin-Al$_{13}$ 结构可能存在其他异构体。目前已经报道的 α、β、γ、δ、ε 五种 Keggin-Al$_{13}$ 结构异构体，如图 1-4 所示[28]。Johansson 最早报道的 Keggin-Al$_{13}$ 属于 ε 型异构体[16]。

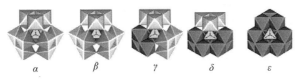

图 1-4　Keggin-Al$_{13}$ 的五种异构体[28]

Bertsch 与 Parker 等[29-31]采用 ^{27}Al NMR 及 Ferron 比色法研究了铝水解溶液形态，认为溶液中主要聚合形态为 Al$_{13}$ 和比 Al$_{13}$ 更大的惰性形态，而这部分惰性形态与 Ferron 反应比 Al$_{13}$ 反应速率更慢。Schönherr 等[32]采用 ^{27}Al NMR 直接测定结果证实，在 $B>2.0$ 的铝水解溶液中 Al$_{13}$ 聚合形态为优势形态。Bottero 等[33-35]的研究结果表明，Al$_{13}$ 聚合形态在 B 为 2.0～2.5 的铝水解溶液中占优势，在 $B<2.3$ 的铝水解溶液中，Al$_{13}$ 形态以离散的球形颗粒存在于溶液中，并具有一定稳定性。$B=2.5$ 的铝水解溶液在熟化 1.5 h 后，小角度 X 射线散射测定结果表明溶液为多相非均匀体系。在 $2.3<B<2.6$ 的溶液中，Al$_{13}$ 聚合物通过降低其电荷，以及从水合壳层中去除 Cl$^-$，开始逐渐聚集成线型球簇链束结构，经熟化而成为二维片晶甚至三维立体结构。在 $B>2.6$ 时，即由凝胶向沉淀转化，生成无定形以至[Al$_2$(OH)$_6$]$_n$ 晶体，其全部为八面体结构。小角度 X 射线散射对上述 $B=2.0$～2.6 的铝水解溶液中 Al$_{13}$ 聚合形态的分形维数 D_f 的测定结果表明，在 $B=2.0$ 的铝水解溶液中 Al$_{13}$ 聚合物以离散形态存在；在 $B=2.5$ 或 pH=4.5 时 Al$_{13}$ 形成二维线型簇链束聚集微粒，分形维数 $D_f=1.43$；在 $B=2.6$ 或 pH>6 时则形成更密实的三维结构，分形维数 $D_f=1.85$。形成的 Al$_{13}$ 聚合物簇链束聚集体结构模型如图 1-5 所示[33, 35]。

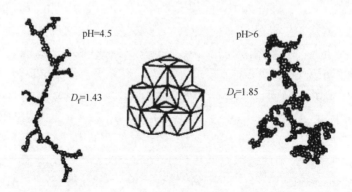

图 1-5　Al$_{13}$ 聚合物结构模型（中）及其簇链束聚集体的分形结构（左、右）[33, 35]

对上述关于 Keggin-Al$_{13}$ 形貌结构及转化过程的推论，葛小鹏[36]利用原子力显微镜（AFM）对高 Al$_{13}$ 含量的羟基聚合铝形貌进行了分析，其结果在一定程度上验证了 Bottero 等的实验推论[33-35]。AFM 测定分析结果如图 1-6 所示[36]。

近年来，一些研究还表明，在高碱化度（$B>2.5$）的铝水解溶液中除已经证实的 Al$_{13}$ 聚合形态之外，还可能存在其他未知聚合形态。Turner[37, 38]和 Tsai 与 Hsu[39, 40]分别观察到聚合铝溶液在长期室温熟化过程中会生成其他未知聚合形态。酸解及 Ferron 逐时络合比色法证实这些未知形态比 Al$_{13}$ 形态更稳定。Fitzgerald 和 Johnson[41]在聚合氯化铝溶液中也观察到与以上结果类似的聚合铝形态。Akitt 等[42-44]用金属铝合成制备的聚合铝溶液经放置及熟化后检测出类 Al$_{13}$ 聚合形态。

其他研究也表明[45, 46]，在高温合成或熟化条件下制备的聚合铝溶液（Al 浓度>
0.1mol/L）中，存在一些比 Al_{13} 聚合形态更大的类 Al_{13} 形态，如 Al_{p1}、Al_{p2}、Al_{p3}
等，并认为它们是 Al_{13} 的缩聚产物。Fu 与 Nazar[46]发现，在 85℃下用金属铝合成
制备的聚合铝溶液中，首先观察到 Al_{p1} 形态出现，但 Al_{p1} 随反应时间延长而消失，
并且随之出现 Al_{p2} 和 Al_{p3} 形态。结构分析结果表明，Al_{p1} 属于 Al_{13} 的缺陷结构，
即失去一个八面体结构而形成 $Al_{12}O_{39}$ 的结构单元。而 Al_{p2} 则是由两个 Al_{p1} 结构
单元组成的。三种形态的 NMR 分析结果表明，Al_{p1}、Al_{p2}、Al_{p3} 形态的化学位移
分别为 64.5ppm、70.2ppm 和 75.6ppm。因此，这些更大的类 Al_{13} 形态是 Al_{13} 聚合
形态在高温条件下进行的热转化过程中由 Al_{p1} 中间形态向 Al_{p2} 缩聚形态，并最终
向 Al_{p3} 转化的结果，其结构模型如图 1-7 所示[46]。

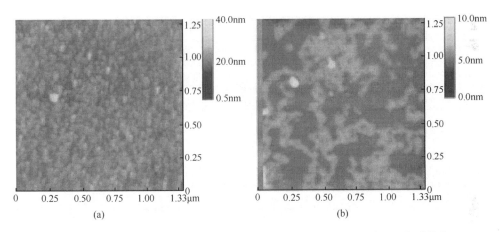

图 1-6 高碱化度（B=2.0）及熟化时间为 1h 条件下聚合氯化铝的微观形貌（a）; 高碱化度（B=2.5）
及熟化时间为 24h 条件下聚合氯化铝的微观形貌（b）[36]

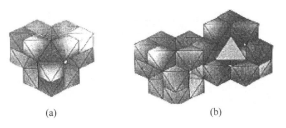

图 1-7 具有 Al_{13} "缺陷" 的 Al_{p1} 结构（a）和由两个 Al_{p1} 结合形成的 Al_{p2} 结构（b）[46]

近几年，有关 Al_{13} 结构聚合形态的研究又有了新进展。Rowsell 与 Nazar[47]
在上述 Al_{p1}、Al_{p2}、Al_{p3} 形态研究的基础上，又报道了 Al_{p1}、Al_{p2} 两种形态的晶构，
得到了 $Al_{30}O_8(OH)_{56}(H_2O)_{26}^{18+}$ （Al_{30}，即 Al_{p2}）聚阳离子形态。Taulelle 等[48, 49]也

报道了 $Al_{30}O_8(OH)_{56}(H_2O)_{24}^{18+}$（$Al_{30}$，δ-Taulelle^{18+}）聚合形态的研究结果，并对其形成机理进行了探讨。有关 Al_{30} 形态的结构模型如图 1-8 所示[47-49]。

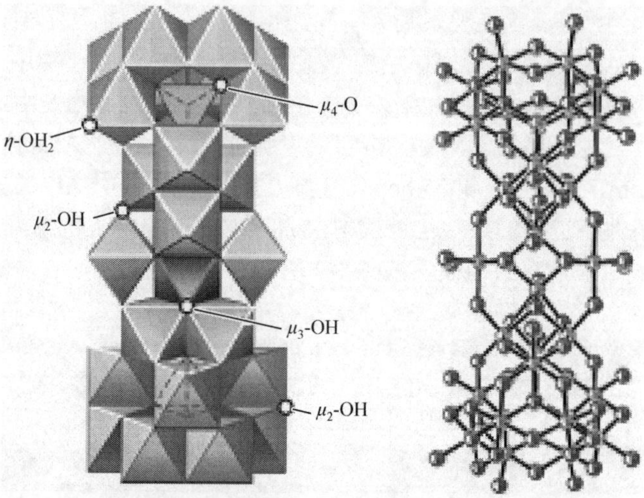

图 1-8 Al_{30} 形态的结构模型[47-49]

尽管 Keggin-Al_{13} 及其聚合体的出现对传统六元环理论提出严重的挑战，但是，Seichter 和 Mögel 等[50]利用核磁共振（NMR）及 X 射线衍射（XRD）研究报道了一种具有较高正电荷、全部由铝八面体组成的新型 Al_{13} 结构形态，即 $Al_{13}(OH)_{24}(H_2O)_{24}^{15+}$（Mögel-$Al_{13}^{15+}$）聚阳离子的晶体结构。它是以一个铝八面体为中心，外围 6 个铝八面体通过共边结构相连接，最外边还有 6 个铝八面体各以两个共顶角结构连到其内环结构上而形成的新型 Al_{13} 结构形态，如图 1-9 所示。

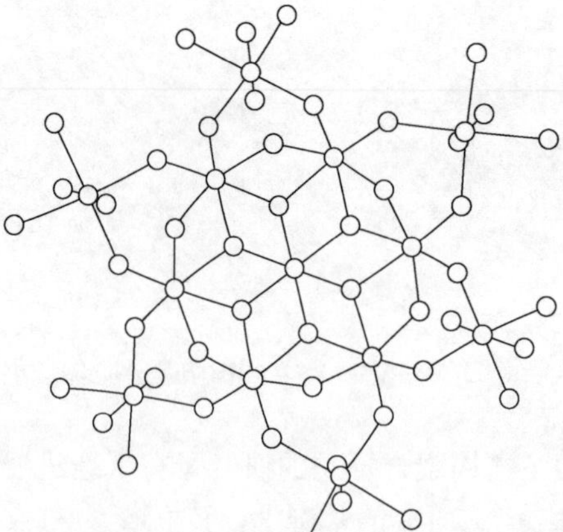

图 1-9 八面体结构 $Al_{13}(OH)_{24}(H_2O)_{24}^{15+}$ 形态模型

2006 年孙忠等[51]用 X 射线结构分析方法,报道了与图 1-9 类似的铝形态结构(图 1-10)。由于这种形态铝和上述聚合铝都是 Al_{13},并且中心都是以八面体铝为核心,因此它们都可以认为是六元环结构铝。这两种形态结构聚合铝的出现又在一定程度上为处于劣势的六元环结构模式的合理性验证提供了新的证据。

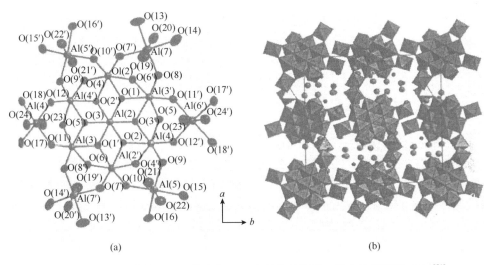

(a) (b)

图 1-10　六元环结构 Al_{13} 晶体结构(a)和晶体结构沿 a 轴上的投影图(b)[51]

1.3　羟基铝形态分析方法

铝的水解聚合形态分布及其转化模式十分复杂,至今尚无统一定论。不同实验结果存在差异,有时甚至相互矛盾,其主要原因除了实验条件及实验方法的差别之外,很重要的一条是各种分析方法本身的局限性。迄今为止,已有多种化学和仪器分析方法用于铝的水解聚合过程及其形态分布的研究与表征工作,但限于各分析方法自身的特点,目前还没有一种分析测定方法能够全面准确地分析各种水解聚合形态。

目前,较常用的铝形态分析方法及仪器技术可简单分为以下几类:最常用的一类是光谱分析及其相关的结构测试方法,如 Al-Ferron 逐时络合比色法[52-54]、^{27}Al NMR[55, 56]、红外及拉曼光谱[57]等;第二类是传统的化学和物理分析方法,如电位滴定法、化学络合与离子交换、渗析实验及各种膜分离技术(超滤、反渗透等)、凝聚法、凝胶色谱及超离心分离等[58-62];第三类是各种显微成像观察分析技术,如扫描电镜、透射电镜及原子力显微镜等[63, 64];第四类是各种射线分析技术,如激光光散射、小角度 X 射线散射、X 射线衍射等[48, 65, 66]。

尽管迄今为止铝的水解聚合形态研究方法很多,但是绝大多数建立在对实验数据分析结果的解释上，并由此对铝的水解聚合形态以及聚合体结构进行推测分析。其中使用最多的是 Al-Ferron 逐时络合比色法，而能够对铝形态进行直接分析、最常用的只有核磁共振光谱。尽管核磁共振光谱不能把铝的所有形态都测定分析出来，但是它是当今应用最为广泛，能够对样品进行无破坏分析的较为理想的一种方法。此外，电位滴定法是较早采用的一种铝形态分析方法，它能够确切地反映出铝水解过程中各阶段碱化度 B 与 pH 的相关关系，但无法分辨各种水解形态，只能借助于其他化学或仪器分析方法以及经典的化学平衡反应计算加以解释。本节仅对上述三种方法进行重点介绍。

1.3.1　^{27}Al 核磁共振光谱

^{27}Al 核磁共振光谱（^{27}Al NMR）是广泛用于直接测定铝水解溶液中形态分布特征的重要检测手段，它可半定量测定铝水解溶液中共存铝的化学形态信息。Akitt 等在 20 世纪 70 年代将 ^{27}Al NMR 方法应用于铝盐的水解形态研究中。他们认为：Al-27 核具有较高的 NMR 响应及高共振频率，比较适于进行 NMR 研究。尽管四极矩可使谱线变宽，影响该方法在结构分析中的应用，但随着先进技术的出现和 NMR 在 Al 谱中的应用，谱图质量较早期有了很大的改观。高质量的磁体、高强度的磁场、频锁、多核双共振以及 FT 技术的结合使得 ^{27}Al NMR 方法成为铝形态鉴定中非常有力的手段[56]。

研究表明：位于化学位移约 63ppm 处的响应峰是 Al_{13} 的特征谱峰。这是因为 Al_{13} 的核心响应峰是在 Al—O 四面体配位的特征区域，而 Al_{13} 结构中另外 12 个八面体配位的 Al 本应在 10ppm 左右显峰，但因谱带变宽而难以确认计量，主要是由于不对称环境产生了大电场梯度，它们通常只在高频磁场或在升高温度（>50℃）时才能定位观察[67]。支持 63ppm 谱线为四面体配位 Al 结构的证据主要基于两点：一是前面提到的化学位移在四面体 Al 的特征区域；二是该处的响应峰非常尖锐，这意味着四面体铝在 Al_{13} 中所处的环境具有非常高的对称性，响应也就具有低的电场梯度，同时也未与其他 Al 形态发生交换。其他研究，如采用 ^{17}O NMR 与 ^{27}Al NMR 结合，以及对 Ga-Al 混合水解溶液用 ^{71}Ga NMR 和 ^{27}Al NMR 结合方法的研究结果都支持 63ppm 为 Al_{13} 形态响应峰的结论[68, 69]。此外，通过置换反应，Al_{13}—SO_4 晶体溶于 $BaCl_2$ 溶液的方法制备纯 Al_{13} 溶液也从质量平衡方面为 63ppm 处峰为 Al_{13} 形态特征峰提供了证据[70]。就整体而言，Al_{13} 的鉴定仍是综合推定的结果。

^{27}Al NMR 谱的其他响应峰对应的铝形态见表 1-2。初聚体如二聚体[$Al_2(OH)_5^+$]和/或三聚体[$Al_3O_2(OH)_4(H_2O)_8^+$]在以往的研究中，通常被认为是 Al_{13} 生成的前驱体。但是，关于初聚体到底是二聚体还是三聚体至今仍存在很大争论。Akitt 根据

他的实验结果提出这种初聚体应该为三聚体[71]。

表 1-2 Al（Ⅲ）水解溶液的 ^{27}Al NMR 共振峰及其对应的形态

化学位移（ppm）	对应形态（八面体配位）	化学位移（ppm）	对应形态（四面体配位）
0	$Al(H_2O)_6^{3+}$	63	Al_{13}
3~4	初聚体	65	Al_{p1}
8~12	Al_{13} 或 Al_{p1}、Al_{p2}、Al_{p3}	70	Al_{p2}
17	$GaAl_{12}$	75	Al_{p3}

1.3.2 Al-Ferron 逐时络合比色法

Al-Ferron 逐时络合比色法（简称 Ferron 法）是一种根据不同形态 Al 与 Ferron 试剂反应动力学差异确定形态分布而使用的一种逐时比色方法。Ferron 是 8-羟基喹啉（oxine）的一种衍生物，而 oxine 也是较早用来与 Al 比色的试剂。除这两种比色试剂已用于铝形态分析外，其他的比色试剂，如邻苯二酚紫（PCV）、铬天青、铬蓝黑、试铝灵、试铁灵等也都曾有所应用，但是应用情况存在差异。曾直接或间接用于聚合铝形态分析表征的只有 8-羟基喹啉、邻苯二酚紫、试铝灵和 Ferron，这四种比色试剂对聚合铝形态分析的应用情况对比见表 1-3[72]。

表 1-3 不同比色试剂对铝形态分析的应用条件对比结果[72]

比色试剂	最大吸收波长（nm）	混合液 pH	最大干扰离子
8-羟基喹啉	390	5~6.5	F^-、Fe^{3+}、Cu^{2+}
Ferron	363~370	5.2	F^-、Fe^{3+}、Ca^{2+}
试铝灵	515~530	4.0~4.2	Fe^{3+}、Cr^{2+}、Ti^{4+}、F^-、Ca^{2+}、PO_4^{3-}
邻苯二酚紫	580~585	6.1	F^-、Fe^{3+}

目前，较实用的是 1971 年由 Smith 等改进并发展的 Al-Ferron 逐时络合比色法，它是一种铝形态快速分析方法。该方法将各种铝形态分为三类：Al_a，单体形态，与 Ferron 瞬时反应部分；Al_b，中等聚合形态，与 Ferron 缓慢反应且表现为假一级动力学反应速率；Al_c，高分子聚合物及溶胶形态，与 Ferron 反应十分缓慢或基本不反应。

羟基聚合铝与 Ferron 络合反应主要是 Ferron 试剂的磺酸基官能团与聚合铝中的羟基竞争铝离子的解离-络合反应。因此，其络合反应速率从某种意义上反映了溶液中羟基聚合铝形态的分子大小以及其羟基结构的解体转化情况。当碱化度 B

增大时，聚合铝的结构单元也相应增大，由低聚形态向中、高聚合形态逐渐发展，并由线型结构向核环状、面形结构转化，从而导致 Ferron 对羟基聚合铝结构中铝原子的解离-络合反应难以顺利进行，反应逐渐减慢，甚至基本不发生反应[73]。

不同羟基铝聚合形态与 Ferron 络合反应过程可用动力学方程式来表述。Al_a 及 Al_b 解离出单体并与 Ferron 发生络合反应，聚合物的解离是 Al-Ferron 速率决定步骤。反应过程由类一级动力学方程给出：

$$Al_{at} = Al_{a0} \exp(-k_a t)$$
$$Al_{bt} = Al_{b0} \exp(-k_b t)$$

总的动力学方程为

$$(Al_s - Al_t)/Al_a = [\exp(-k_a t) - \exp(-k_b t)] Al_{a0}/Al_s + \exp(-k_b t)$$

式中，Al_{a0}、Al_{b0} 分别为溶液中 Al_a、Al_b 的初始待测量；Al_{at}、Al_{bt}、Al_t 为某一时刻 t 与 Ferron 结合的相应形态铝量；$Al_s = Al_{a0} + Al_{b0} = Al_a + Al_b = Al_T - Al_c$，即与 Ferron 最终结合的总铝量。其中 Al_T 代表总铝量；Al_c 指不与 Ferron 络合及络合速率极慢的铝。根据实验数据可求出其动力学速率常数 k_a 及 k_b。

1.3.3　电位滴定法

电位滴定法是研究 Al（Ⅲ）水解聚合以及解聚过程中形态变化的基本方法之一，在早期的研究中应用较为广泛。该方法能够确切地反映水解过程中各反应阶段碱化度 B 与 pH 的相关关系，但无法分辨各种水解形态。它只能借助于其他化学或仪器分析方法以及经典的化学平衡反应加以解释，但是该方法可以间接地推断出铝的水解聚合反应过程以及羟基铝的形态转化。对这些间接方法所得信息的不同理解和解释，导致对 Al（Ⅲ）水解聚合及形态的模糊的甚至相互矛盾的认识[74]。

电位滴定过程中需要向溶液中逐渐滴入强碱，由此所发生的铝水解过程实际上是一种强制水解过程，但是核链六元环模式中的许多羟基聚合铝形态正是基于酸碱电位滴定的分析测定结果归纳推测出来的。Brosset[9, 10]根据其连续电位滴定结果指出，铝水解溶液中存在一系列水解聚合形态，并指出这些水解聚合物的组成符合 Sillén 提出的核链结构理论[75]。

Vermeulen 等[76,77]曾以电位滴定法分析聚合铝形态的演变过程。在 B=2.2 时，水解导致迅速连续地生成相对较小的聚合物；在 B=2.5 时，生成环状结构的聚合物；在 B=2.5～2.7 时，认为是这种环状聚合物边角位结合，形成平板结构的无定形氢氧化物沉淀。在碱滴定 pH>6 时，沉淀物的生成是羟基离子与聚合形态边缘阳离子络合水分子的脱质子反应所致。这种脱质子反应导致聚合形态电荷降低，从而引起聚合形态聚集并形成可见沉淀物。因此，水解聚合形态的边位离子化反应是控制其反应过程的重要步骤。

Stol 等[77,78]对铝盐加碱强制水解过程以及加酸酸化解离过程中 pH 的变化特征进行了研究,并结合光散射技术提出在 $B<2.2$ 的范围内,小的多核羟基络合物连续、快速形成;而在 B 为 2.2～2.5 时这些多核络合物进一步形成具有环状结构的聚合物;B 从 2.5 增加到 2.7 的过程中,聚合物边位的 OH 去质子化,电荷降低,发生聚集,最后形成无定形 Al(OH)$_3$ 沉淀。Letterman 等通过酸碱连续滴定进一步提出了具有环状结构的多核 Al 形态表面离子化模型,并计算了平衡常数[79-81]。尽管电位滴定不能辨别具体形态,但它提供了 Al(III)水解聚合过程的重要信息,是研究 Al(III)水解动力学的重要手段,因此,该方法至今仍应用于研究中。

1.4 羟基铝的水解聚合转化模式

不同形态结构的羟基聚合铝是在"水解—聚合—胶凝—沉淀—晶化"转化过程中形成的介稳形态。但是,迄今为止仅有几种特定形态铝可以直接采用仪器确定,大部分形态还存在很大争议,并且它们之间也没有统一的转化模式。尽管文献中对铝的水解聚合形态转化过程报道较多,但实际上主要有以下几种主流模式:核链六元环模式、Keggin-Al$_{13}$ 笼状模式、汤鸿霄双水解模式。前两种为传统的主流模式,而双水解模式则是近年来提出的一种更为完善的综合模式。

1.4.1 Keggin-Al$_{13}$ 笼状模式

Keggin-Al$_{13}$ 是该模式的核心铝形态,最早是由 Johansson[17]采用硫酸盐沉淀法在聚合氯化铝溶液中发现的。后来,Rausch 和 Bale[82]借助小角 X 射线衍射进一步验证了该铝形态的存在。然而,直到核磁共振仪器的出现,该形态的存在才得到最直接的证明。测定分析结果表明,它是一个笼状结构,中心为高度对称的 AlO$_4$ 四面体,外围为 12 个铝氧八面体 AlO$_6$。其中,仅处于对称环境中的四配位铝离子能产生共振峰,而处于非对称环境中的六配位铝离子即八面体铝在 ^{27}Al NMR 图谱中很难显示。

该模式中,除 Al$_{13}$ 外,还存在铝单体、二聚体以及部分更高形态(如近十几年提出的 Al$_{30}$),Keggin-Al$_{13}$ 的生成、转化过程构成了该模式的主体。Keggin-Al$_{13}$ 的生成以及与其他低聚体之间的关系如图 1-11 所示[18]。因为这几种铝形态的存在,已经得到核磁共振仪器的直接鉴定,所以这个铝水解聚合转化模式也得到更多的承认,已成为仪器鉴定和絮凝剂化学中的

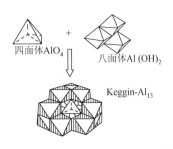

图 1-11 Keggin-Al$_{13}$ 的生成过程[18]

主流观点。该模式的提出丰富了铝的水解聚合理论，但是该理论认为溶液中只存在几种特定形态，关于各形态之间的转化，尤其是在 Al_{13} 向更高聚合度羟基铝的转化过程的解释上仍然存在很大争议。

1.4.2　核链六元环模式

核链六元环模式是经过众多实验结果逐步综合而成的。模式中各种羟基铝形态基本单元结构是单六元环结构 $Al_6(OH)_{12}(H_2O)_{12}^{6+}$ 或者双六元环结构 $Al_{10}(OH)_{22}(H_2O)_{16}^{8+}$[83, 84]。该模式以溶液热力学化学平衡原理为基础，认为各种羟基铝形态是连续分布并相互转化达到平衡的，同时又与铝固体结晶的六元环形态相互印证，逐渐发展成为一种在相当时期内占主流地位的铝形态转化模式。

1952 年，Brosset 借助于电位滴定和化学模式推断，通过铝水解聚合实验数据，提出了核链模式的雏形，并于 1954 年给出了一系列形式为 $Al[Al_2(OH)_5]_n^{(3+n)+}$ 的核链模式聚合铝形态[9, 10]。同一时期，Sillén[75]从理论高度也对铝盐水解聚合的核链模式进行了描述。此后，很多研究者根据铝水解聚合反应的最终产物固态三水铝石片状羟基铝结构推导出不同碱化度的系列羟基聚合铝形态，并提出各形态之间的转化模式，对核链六元环模式进行了进一步研究[13, 77, 84]。此时六元环模式研究已经有了很大的发展，它已经成为解释溶液中铝形态转化发展的一种主导模式。

图 1-12 给出了核链六元环模式的形成转化过程，即由部分单体、二聚体和三聚体逐渐转化成基本单元六元环铝。但是，关于形成六元环铝基本单元的初始形态还存在一些争议[84, 85]。毕树平等[86]根据以往研究成果对六元环模式进行了综合总结（图 1-13）。

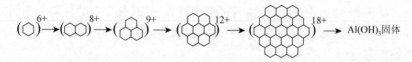

图 1-12　羟基铝形态的核链六元环模式转化过程

同时，毕树平等[86]也提出一种连续模式。该模式承认六元环形态的存在，但是没有认可 Bertsch 的 Keggin-Al_{13} 生成的前驱物观点。只是把 Keggin-Al_{13} 作为连续模式中的一种形态，其生成也只是由六元环 Al_{13} 熟化自组装产生的，但是这种观点还没有经过论证及合理性验证。尽管该模式中存在若干新的观点，但是整体上仍属于改进的核链六元环模式。该模式中，铝形态转化遵循 "Al^{3+}→单核铝→核链形态聚合铝（暂态）→Keggin-Al_{13}（亚稳态）→$Al(OH)_3$（s，稳态）→$Al(OH)_4^-$"

这一变化过程（图 1-14）。

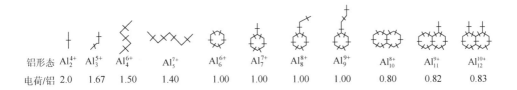

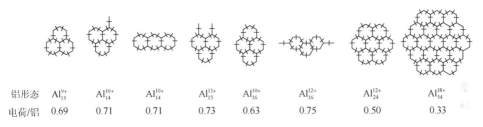

图 1-13 核链六元环模式中可能存在的铝形态及其结构电荷等化学特征[86]

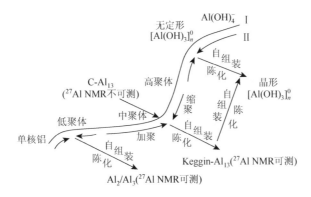

图 1-14 铝水解聚合反应过程的连续模式

核链六元环模式中，铝的水解聚合形态发展由单体变化到聚合体，其溶胶形态可达到 $Al_{54}(OH)_{144}^{18+}$，直到生成凝胶沉淀物 $Al(OH)_3$，仍保持着三水铝石或三羟铝石的片状结构。该模式提出溶液中的羟基聚合铝结构与最后生成的固态沉淀物结构一致，溶液中铝的水解聚合形态是连续变化的。因此，该模式不仅可以解释大量可能存在和瞬时存在的聚合铝形态，也易于解释铝的水解聚合形态是如何经历一系列中间状态从 Al^{3+} 盐最终变化到 $Al(OH)_3$ 甚至晶形三水铝石的过程。近 50 多年来，它一直是铝水解聚合形态转化的主流模式，特别是在地球化学、土壤学等领域，得到很多学者的认同。

1.4.3 双水解模式

　　上述两种模式多年来一直被用于解释铝的水解聚合过程，但是两种模式互不兼容，争论持续了 50 多年。而对于 Keggin-Al_{13} 笼状模式而言，尽管模式中的各种铝形态已经被核磁共振直接验证，但是它既无法完全解释铝盐的水解聚合过程和众多亚稳态聚合铝（包括 Al_{13} 自身）的形成过程，又无法解释最终凝胶沉淀物的形成过程。而对于核链六元环模式而言，尽管该模式与电位滴定实验结果相一致，但它却无法解释 Keggin-Al_{13} 聚合铝形态的形成和结构。因此，两种模式均不能对铝的水解聚合过程进行完全描述。在这种背景下，汤鸿霄提出双水解模式。

　　双水解模式是汤鸿霄基于对铝盐絮凝剂制备、形态结构及表征等领域广泛深入研究的基础上，随着此领域中羟基铝结构形态的研究进展，逐步改进提出的一种铝的水解聚合转化模式。该模式的提出源于汤鸿霄在 1987 年提出的羟基铁形态综合模式[87]，在此基础上于 1990 年提出了羟基铝形态的综合模式（图 1-15）[2]。该模式认为是基于羟基铝形态随水解度的增加而发展的连续系列，其演变过程符合核链模式。在该模式中，采用 Ferron 法将存在的各种铝形态分成 Al_a、Al_b 和 Al_c 三类，但是各形态之间可以相互转化。而 Al_b 在该模式中被进一步分成 Al_{b1} 和 Al_{b2}，其中认为 Al_{b1} 是由部分低聚体组成，与 Ferron 络合反应速率较快；Al_{b2} 包含 Keggin 结构的 Al_{13} 和部分六元环结构的高聚体，属于与 Ferron 络合反应速率较慢的一类形态。在水解度（碱化度）更高的铝液中，模式中包含了 Al_{b3} 这类形态，它主要归因于部分 Al_{13} 的聚集体。总体上看，该模式还是基于传统核链模式，认为各种铝形态是连续分布的。该模式与毕树平 2004 年提出的水解模式类似，两种模式均认为 Keggin-Al_{13} 是铝水解聚合过程中的阶段产物，都没有对其生成转化过程进行验证。

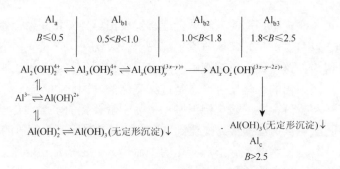

图 1-15　聚合铝形态的转化过程模式[2]

很多情况下，在铝的水解过程中并没有检测出 Al_{13} 的生成。随着 Bertsch 和 Parker[5]对 Al_{13} 生成条件前驱物观点的提出和日益受到更多研究者的认同，汤鸿霄对该模式进行了进一步的改进，在 1996 年的 Gothenburg 国际会议上首次提出了双水解模式（图 1-16），随后在不同的文献中又多次对该模式进行了阐述[3]。

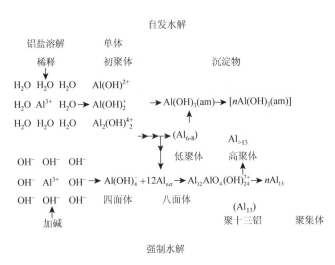

图 1-16 Al（Ⅲ）溶液形态转化途径简图

1990～1997 年提出的铝水解聚合形态转化模式可以认为是双水解模式的雏形。此后几年，汤鸿霄在不同的文献中陆续报道对该模式的进一步思考改进，并于 2004 年 Orlando 国际会议上提出双水解模式的改进版，如图 1-17 所示[88]。

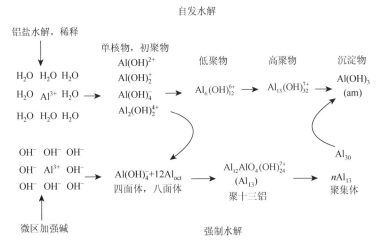

图 1-17 羟基铝形态转化的双水解模式[88]

双水解模式综合了传统的核链六元环模式以及 Keggin-Al_{13} 模式的优点，可更好地为不同条件下铝水解聚合过程提供较为完善的理论解释。在该模式中，传统的两种模式共存，不同的水解途径起点和终点保持一致。在两者的转化过程中，互相促进，自发水解产生的低聚体为 Al_{13} 的生成提供铝源，而强制水解的发生导致溶液中的热力学不平衡进而导致自发水解的进一步发生。

1.5　聚羟基铝的纳米特征及应用发展

如上所述，聚羟基铝在水解—聚合—沉淀等系列反应过程中的形态转化及分布，一直是历年文献中研究与争论的热点，其定量规律至今更是尚无定论。但是，这一现状并没有影响到羟基聚合铝的广泛应用。除用于水处理混凝工艺外，羟基聚合铝在其他领域的应用也日益引起国内外的广泛关注。

整体上，铝盐水解聚合形态大致可分为三类：单核羟基铝化合物、多核或聚羟基铝化合物以及胶态或无定形氢氧化物沉淀。其中，对于形态结构已经较为清晰、相对分子质量较大、正电荷较高、易于纯化制备的 Keggin-Al_{13} 和 Al_{30}（尤其是前者）的关注尤为突出。这种具有 Keggin 结构的纳米形态及其聚集体通常具有不同的物理、化学及生物学性能，已成为目前国内外众多领域研究开发的前沿热点。

Bottero 等[24]及 Bertsch 和 Parker[5]的研究指出，聚合铝 Al_{13} 形态具有十二面体结构，分子直径约为 1.08nm。它含有大量羟基和水分子，趋向于自组装形成聚集体，其聚集体粒径为 100～200nm，因此具有纳米级物质的特性。它在碱化度 B<2.3 的水解铝溶液中，以离散的球形颗粒存在；在 2.3<B<2.6 的溶液中，以线型球簇链束结构存在。Al_{13} 聚集体具有表面官能团丰富，反应活性强；微界面络合能力，吸附能力强；高电荷（+7），电中和作用强；核心四面体结构，抗水解，稳定性强；聚集体链束状结构，Sol-Gel 絮凝架桥能力强；定向制备可控，结构形态均质等优点，在各种形态羟基铝中尤其受到人们的关注与重视[89]。

除用于水处理混凝工艺外，Al_{13} 及 Al_{30} 在水化学、地球化学、土壤化学、黏土矿物，尤其纳米复合材料等众多领域的应用也日益引起国内外的广泛关注。纳米级聚合铝尤其是 Keggin-Al_{13} 在石油、化工、石油、陶瓷、电力、航天等工业方面有许多应用，如作为化学反应催化剂、黏土柱撑剂、油/水分离剂、水泥速凝剂、耐火材料的黏合剂、布匹防皱剂等。在生物医药制品上，可用作涂覆剂、传送剂、化妆品、止汗剂等，如采用高浓度 Al_{13} 制备纳米胶囊壳。此外，也有报道用作分子筛、电子元件、离子交换剂等[89, 90]。

作者所在研究组探讨了不同纯度 Al_{13} 柱撑蒙脱土对蒙脱土表面积、孔隙体积和一些其他理化性质的改善特征。结果表明，高纯 Al_{13} 柱撑蒙脱土可几何倍数提高蒙脱土孔隙均匀度、砷吸附速率以及吸附量。实际上，Al_{13} 所携带的高正电荷（+7），也可在改善蒙脱土吸附性能中起重要作用[91]。改性后蒙脱土相关理化性能的极大提升主要得益于高纯 Al_{13} 的可预制性及其特殊结构。当然，目前已有部分研究探讨 Al_{30} 柱撑矿物及其在污染防治、催化载体等方面的应用。

近年来，已有研究者以 Al_{13} 作为独立纳米材料，探讨其在蓝宝石 C 面单晶等矿物微界面上的行为特征及吸附络合反应模式[92]。也有研究者以 Al_{13} 等 13 聚合体纳米颗粒为研究对象，对比分析不同金属纳米颗粒在碳纳米管上吸附行为的机理差异[93]。此外，部分研究者还探讨了 Al_{13} 与酚基有机物的络合反应过程[94, 95]。整体上，鉴于 Al_{13}、Al_{30} 的可纯化制备及分子结构较为清晰的特征，势必会有越来越多的研究将 Al_{13}、Al_{30} 等典型聚合铝作为典型纳米聚合体或分子模型探讨矿物界面的微观反应过程，推动羟基聚合铝更为广泛的应用。

参 考 文 献

[1] 汤鸿霄. 羟基聚合氯化铝絮凝形态学. 环境科学学报, 1998, 1: 1-10.

[2] 汤鸿霄. 无机高分子絮凝剂的基础研究. 环境化学, 1990, 3: 1-12.

[3] 汤鸿霄, 栾兆坤. 聚合氯化铝与传统混凝剂的混凝-絮凝行为差异. 环境化学, 1997, 6: 497-505.

[4] Wang S L, Wang M K, Tzou Y M. Effect of temperatures on formation and transformation of hydrolytic aluminum in aqueous solutions. Colloid Surf A, 2003, (1-3): 143-157.

[5] Bertsch P M, Parker D R. Aqueous polynuclear aluminum species//The Environmental Chemistry of Aluminum. 2nd ed. Boca Raton: CRC Press, 1996: 117-168.

[6] Fripiat J J, van Cauwelaert F, Bosmans H. Structure of aluminum cations in aqueous solutions. J Phys Chem, 1965, 7: 2458-2461.

[7] Baes C F J, Mesmer R E. The Hydrolysis of Cations. New York: Wiley-Interscience, 1976.

[8] Jander G, Winkel A. Über amphotere oxydhydate, deren wäßrige lösungen und kristallisierende verbindunger. XII. Hydrolysierende systeme und ihre aggregations produkte mit besonderer berücksichtigung der ersheinungen in wäßrigen aluminiumsaltlösungen. Z Anorg Allg Chem, 1931, 200: 257-278.

[9] Brosset C. On the reactions of the aluminum ion with water. Acta Chem Scand, 1952, 6: 910-940.

[10] Brosset C. Studies on the hydrolysis of metal ions XI: the aluminum ion. Acta Chem Scand, 1954, 8: 1917-1926.

[11] Matijevic E, Mathai K G, Ottewill R H, et al. Detection of metal ion hydrolysis by coagulation. III. Aluminum. J Phys Chem, 1961, 5: 826-830.

[12] Hsu P H, Rich C I. Aluminum fixation in a synthetic cation exchanger. Soil Sci Soc Proc, 1960, 1: 21-25.

[13] Hsu P H, Bates T F. Formation of X-ray amorphous and crystalline aluminum hydroxides. Mineral Mag and J Mineral Soc, 1964, 264: 749-768.

[14] Mesmer R E, Baes C F Jr. Acidity measurements at elevated temperatures. V. Aluminum ion hydrolysis. Inorg Chem, 1971, 10: 2290-2296.

[15] Patterson J H, Tyree S Y J. A light scattering study of the hydrolytic polymerization of aluminum. J Colloid Interface Sci, 1973, 2: 389-398.

[16] Johansson G. The crystal structures of $[Al_2(OH)_2(H_2O)_8](SO_4)_2 \cdot 2H_2O$ and $[Al_2(OH)_2(H_2O)_8](SeO_4)_2 \cdot 2H_2O$. Acta

Chem Scand，1962，2：403-420.

[17] Johansson G. On the crystal structures of some basic aluminum salts. Acta Chem Scand，1960，3：771-773.

[18] Pophristic V，Klein M L，Holerca M N. Modeling small aluminum chlorohydrate polymers. J Phys Chem，2004，1：113-120.

[19] 冯成洪. 羟基聚合铝絮凝剂形态结构及双水解转化模式. 中国科学院生态环境研究中心博士学位论文，2007.

[20] Sillén L G. On equilibria in systems with polynuclear complex formation. Ⅱ. Testing simple mechanisms which give "core+links" complexes of composition $B(A_rB)_n$. Acta Chem Scand，1954，2：318-335.

[21] Akitt J W，Greenwood N N，Lester G D. Aluminum-27 nuclear magnetic resonance studies of acidic solutions of aluminum salts. J Chem Soc A，1969，5：803-807.

[22] Akitt J W，Farthing A. New ^{27}Al NMR studies of the hydrolysis of the aluminum（Ⅲ）cation. J Magn Reson，1978，3：345-352.

[23] Bottero J Y，Tchoubar D，Cases J M，et al. Investigation of the hydrolysis of aqueous solutions of aluminum chloride. 2. Nature and structure by small-angle X-ray scattering. J Phys Chem，1982，18：3667-3673.

[24] Bottero J Y，Axelos M，Tchoubar D，et al. Mechanism of formation of aluminum trihydroxide from Keggin Al_{13} polymers. J Colloid Interface Sci，1987，1：47-57.

[25] Buffle J，Parthasarathy N，Haerdi W. Importance of speciation methods in analytical control of water treatment processes with application to fluoride removal from waste waters. Water Res，1985，1：7-23.

[26] Parthasarathy N，Buffle J. Study of polymeric aluminum（Ⅲ）hydroxide solutions for application in waste water treatment. Properties of the polymer and optimal conditions of preparation. Water Res，1985，1：25-36.

[27] Baker L C W，Figgis J S. A new fundamental type of inorganic complex：hybrid between heteropoly and conventional coordination complexes. Possibilities for geometrical isomerism in 11-，12-，17-，and 18-heteropoly derivatives. J Am Chem Soc，1970，12：3794-3797.

[28] Allouche L，Gérardin C，Loiseau T，et al. Al_{30}：a giant aluminum polycation. Angew Chem Int Ed，2000，3：511-514.

[29] Bertsch P M，Layton W J，Barnhisel R I. Speciation of hydroxy-aluminum solutions by wet chemical and aluminum-27 NMR methods. Soil Sci Soc Am J，1986，6：1449-1454.

[30] Bertsch P M. Conditions for Al_{13} polymer formation in partially neutralized aluminum solutions. Soil Sci Soc Am J，1987，51：825-828.

[31] Parker D R，Bertsch P M. Identification and quantification of the Al_{13} tridecameric polycation using Ferron. Environ Sci Technol，1992，5：908-914.

[32] Schönherr S，Görz H，Gessner W，et al. Basic aluminum salts and their solutions. Ⅶ. Influence of preparation，concentration，and aging on the constitution of solutions of basic aluminum salts. Z Anorg Allg Chem，1981，476：195-200.

[33] Bottero J Y，Cases J M，Fiessinger F，et al. Studies of hydrolyzed aluminum chloride solutions. 1. Nature of aluminum species and composition of aqueous solutions. J Phys Chem，1980，84（22）：2933-2939.

[34] Bottero J Y，Tchoubar D，Cases J M，et al. New developments in knowledge of aluminum colloids//Interfacial Phenomena in Biotechnology and Materials Processing. Amsterdam：Elsevier Science Publishers，1988：459-479.

[35] Bottero J Y，Masion A，Lartiges B S，et al. Hydrolysis and flocculation：a structural approach through small-angle X-ray scattering. Journal de Physique Ⅳ（Colloque C8），1993，3：211-218.

[36] 葛小鹏. 环境微界面及纳米材料的原子力显微镜观测研究.中国科学院博士学位论文，2004.

[37]　Turner R C. Effect of aging on properties of polynuclear hydroxyaluminum cations. Can J Chem，1976，12：1528-1534.

[38]　Turner R C. A second species of polynuclear hydroxyaluminum cation，its formation and some of its properties. Can J Chem，1976，12：1910-1915.

[39]　Tsai P P，Hsu P H. Studies of aged OH-Al solutions using kinetics of Al-Ferron reactions and sulfate precipitation. Soil Sci Soc Am J，1984，48：59-65.

[40]　Tsai P P，Hsu P H. Aging of partially neutralized aluminum solutions of sodium hydroxide/aluminum molar ratio=2.2. Soil Sci Soc Am J，1985，49：1060-1065.

[41]　Fitzgerald J J，Johnson L E. Temperature effects on the ^{27}Al NMR spectra of polymeric aluminum hydrolysis species. J Magn Reson，1989，（1）：121-133.

[42]　Akitt J W，Farthing A. Aluminium-27 nuclear magnetic resonance studies of the hydrolysis of aluminium（Ⅲ）. Part 4. Hydrolysis using sodium carbonate. J Chem Soc Dalton Trans，1981，7：1617-1623.

[43]　Akitt J W，Farthing A. Aluminium-27 nuclear magnetic resonance studies of the hydrolysis of aluminium（Ⅲ）. Part 5. Slow hydrolysis using aluminum metal. J Chem Soc Dalton Trans，1981，7：1624-1628.

[44]　Akitt J W，Elders J M，Fontaine X L R，et al. Multinuclear magnetic resonance studies of the hydrolysis of aluminum（Ⅲ）. Part 9. Prolonged hydrolysis with aluminum metal monitored at very high magnetic field. J Chem Soc Dalton Trans，1989，10：1889-1895.

[45]　毕哲. Mögel-Al$_{13}$溶解转化机制及溶液形态水解途径. 中国科学院生态环境研究中心博士学位论文，2012：1-67.

[46]　Fu G，Nazar L F. Aging processes of alumina sol-gels：characterization of new aluminum polyoxycations by ^{27}Al NMR spectroscopy. Chem Mater，1991，4：602-610.

[47]　Rowsell J，Nazar F. Speciation and thermal transformation in alumina sols：structures of the polyhydroxyoxo-aluminum cluster $[Al_{30}O_8(OH)_{56}(H_2O)_{26}]^{18+}$ and its δ-keggin moiete. J Am Chem Soc，2000，15：3777-3778.

[48]　Allouche L，Huguenard C，Taulelle F. 3QMAS of three aluminum polycations：space group consistency between NMR and XRD. J Phys Chem Solids，2001，8：1525-1531.

[49]　Allouche L，Taulelle F. Coversion of Al$_{13}$ Kegginε into Al$_{30}$：a reaction controlled by aluminum monomers. Inorg Chem Commun，2003，9：1167-1170.

[50]　Seichter W，Mögel H J，Brand P，et al. Crystal structure and formation of the aluminum hydroxide chloride $[Al_{13}(OH)_{24}(H_2O)_{24}]Cl_{15}·13H_2O$. Eur J Inorg Chem，1998，6：795-797.

[51]　孙忠，赵海东，佟红铬尔，等. $[Al_{13}(\mu_3\text{-}OH)_6(\mu_3\text{-}OH)_6(\mu_3\text{-}OH)_6(H_2O)_{24}]Cl_{15}·13H_2O$ 的结构特征和形成历程 //中国化学学会第八届水处理化学大会暨学术研讨会会议论文集，内蒙古，2006：122-131.

[52]　Smith R W. Relations among equilibrium and non-equilibrium aqueous species of aluminum hydroxyl complexes. Adv Chem Ser，1970，106：250-279.

[53]　Turner R C，Sulaiman W. Kinetics of reactions of 8-quinolinolate extraction method and acetate with aluminum species in aqueous solutions. I. Polynuclear hydroxyaluminum cations. Can J Chem，1971，49：1683-1687.

[54]　Jardine P M，Zelazny L W. Mononuclear and polynuclear aluminum speciation through differential kinetic reactions with Ferron. Soil Sci Soc Am J，1986，4：895-900.

[55]　Akitt J W，Greenwood N N，Khandelwal B L，et al. ^{27}Al nuclear magnetic resonance studies of the hydrolysis and polymerisation of the hexa-aquo-aluminium（Ⅲ）cation. J Chem Soc Dalton Trans，1972，5：604-610.

[56]　Bertsch P M，Barnhisel R I，Thomas G W，et al. Quantitative determination of aluminum-27 by high-resolution nuclear magnetic resonance spectrometry. Anal Chem，1986，12：2583-2585.

[57] Waters D N, Henty M S. Raman spectra of aqueous solutions of hydrolysed aluminium (III) salts. J Chem Soc Dalton Trans, 1977, 3: 243-245.

[58] 黄鹂. 高浓度 PAC 的形态分布－转化及 Al_{13} 的分离提纯研究. 中国科学院生态环境研究中心博士学位论文, 2005: 1-99.

[59] Aveston J. Hydrolysis of the aluminum ion: ultracentrifugation and acidity measurements. J Chem Soc, 1965, 8: 4438-4443.

[60] Furrer G, Ludwig C, Schindler P W. On the chemistry of the keggin Al_{13} Polymer 1. Acid-Base Properties J. Colloid Interface Sci, 1992, 1: 56-67.

[61] Furrer G, Gfeller M, Wehrli B. On the chemistry of the keggin Al_{13} Polymer: kinetics of proton-promoted decomposition. Geochim et Cosmochim Acta, 1999, (19-20): 3069-3076.

[62] Amirbahman A, Gfeller M, Furrer G. Kinetic and mechanism of ligand-promoted decomposition of the keggin Al_{13} polymer. Geochim et Cosmochim Acta, 2000, 5: 911-919.

[63] Xu Y, Wang D S, Lu H L, et al. Optimization of the separation and purification of Al_{13}. Colloid Surf A, 2003, 231: 1-9.

[64] Feng C H, Ge X P, Wang D S, et al. Effect of aging condition on species transformation in polymeric Al salt coagulants. Colloid Surf A, 2011, 379 (1-3): 62-69.

[65] 吕春华. 氯化铝和聚合氯化铝絮凝剂的 LLS 和 AFM 研究. 中国科学院生态环境研究中心博士后研究报告, 2002.

[66] 谷景华. 聚合铝无机高分子絮凝剂的光散射法及小角度 X 射线散射研究. 中国科学院生态环境研究中心博士后研究报告, 1999.

[67] Bradley S M, Kydd R A, Yamdagni R, Study of the hydrolysis of combined Al^{3+} and Ga^{3+} aqueous solutions: formation of an extremely stable $GaO_4Al_{12}(OH)_{24}(H_2O)_{12}^{7+}$ polyoxocation. Magn Reson Chem, 1990, 28: 746-748.

[68] Bradley S M, Hanna J V. ^{27}Al and ^{23}Na MAS NMR powder X-ray diffraction studies of sodium aluminate speciation and the mechanistics of aluminum hydroxide precipitation upon acid hydrolysis. J Am Chem Soc, 1994, 17: 7771-7783.

[69] Thompson A R, Kunwar A C, Gutowsky H S, et al. Oxygen-17 and Aluminum-27 nuclear magnetic resonance spectroscopic investigations of aluminum (III) hydrolysis products. J Chem Soc Dalton Trans, 1987, 10: 2317-2321.

[70] Johansson G. The crystal structure of a basic aluminum salts. Ark Kemi, 1962, 20: 305-319.

[71] Akitt J W, Elders J M, Fontaine X L R, et al. Multinuclear magnetic resonance studies of the hydrolysis of aluminum (III). Part 9. Prolonged hydrolysis with aluminum metal monitored at very high magnetic field. J Chem Soc Dalton Trans, 1989, 10: 1889-1895.

[72] Parker D R, Zelazny L W, Kinraide T B. Comparison of three spectrophotometric methods for differentiating mono and polynuclear hydroxy-aluminum complexes. Soil Sci Soc Am J, 1988, 52: 67-75.

[73] Wang W Z, Hsu P H. The nature of polynuclear OH-Al complexes in laboratory-hydrolyzed and commercial hydroxy-aluminum solutions. Clays Clay Miner, 1994, 3: 356-368.

[74] 黄鹂. 高浓度 PAC 的形态分布-转化及 Al_{13} 的分离提纯研究. 中国科学院博士学位论文, 2005.

[75] Sillén L G. On equilibria in system with polynuclear complex formation. I. Methods for deducing the composition of the complexes from experimental data "core+links" complexes. Acta Chem Scand, 1954, 8: 299-317.

[76] Vermeulen A C, Geus J W, Stol R J, et al. Hydrolysis-precipitation studies of aluminum (III) solutions, 1. Titration

of acidified aluminum solution. J Colloid and Inter Sci, 1975, 3: 449-458.

[77] Stol R J, Vermeulen A C, Bruny P L D E. Hydrolysis-precipitation studies of aluminum(III)solutions, 2. A kinetic study and model. J Colloid and Inter Sci, 1976, 1: 115-131.

[78] Dehek H, Stol R J, Bruny P L D E. Hydrolysis-precipitation studies of aluminum (III) solutions 3. The role of the sulfate ion. J Colloid and Inter Sci, 1978, 1: 72-89.

[79] Letterman R D, Iyer D R. Modeling the effects of hydrolyzed aluminum and solution. Environ Sci Technol, 1985, 19: 673-678.

[80] Letterman R D, Asolekar S R. Surface ionization of polynuclear species in Al (III) hydrolysis- I . Titration results. Water Res, 1990, 8: 931-939.

[81] Letterman R D, Asolekar S R. Surface ionization of polynuclear species in Al (III) hydrolysis- II . A conditional equilibrium model. Water Res, 1990, 8: 941-948.

[82] Rausch W V, Bale H D. Small-angle X-ray scattering from hydrolyzed aluminum nitrate solutions. J Chem Phys, 1964, 11: 3391-3394.

[83] Schutz A, Stone W E E, Poncelet G, et al. Preparation and characterization of bidimensional zeolitic and hydroxyl-aluminum solutions. Clays Clay Miner, 1987, 4: 251-261.

[84] Hsu P H. Mechanisms of gibbsite crystallization from partially neutralized aluminum chloride solutions. Clays Clay Miner, 1988, 1: 25-30.

[85] Sposito G. The Environmental Chemistry of Aluminum. 2nd ed. Boca Raton, Florida: CRC Press, 1995.

[86] Bi S P, Wang C Y, Cao Q, et al. Studies on the mechanism of hydrolysis and polymerization of aluminum salts in aqueous solution: correlations between the "core-links" model and "cage-like" Keggin-Al_{13} model. Coord Chem Reviews, 2004, 5-6: 441-455.

[87] Tang H X, Stumn W. The coagulation behaviors of Fe (III) polymer species. Wat Res, 1987, 1: 115-128.

[88] Tang H X, Wang D S, Xu Y. Optimization of the concepts for poly-aluminum species in chemical water and wasterwater treatment//Hahn HH, Hoffmann E, Odegaard H. Procedding of the 11th Gothenburg Symposium, 2004: 139-149.

[89] 汤鸿霄. 无机高分子絮凝理论与絮凝剂. 北京: 中国建筑工业出版社, 2006: 1-152.

[90] Bokhimi X, Lima E, Valente J. Synthesis and characterization of nanocapsules with shells made up of Al-13 tridecamers. J Phys Chem B, 2005, 109 (47): 22222-22227.

[91] Zhao S, Feng C H, Huang X N, et al. Role of uniform pore structure and high positive charges in the arsenate adsorption performance of Al_{13}-modified montmorillonite. J Hazard Mater, 2012, 203-204: 317-325.

[92] Luetzenkirchen J, Kupcik T, Fuss M. Adsorption of Al-13-Keggin clusters to sapphire c-plane single crystals: kinetic observations by streaming current measurements. Appl Surf Sci, 2010, 256 (17): 5406-5411.

[93] Forde S, Hynes M J. Kinetics and mechanism of the reactions of the Al_{13} Keggin oligomer, $AlO_4Al_{12}(OH)_{24}(H_2O)_{12}^{7+}$, with a series of phenolic ligands. New J Chem, 2002, 26: 1029-1034.

[94] Park N J, Sung D C, Lim S K, et al. Realistic adsorption geometries and binding affinities of metal nanoparticles onto the surface of carbon nanotubes. Appl Phys Lett, 94, 7: 073105.

[95] Krishnamurti G S R, Wang M K. Huang P M. Phenol-Al_{13} tridecamer interactions: implications in Al transformation and abiotic formation of humic substances//Soil Mineral-Organic Matter-Microorganism Interactions and Ecosystem Health. Abstracts, 3d Int Symp of the IUSS Working Group MO, Naples-Capri, Italy. 2000: 111.

第2章 羟基聚合铝形态的Al-Ferron络合动力学分析

迄今为止，已有多种化学和仪器分析方法用于铝盐絮凝产品的水解聚合过程及其产物形态的分析与表征。但是，应用最多的是 Al-Ferron 逐时络合比色法与核磁共振光谱分析技术（^{27}Al NMR）。尽管 ^{27}Al NMR 可定量地给出水解铝溶液中铝的形态结构信息，但是该方法在仪器的使用以及灵敏度上存在缺陷，严重限制着该方法的广泛使用。同时，该方法只能给出絮凝产品中特定的几种铝形态信息。相对而言，Al-Ferron 逐时络合比色法简单、使用方便，可以将所有的铝盐絮凝剂形态进行分类分析，应用最为广泛。但是，该方法是基于对铝盐絮凝剂中不同形态铝与 Ferron 络合反应的动力学差异对铝形态进行分析的，同时受 Ferron 比色液特性、测定条件以及羟基聚合铝絮凝剂的影响较大，至今仍缺乏对比色液特性以及羟基聚合铝与 Ferron 络合反应机理的全面研究，也没有标准操作程序。由此，本章主要目的是全面分析探讨改进后的 Ferron 比色液特性、羟基聚合铝与 Ferron 络合反应动力学机理以及 Ferron 法的测定分析最佳条件，为更好地解释该方法分析得出的铝盐絮凝剂形态提供依据，推进 Al-Ferron 逐时络合比色法成为无机高分子铝盐絮凝剂形态结构分析的常规标准方法。

2.1 改进的 Ferron 比色液特性及使用条件优化

2.1.1 Ferron 理化性质及比色液的改进

1. Ferron 理化特征

7-碘-8 羟基喹啉-5-磺酸（Ferron）俗称试铁灵，明黄色晶体粉末，250℃时分解，分子式为 C$_9$H$_6$INO$_4$S（相对分子质量 351.1）[1, 2]。其结构如图 2-1 所示。

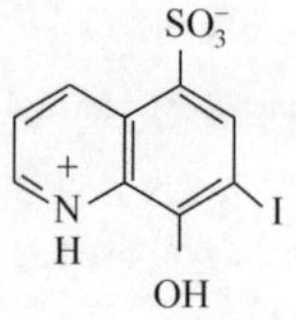

图 2-1　Ferron 分子结构式

从图 2-1 可知，Ferron 是一种二元酸 H_2A[3]。在水溶液中，随着 pH 升高，它会解离成 HA^- 和 A^{2-}。Langmuhr 和 Strom[4]利用碱对 Ferron 比色液进行电位滴定分析，认为滴定曲线中两个明显的突变是 Ferron 结构式中所含的两个氢离子被中和的过程，如式（2-1）和式（2-2）所示。

$$H_2A \rightleftharpoons H^+ + HA^- \qquad H^+ + OH^- \longrightarrow H_2O \qquad K_1 = \frac{[H^+][HA^-]}{[H_2A]} \qquad (2\text{-}1)$$

$$HA^- \rightleftharpoons H^+ + A^{2-} \qquad H^+ + OH^- \longrightarrow H_2O \qquad K_2 = \frac{[H^+][A^{2-}]}{[HA^-]} \qquad (2\text{-}2)$$

式中，K_1 和 K_2 分别为解离常数，在恒温（25 ± 0.1）℃，以及 0.1mol/L KCl 存在以保证有充分离子力条件下，Ferron 解离过程及其解离常数如图 2-2 所示[4, 5]。

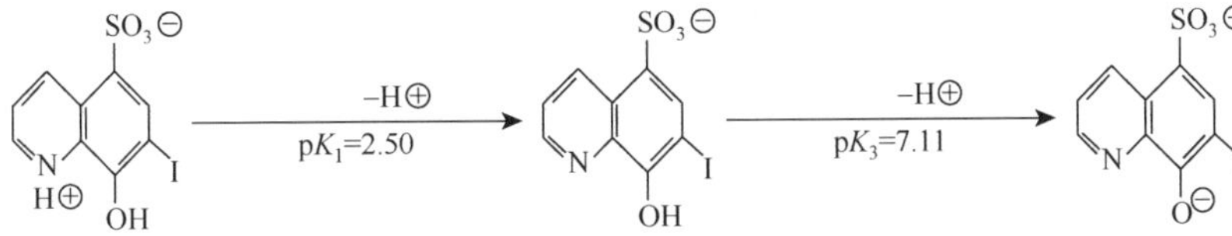

图 2-2　Ferron 在溶液中的解离变化过程[4, 5]

在中性 pH 范围内，HA^- 含量占主导地位，在较低和较高 pH 范围内主要存在 H_2A 和 A^{2-} 两种形态。研究表明 HA^- 是与铝进行络合反应的主要形态，而其余两种形态不和铝作用。但是，它们在 HA^- 和羟基聚合铝络合产物吸光波长处产生很强的吸收背景，会在一定程度上影响 Al-Ferron 络合比色法对铝的测定精度。

2. Ferron 比色液的改进

Ferron 是一种比较准确、简单快捷的测定溶液中铝单体含量的比色试剂。起初，它仅用于分析溶液中铁离子形态。Yoe[1, 2]采用目测比色法，研究 Ferron 同各种金属离子的显色反应，但结论是铝离子不会同 Ferron 反应。后来 Swank 和 Mellon[6]采用分光光度计进行研究，发现铝离子和 Ferron 也发生络合反应，只是 Al-Ferron 络合物颜色与 Ferron 本身颜色一致。其络合过程中受 Fe（Ⅲ）的影响，但不受 Fe（Ⅱ）存在的干扰，因而 Rainwater 和 Thatcher[7]提出向比色液中加入盐酸羟胺和邻菲罗啉，盐酸羟胺对溶液中存在的 Fe（Ⅲ）进行还原，生成的 Fe（Ⅱ）与邻菲罗啉络合，掩蔽溶液中铁对铝测定的干扰。

随着无机高分子聚合铝絮凝剂日益成为主流絮凝剂产品，对其形态及机理的研究也日益引起重视。Smith 对 Ferron 比色法进行改进，率先将 Ferron 比色法引入羟基聚合铝的水解形态分析中[8]。在测定铝形态时，将醋酸钠加入 Ferron 和邻菲罗啉混合液中，再加入待测样品和盐酸羟胺，快速混合均匀后测定混合液吸光度随时间的变化。由于这种 Ferron 比色法的使用程序比较烦琐，Bersillon 和 Hsu[9] 提出先将醋酸钠、盐酸羟胺、Ferron 和邻菲罗啉混合，然后放置待用。研究表明，采用后一种 Ferron 比色液的配制方法使 Ferron 与各种羟基聚合铝的络合速率大于前者[10]，很多研究都采用这种 Ferron 比色法分析羟基聚合铝形态分布[11-13]。但是，Hsu 和 Cao[3] 研究了盐酸羟胺和 Ferron 之间的作用，认为 Ferron 和盐酸羟胺作用需要至少 4～5 天甚至更长的时间，否则配制的 Ferron 比色液不太稳定，影响测定结果。而 Jardine 和 Zelazny[14] 认为 Ferron 和醋酸的络合物会影响 Ferron 的吸收光谱，这在一定程度上限制着 Ferron 比色法更广泛的应用。

近年来，无铁和低铁羟基聚合铝溶液形态的测定日益频繁[11-13]，比色液中盐酸羟胺和邻菲罗啉继续存在的意义值得怀疑，有必要对现有的 Ferron 比色液配制方法进行改进。

改进后的 Ferron 比色缓冲液配制方法是：以下三种试剂 A、B 和 C，按 2.5∶2∶1（体积比）比例混合。其中，试剂 A［0.2%（m/V）*Ferron 水溶液］：在 1020mL 煮沸过的去离子水中加入 2.0g 分析纯 Ferron 试剂，磁力搅拌使 Ferron 溶解，过滤其不溶杂质，而后转入 1L 容量瓶于冰箱中保存。试剂 B［20%（m/V）的醋酸钠溶液］：将 50g 分析纯无水醋酸钠溶于适量去离子水中，过滤后转入 250mL 容量瓶稀释至刻度线。试剂 C（1∶9 稀盐酸）：将 100mL 分析纯浓盐酸溶于适量水中，然后转入 1L 的容量瓶中稀释至刻度线。

在本书中所采用的 Ferron 比色试剂均是这种改进的混合液。在没有盐酸羟胺和邻菲罗啉的干扰下，改进的比色液特性是否受到干扰，能否更好更广泛地应用于羟基聚合铝絮凝剂的形态分析成为本章的主要研究内容之一。

2.1.2 Al-Ferron 最佳络合反应条件

1. 改进的 Ferron 比色液特性

1）酸碱缓冲能力

由 2.1.1 节中描述 Ferron 的解离过程可以看出，在不同 pH 条件下 Ferron 以不同的形态存在于溶液中。pH 在一定程度上严重影响着溶液中 Ferron 本身的解离和各种羟基聚合水解铝的存在形态，也势必会影响 Ferron 同各种羟基聚合铝的络合反应。Ferron 比色液的 pH 不同，其波长扫描曲线变化趋势也存有差异［图 2-3（a）］。当比色液 pH 较高时［图 2-3（a）中曲线 1 和 2］，364nm 处的吸光度强度相对较大。而 pH 较低时［图 2-3（a）中曲线 3 和 4］，在相同的波段内，吸光度强度明显下降，但仍然大于中等 pH 的比色液吸光度［图 2-3（a）中曲线 5，6 和 7］。而中等 pH

---

* m/V 表示质量浓度。

的曲线变化趋势相同。不同 pH 比色液光谱的差异主要归因于比色液中 Ferron 形态的差异。在不同的 pH 范围内，根据 Ferron 解离系数可计算出相应的 Ferron 形态分布。结果表明，pH 为 4.02～5.25 时，HA^- 含量占据主导地位。随着 pH 的增大或减小，溶液中的 HA^- 会逐步转化成 H_2A 或 A^{2-}。此外，在 HA^- 含量占据主导地位的比色液在 364nm 处的吸光强度相对较弱，而以其他两种形态占主体的比色液吸光强度较大。依据比尔定律可知，作为空白溶液，选择 HA^- 含量占据主导地位的比色液进行铝形态分析比较适合。因此，要保证 Ferron 具有良好的比色分析功能，需要保证其溶液 pH 在合适的范围之内，使 Ferron 比色液中最佳络合形态占主导地位，提高铝形态测定精度。pH 为 4.02～5.25 时，波长扫描的变化趋势几乎相同，波峰（435nm）和波谷（364nm）变化比较明显，计算结果也表明此时的 HA^- 浓度含量保持在 95%以上，适宜于羟基聚合铝形态测定[3]。此外，比色液 pH 越高或者越低，其颜色就越浅，未进行 pH 调节的溶液颜色最深，这也在一定程度上反映出此 Ferron 比色液 pH 适合于羟基聚合铝形态的测定。

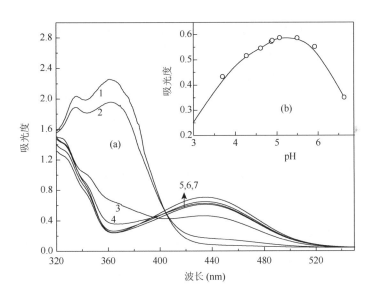

图 2-3　不同混合液 pH 对改进的比色液在不同波长的吸光光谱（a）以及 Al-Ferron 络合物在
364nm 处吸光度影响（b）。1. pH 8.0，2. pH 8.92，3. pH 1.98，4. pH 3.0，
5. pH 4.52，6. pH 5.25，7. pH 5.49

向改进的比色液中加入一定量的待测铝溶液后，受两种溶液 pH 差异的影响，混合液 pH 必然会发生一定程度的波动。不同 pH 比色液吸光度在 364nm 处变化很大，但是在 5.0～5.4 附近达到最大值并且相对稳定，出现一个吸光度变化的短暂平台，此 pH 变化范围适合于铝的形态分析 [图 2-3（b）]。因此，为保证 Ferron

逐时络合比色法测定分析结果的准确性，应保证分析时加入的铝样品不会使最终混合液 pH 过大地偏离这个范围。事实上，改进的 Ferron 比色液中，醋酸钠和盐酸组成的缓冲体系对酸碱缓冲能力很强，加入少量或微量的铝溶液后，pH 的变化不会对铝形态的测定产生影响。

2）杂质影响

Al-Ferron 络合反应迅速，Ferron 络合不同量的铝后会表现出不同的颜色深度，所以在水溶液中易于发生水解或产生颜色的盐和离子的出现会降低水溶液中铝含量测定的准确性[15]。然而，试剂中难免会引入其他盐和离子，但是其中的硫酸盐、氨盐、游离氯以及铜、砷、锡、铅等金属离子的含量极低，况且它们不会同 Ferron 比色液发生显色反应（color reaction）或者反应条件比较苛刻，其影响可以不考虑[1, 2, 15]。只是其中的金属铁离子会对铝的比色测定有一定的影响。

如图 2-4 所示，含铁样品的波长扫描曲线（图 2-4 中曲线 6 和 7）明显有别于含铁量小于含铝量 5% 的羟基聚合铝样品的波长扫描曲线（图 2-4 中曲线 1，2，3 和 4）。在对羟基聚合铝形态结构的分析测定过程中，样品中不可避免地会引入铁元素，并且铁的存在对铝形态的分析产生很大影响（图 2-4 中曲线 6 和 7）。但是，实验中试剂若采用分析纯，杂质铁含量极低，在其含量小于铝浓度 5% 时，其存在不会对铝的测定结果产生影响。在对羟基聚合铝各种形态的研究中，引入的杂质量容易得到控制时，Ferron 比色法测铝的精确度可以大大提高。由此可知，在主要影响元素铁的含量得到控制后，改进的 Ferron 比色液可以更好地适应铝形态的分析测定。

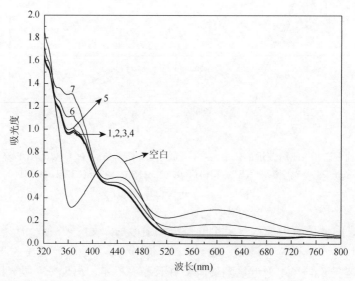

图 2-4　Al-Ferron 络合物在不同 Fe/Al 比值（1：0，2：0.01，3：0.025，4：0.05，5：0.1，6：0.5，7：1.0）条件下的吸光光谱

3）稳定性

传统的 Ferron 比色液加入盐酸羟胺、邻菲罗啉等物质后，比色液在一段时间内不太稳定如图 2-5（a）所示[14]，大多认为其最佳使用时间段是配制后第 4 天到第 25 天，在此期间可以保证测定数据的一致性[13]。但是，采用的试剂中杂质铁含量很低或者几乎无铁存在时，铝吸光度测定不会受到影响，没有必要加入盐酸羟胺、邻菲罗啉等物质。因此，改进的 Ferron 比色液能够较快达到水解平衡，并且在配制后几个小时至几十天内比较稳定［图 2-5（b）］，没有发生波峰和波谷的飘移，同时在特定波长处的吸光度也没有产生变化。不同放置时间的 Ferron 比色液波长扫描曲线发生重叠，因此它在配制完成后可以立即使用，这在一定程度上可以大大缩短 Ferron 比色液配制周期，缩短实验时间，增加使用时间，更有利于该方法的普遍应用。

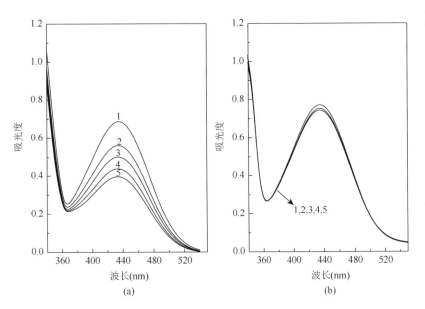

图 2-5　不同熟化时间（1.0 天，2.3 天，3.7 天，4.11 天，5.30 天）对 Ferron 比色液在存在（a）和不存在（b）盐酸羟氨和邻菲罗啉的情况下的吸光光谱

4）温度影响

在实验室温度的变化范围之内，Ferron 比色液温度的改变对其波长扫描曲线的影响很小，尤其在最大吸收波长（364nm）处其影响几乎可以忽略（图 2-6）。但是，对 Ferron 比色溶液进行加热煮沸会导致 Ferron 的分解，其中的碘会分解出来，挥发出臭味。Ferron 比色溶液不适宜在较高的温度下进行比色反应，否则会影响比色反应的灵敏性。

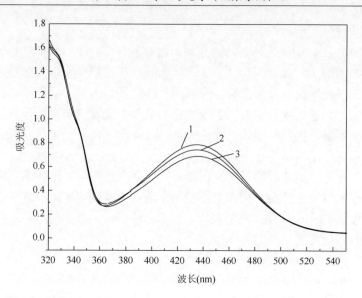

图 2-6　温度（1.4℃，2.25℃，3.43℃）对 Ferron 比色液的应用影响

2. 铝形态的 Ferron 法分光比色测定原理

Ferron 比色液是一种对铝十分敏感的比色试剂。铝浓度越高，混合液的吸光度越大，溶液颜色越浅。但是只有在一定的 Ferron 和铝含量比例范围之内，铝和 Ferron 的络合反应才遵循比尔定律（Beer's law），这是光度分析法测定铝含量的理论基础[1, 2, 15]。

比尔定律：

$$\frac{I}{I_0} = \exp(-\varepsilon bC) \ \text{或} \ A = \varepsilon bC \tag{2-3}$$

式中，I_0 和 I 分别为入射光和比色皿中样品的透过光强度；A 为吸光度；C 为样品摩尔浓度[*]（mol/L）；b 为光程（cm）；ε 为摩尔吸光系数。

摩尔吸光系数 ε 是衡量灵敏度的重要标志，ε 越大灵敏度越高[16]。它主要取决于 Al-Ferron 络合物显色体系光吸收的有效截面积 α 和电子跃迁概率 p。它们之间存在如下的经验公式：

$$\varepsilon = 0.87 \times 10^{20} p\alpha \tag{2-4}$$

假如入射光强度 I_0 在整个波长范围内保持不变，对式（2-3）两边进行波长求导，可得

$$\frac{\mathrm{d}I}{\mathrm{d}\lambda}\frac{1}{I_0} = -bC\exp(-\varepsilon bC)\frac{\mathrm{d}\varepsilon}{\mathrm{d}\lambda} \tag{2-5}$$

---

[*] 摩尔浓度为物质的量浓度。

将式（2-3）代入可得

$$\frac{\mathrm{d}I}{\mathrm{d}\lambda} = -bCI\frac{\mathrm{d}\varepsilon}{\mathrm{d}\lambda}　　　　（2-6）$$

从式（2-6）可以看出，比色皿中透过光强度一阶导数信号与羟基聚合铝浓度呈线性关系，在吸光光谱的拐点处灵敏度最高。

对式（2-6）两边再进行波长求导可以得到

$$\frac{\mathrm{d}^2 I}{\mathrm{d}\lambda^2} = -bC\frac{\mathrm{d}I}{\mathrm{d}\lambda}\frac{\mathrm{d}\varepsilon}{\mathrm{d}\lambda} - IbC\frac{\mathrm{d}^2\varepsilon}{\mathrm{d}\lambda^2}$$

$$（2-7）$$

$$\frac{\mathrm{d}^2 I}{\mathrm{d}\lambda^2}\frac{1}{I} = (bC)^2\left(\frac{\mathrm{d}\varepsilon}{\mathrm{d}\lambda}\right)^2 - bC\frac{\mathrm{d}^2\varepsilon}{\mathrm{d}\lambda^2}$$

式（2-7）表明，当摩尔吸光系数对波长的变化率 $\dfrac{\mathrm{d}\varepsilon}{\mathrm{d}\lambda}$ 为零时，比色皿中透过光强度二阶导数信号也和样品浓度成正比。因此，可将测定波长选择在羟基聚合铝的最大波长吸收处，此时曲线曲率 $\dfrac{\mathrm{d}^2\varepsilon}{\mathrm{d}\lambda^2}$ 最大，而斜率 $\dfrac{\mathrm{d}\varepsilon}{\mathrm{d}\lambda}$ 为零，满足测定要求。

同样，如果对式（2-7）两边再进行波长求导，可以得到

$$\frac{\mathrm{d}^3 I}{\mathrm{d}\lambda^3} = (bC)^2\frac{\mathrm{d}I}{\mathrm{d}\lambda}\left(\frac{\mathrm{d}\varepsilon}{\mathrm{d}\lambda}\right)^2 + 2(bC)^2 I\frac{\mathrm{d}\varepsilon\mathrm{d}^2\varepsilon}{\mathrm{d}\lambda\mathrm{d}\lambda^2} - bC\frac{\mathrm{d}I\mathrm{d}^2\varepsilon}{\mathrm{d}\lambda\mathrm{d}\lambda^2} - IbC\frac{\mathrm{d}^3\varepsilon}{\mathrm{d}\lambda^3}$$

$$（2-8）$$

$$= -I(bC)^3\left(\frac{\mathrm{d}\varepsilon}{\mathrm{d}\lambda}\right)^3 + 3(bC)^2 I\frac{\mathrm{d}\varepsilon\mathrm{d}^2\varepsilon}{\mathrm{d}\lambda\mathrm{d}\lambda^2} - IbC\frac{\mathrm{d}^3\varepsilon}{\mathrm{d}\lambda^3}$$

由式（2-8）可知，当斜率 $\dfrac{\mathrm{d}\varepsilon}{\mathrm{d}\lambda}$ 为零时，三阶导数信号同样和样品浓度成正比。当在吸收曲线上具有水平切线或曲率半径小的肩峰处进行羟基聚合铝测定时，也都可以满足要求，这在一定程度上扩大了 Ferron 比色法测定铝含量的应用波长范围。

3. Al-Ferron 最佳反应配比

Ferron 在水溶液中解离出 H^+，从而使其氧和氮原子能够和单体铝络合，反应摩尔比*最高可以为 3:1。但是铝的水解聚合使其与 Ferron 的络合难度增加，反应速率变慢，Ferron-Al 比值问题升级为影响 Ferron 比色法测羟基聚合铝形态的重要限制因子。通常使 Ferron 和羟基聚合铝的络合反应遵循一级动力学，Ferron 适度过量。但是在 Ferron 过量程度较高的条件下，Al-Ferron 混合液波长扫描曲线近

---

* 摩尔比为物质的量之比。

似于 Ferron 空白比色液的波长扫描变化趋势，364nm 处吸光度偏小，必然会引起
分析结果精确度下降，不能很好地反映 Ferron 同羟基聚合铝反应的动力学过程，
也存在着浪费 Ferron 试剂的可能。而在 Ferron-Al 比值过小时，Al-Ferron 混合液
波长扫描曲线上的 364nm 处峰变化过快，很容易造成测量结果偏差，同时在反应
即将结束时剩余的 Ferron 将是反应的控制步骤，Ferron 与羟基聚合铝的反应速率
降低，测定时间延长。Bertsch 和 Parker 对不同比值条件下反应的灵敏度进行分析，
认为其比值在 63 时最好，随后他们又提出将比值定在 50 最好[11]。但是，也有其
他研究者提出不同的看法，Ping 等将其控制在 17[12, 13]，Smith 将其设为 10[8]。为
确定最佳的取值范围，本节中配制了不同配比的混合液进行时间扫描，扫描结果
如图 2-7 所示，而混合液配比分别为：13.5、27、54 和 108。实验中，采用的铝溶
液为碱化度 B=1.5、Al 浓度为 0.1mol/L 的羟基聚合铝溶液。

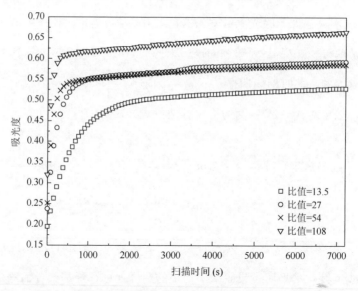

图 2-7　不同 Ferron-Al 比值下混合液吸光度随时间的变化

　　从图 2-7 中可以看出，四条曲线均可以分成两段。尽管最终吸光度由于混合
液中铝浓度的差异而不同，但是四条曲线有着类似的变化趋势。从中间的两条曲
线可以看出，在混合液中铝浓度相同的情况下，比值越高，在第一阶段吸光度变
化速度越快。而从四条曲线第一阶段的变化情况看，比值越高，聚合铝中的低聚
体或者六元环结构的铝与 Ferron 发生络合反应的速率就越快（这部分内容在以后
的章节中会更加详细地描述）。图中采用的样品浓度尽管相同，但是 7200s 的吸光
度依然存在差异，原因是为更好地区分不同比值对反应动力学的影响，实验采用
同一空白值进行分析。如果每个样品在进行时间扫描前均采用相应浓度的 Ferron

比色液作为空白，则可以更好地反映比值差异对第一阶段反应速率的影响。由上可以推知，比值越高，Ferron 在第一阶段与低聚体铝或者六元环铝反应的速率越快。但是这种情况下，反应第二阶段的反应曲线应该是重合的，因为从图中可以看出，四条曲线在第二阶段具有相同的斜率，说明在第二阶段 Ferron 与此时反应速率较低的高聚体（如 Al_{13}）的反应速率是相同的。因此，比值的差异对于第二阶段 Ferron 与高聚体（如 Al_{13}）的反应过程影响不大。这说明上述研究中采用的四种比值足以将活性羟基聚合铝中形态分成两种。比值在此范围内足以应用于铝形态的分析，比值的大小对于形态分析没有太大的影响，但是需要满足反应需要的总量，在 2h 内最终吸光度的变化相差不大，均可以在 2h 内达到平衡。

如前所述，比值过小会影响羟基聚合铝与 Ferron 络合反应的完成时间，对实际测定分析造成影响。比值相对较小时，Al-Ferron 反应速率相对较慢，但 Ferron 法经验模式所得的结果更为合理，原因是铝单体及低聚铝与 Ferron 的反应本身速率很快，在操作允许的时间内很难将它们与高聚体铝更好地分割开来，低比值将为这些形态更好地分析创造条件。但是，其中有一个最佳比值的问题。在满足反应要求的前提下，多余的 Ferron 属于浪费。实验结果也表明，在上述的比值情况下，Ferron/Al=13.5 适合于铝的形态分析，采用这种比值有以下优势：①节约比色液；②初始阶段低聚体及铝单体的划分结果较为准确，Al_a 中的低聚体含量相对较小。比值达到 27 时初始阶段动力学常数几乎等同于 54 时，而超过 54 时几乎没有什么变化。不同比值条件下 2h 后所测溶解态总铝相同，说明比值在满足最小的反应条件下对不同形态铝尤其是活性聚合铝的测定影响不大。

2.2　羟基铝-Ferron 络合反应机理

以往关于 Al-Ferron 络合反应动力学机理的研究大多是针对单体铝同 Ferron 络合反应进行的[9]，Langmuhr 和 Strom[4]通过电位滴定技术推测出单体铝和 Ferron（H_2A）的络合形态有 AlA^+、$Al(OH)A$、$Al(OH)_2A^-$、AlA^{2+}、$Al(OH)A_2^{2-}$、AlA_3^{3+}等。但是，随着羟基聚合铝形态的发现和发展，Ferron 已广泛应用于聚合铝的形态分析。然而，因聚合铝形态结构与单体铝差异较大，其与 Ferron 络合显色机理是否发生变化也已引起不同研究者的广泛关注。综合而言，Ferron 的显色原理有两种认识，一种是 Ferron 与单体和聚合物的结合动力学过程；另一种是 Ferron 只能与单体结合，测定过程是 Ferron 与 OH⁻竞争使聚合物解体生成 Ferron-Al 显色体的动力学过程。目前得到较多承认的是后者。然而，受羟基聚合铝形态结构复杂性、不确定性的影响，以往研究中关于羟基聚合铝与 Ferron 络合反应机理的报道相对较少。由此，很多研究者依然依据传统的观点来解释羟基聚合铝与 Ferron 的络合反应机理，这必然对 Ferron 法分析结果中所得铝形态的准确性产生一定的影响。为此，作者所在研究组基于 Al_{13} 分离纯化方面取得的重要进展，以大量高纯并可以直接被核磁共振光谱证明的 Al_{13} 为典型聚合铝，探讨羟基聚合铝与 Ferron 的络合反应机理。

已有研究表明，羟基铝聚合体结构、大小不同，与 Ferron 络合动力学必然也存在差异。本节首先制备一系列不同碱化度（B=0.5、1.0、1.5、2.0、2.5）的羟基聚合铝溶液，并对高 Al_{13} 含量、碱化度为 2.0 的样品进行 Al_{13} 分离提纯。

羟基聚合铝制备装置如图 2-8 所示。在氮气保护并快速磁力搅拌的条件下（转速不低于 300r/min），采用蠕动泵（YZ1515X，保定兰格恒流泵公司）向 $AlCl_3$ 溶液中滴加 NaOH 溶液，滴加速度为 0.1～0.15mL/min。利用恒温水浴器（SENCO，W201，上海）控制反应温度，在 25℃和 80℃下分别制备碱化度为 0、0.25、0.5、0.75、1.0、1.25、1.5、2.0、2.25、2.5 的羟基聚合氯化铝溶液。

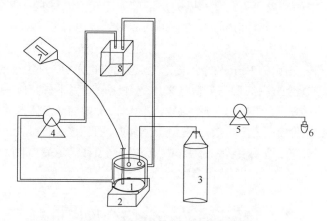

图 2-8　羟基聚合铝样品制备装置

1. PAC 制备反应器；2. 磁力搅拌器；3. 氮气瓶；4. 大流量蠕动泵；
5. 小流量蠕动泵；6. 梨形瓶；7. pH 计；8. 恒温水箱

Al_{13} 提纯采用硫酸根钡离子沉淀置换法，具体的操作过程可参考文献[17]。具体过程是，将熟化后的聚合铝溶液（碱化度为 2.0）与一定体积的 $NaSO_4$ 混合反应一定时间后过滤，并在 24h 后收集滤液中的沉淀。经自然风干后，称取一定量的沉淀与 $Ba(NO_3)_2$ 溶液混合搅拌 2～3h 后过滤分离得到纯 Al_{13} 溶液。

为作对比，实验采用四种特殊的羟基铝溶液与 Ferron 进行络合反应，分析探讨羟基聚合铝与 Ferron 的络合反应机理。这四种羟基铝溶液分别为单体氯化铝（PAC0），含少量羟基聚合铝、碱化度为 0.5 的羟基聚合铝（PAC05），高纯 Al_{13}（PAl13）以及含有大量凝胶高聚体、一定量 Al_{13} 甚至有沉淀的、碱化度为 2.5 的羟基聚合铝（PAC25）。鉴于 NMR 具有对铝形态进行直接分析鉴定的优势，对四种样品铝首先进行了 NMR 光谱分析，结果如图 2-9 所示。

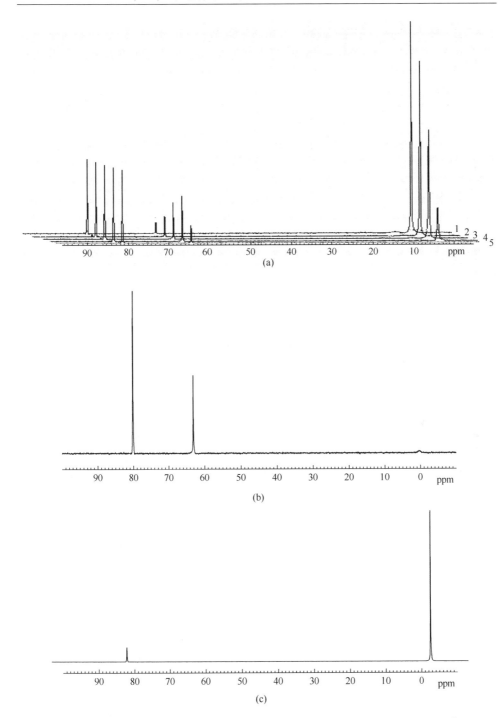

图 2-9　不同样品［（a）：1. PAC05，2. PAC10，3. PAC15，4. PAC20，5. PAC25］，
PAl13（b）和 PAC0（c）的 ^{27}Al NMR 光谱

　　四种样品中不同形态结构的羟基聚合铝含量 ^{27}Al NMR、Ferron 和 ICP-OES 法测定结果见表 2-1，四种样品的其他一些相关信息（如 pH 和总铝含量分析结果）也分别列于该表中。四种样品铝溶液与 Ferron 试剂络合反应 7200s 的时间扫描曲线汇总在图 2-10 中。

表 2-1　羟基铝形态的 Ferron 法和 ^{27}Al NMR 光谱分析结果

样品	pH	^{27}Al NMR 光谱			Ferron 法			ICP-OES
		Al_m^c(%)	Al_{13}^c(%)	Al_{un}^c(%)	Al_a^c(%)	Al_b^c(%)	Al_c^c(%)	$[Al_T]^a$（mol/L）
PAC0	3.04	100	—^{b}	—	88.1	11.9	—	0.102
PAC05	3.67	55.20	25.21	19.59	60.97	37.56	1.47	0.103
PAC25	5.21	—	45.59	54.41	2.87	62.86	34.27	0.103
PAl13	4.35	3.15	96.15	0.70	1.08	95.35	3.57	0.095

　　a $Al_T=Al_a+Al_b+Al_c$；b 未测出；c 表示各种物质的质量分数。

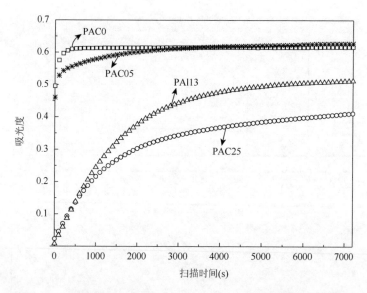

图 2-10　不同羟基聚合铝样品的 Ferron 法 7200s 逐时络合扫描曲线

　　由图 2-9（c）可以看出，PAC0 溶液仅在 0ppm 处出峰，说明该样品中仅存在单体铝（Al_m）。已有研究表明，铝单体与 Ferron 作用是瞬间进行的[11, 13]。图 2-10 中曲线表明，PAC0 溶液经过 3~5min 才与 Ferron 络合完毕，曲线达到水平。由于 PAC0 溶液 pH=3.04 远低于 Ferron 比色液的 pH=5.2，当微量 PAC0 溶液加入后，大部分铝单体快速络合完毕，而其余部分受 Ferron 比色液高 pH 和稀释作用的影响则发生水解、聚合形成部分初聚体和低聚体。这些聚合物同 Ferron 的作用速度相对较小，致使铝单体投入溶液后不能马上络合完毕。时间扫描曲线的前几分钟弯曲部分可能是由于铝单体加入到 Ferron 溶液后，部分低聚体的形成导致 Al-Ferron 反应速率降低。但是，从图中可以看出曲线的弯曲度较低，这也在一定程度上说明生成的聚合铝聚合度相对较低，量较少。

随着碱化度的增加，溶液中的聚合物量也随之增大。在 $B=0.5$ 的样品中，Al_b 和 Al_{13} 的含量增大，并出现了少量 Al_c（表 2-1）。络合曲线中前 200s 快速增加部分依然是其主导成分单体铝 Al_a 与 Ferron 比色液络合反应过程的体现。与 PAC0 溶液的扫描曲线相比，随后的 300～7200s 曲线的缓慢上升可归因于 PAC05 中的中聚体铝 Al_b 成分。此时，溶液中 Al_b 的含量大于 Al_{13}，其差值应属于低聚物（八面体），曲线弯曲部分逐步过渡可以归因于这部分低聚体逐渐与 Ferron 的络合反应过程。这也可以说明羟基聚合铝溶液中八面体形态分布的连续性，这部分形态应是强制水解进行时同时出现的自发水解产物。在此之后，前 7200s 扫描曲线的缓慢变化可以归因于溶液中的 Al_{13}-Ferron 络合反应过程。

对于分离纯化的 Al_{13} 溶液（$PAl13$），由于其单体铝含量很低，绝大多数单体铝能迅速与 Ferron 络合完毕。同时，由于 Al_c 部分也相对较小，$PAl13$ 的时间扫描曲线变化主要是由 Al_{13} 与 Ferron 的络合反应贡献的。从图 2-10 中的曲线变化趋势可以推测，Al_{13} 不可能直接和 Ferron 络合，主要原因是在 Ferron 过量的前提下，Al_{13}-Ferron 络合反应动力学曲线斜率并没有保持一致。两者的反应过程应该主要是 Al_{13} 分解后生成低聚体甚至单体形态同 Ferron 发生络合作用。具体到 Al_{13} 的分析解体过程以及与 Ferron 的络合反应过程应该先从 Al_{13} 的结构及解离过程着手研究[18]。

Al_{13} 通常认为有五种同素异构体，但是在本研究中除特殊说明外均是针对常见的笼状 ε-Keggin 结构 Al_{13}。在其结构中，中心为高度对称的 AlO_4 四面体，外围为 12 个铝氧八面体 AlO_6。其中仅有处于对称环境中的四配位铝离子能产生共振峰，而处于非对称环境中的六配位铝离子即八面体部分在 ^{27}Al NMR 图谱中很难显示。Casey，Philips 等[19-21]在一系列研究论文中对笼状 Al_{13} 结构特征作了进一步的研究。他们对 Keggin 结构中各多面体之间的架桥结合键进行解析定名。如图 2-11 所示，Keggin-Al_{13} 结构中的结合键可以解析为 4 类含 O 键，其中包括 12 个水分子结合键（η-OH_2），核心四面体 AlO_4 的 4 个四配位氧基（μ_4-O），两组各 12 个羟桥即二配位的 μ_2-OH^a 和 μ_2-OH^b。μ_2-OH^a 和 μ_2-OH^b 的区别是它们对核心四面体结合键 μ_4-O 的位置不同，μ_2-OH^b 对着四面体角上的一个

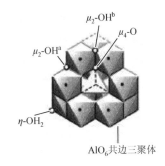

图 2-11　Keggin-Al_{13} 结构的结合位[18]

μ_4-O 结合键，而 μ_2-OH^a 则对着四面体边上的两个 μ_4-O 结合键。ε-Al$_{13}$ 的外围结构可以看作是由 4 个三聚体（Al$_3$O$_{13}$）组成，每个都含有 μ_2-OH^b—μ_4-O 边。这些三聚体互相是以 μ_2-OH^a—μ_2-OH^a 的羟桥共边连接。μ_2-OH^b 是三聚体内部各八面体之间的羟桥，而 μ_2-OH^a 则是各个三聚体相互连接的羟桥[18]。

在羟基聚合铝溶液与 Ferron 比色液混合以后，在 Ferron 存在的前提下，弱酸性的环境可促进 Al$_{13}$ 的解体。Al$_{13}$ 分子分解的第一步是在酸性溶液中其核心四面体 μ_4-O 基的质子化，这是 H$_3$O$^+$ 的 H$^+$ 转移到四面体上氧桥 O 基的结果。在 Al$_{13}$ 分子中，μ_4-O 的所有 4 个电子对都已与铝键合。质子化使其中一个电子对移位，从而弱化了中心 AlO$_4$ 和分子外层由 AlO$_6$ 八面体构成的 4 个三聚体的连接。μ_4-O 基团无疑是十分强的 Brönsted 酸而难以质子化。不过，质子化速率还是要比其后的 Al—O 键分解快得多。只要有一个质子使一个电子对移位脱离 μ_4-O 基团，则一个弱化的 μ_4-O 就会促成 Al$_{13}$ 分子脱稳。但是，Al$_{13}$ 溶解得以继续进行却是由于核心四面体 AlO$_4$ 发生水合作用，并且释放出外围的 4 个三聚体，它们再迅速地质子化并分解成为单核物。实际上，Al$_{13}$ 中心四面体是相当惰性的，μ_4-O 在一般情况下保持数百小时不发生交换反应。但如果有水分子与四面体铝结合，使它的配位数增大，就会减弱它与外围铝八面体之间的键，继续实现 Al$_{13}$ 分子分解。然而，中心 AlO$_4$ 基团是与溶剂隔离的，水分子接近它需要有一定的途径。只有外围的一个羟桥发生部分分解，水分子才可能进入络合物中心。而 Ferron 的存在与羟基竞争络合铝，则恰恰满足这个条件，可以促进外围羟桥分解。其结果是水分子更易进入到中心结合位，四面体中减弱的配位键缓慢地水合，使外围 4 个三聚体脱离 AlO$_4$，四面体与外围八面体铝结合键减弱。最后三聚体由于其中心 μ_3-O 基的质子化和水解而解体。而对于整个 Al$_{13}$ 分子解体过程而言，外围三聚体中 μ_2-OH 的分解不能作为整个分子解体速率的控制步骤。因为羟桥交换速率测定结果与分子溶解速率定律完全不同。μ_2-OH 羟桥中一个或两个羟基交换速率比分子溶解要快得多。μ_2-OH 的分解与溶液 pH 无关，而 Al$_{13}$ 分解速率与溶液中质子浓度有直接关系。同时，μ_2-OH 分解活化能远高于分子溶解的表观活化能。实际上分子溶解活化能随 pH 而变化，其中很大贡献来源于质子对分子的吸附焓。因此，在 Al$_{13}$ 分解的一系列交换反应中，其中心四面体的水合及分解是速率控制步骤。整个 Al$_{13}$ 的分解解体过程可以由图 2-12 描述。

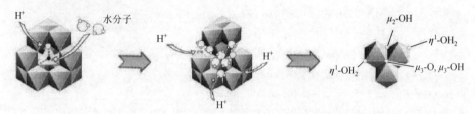

图 2-12　Al$_{13}$ 分子的解体过程[18, 19]

Al$_{13}$ 结合水分子的 η-OH$_2$ 交换速率在 25℃ 为（1100±300）s^{-1}，不随时间变化，类似于单核物的交换速率，不会影响 Al$_{13}$ 整个分子的分解。而对于三聚体分解过程而言，其内部连接各 AlO$_6$ 八面体的 μ_2-OH^b 羟桥与连接各三聚体之间的 μ_2-OH^a 羟桥的交换速率常数是不同的。在 25℃，μ_2-OH^a 的 k_1=1.6×10^{-2}s^{-1}，μ_2-OH^b 的 k_2=1.6×10^{-5}s^{-1}，二者数量级相差 10^3，显然，μ_2-OH^a 的交换速率比 μ_2-OH^b 快得多。这是因为 μ_2-OH^a 连接着两个 AlO$_6$ 八面体，而 μ_2-OH^b 的交换需要断开连接的三个 AlO$_6$ 八面体。因此，各羟桥中首先可能断裂交换的是 μ_2-OH$^{a[19]}$。

在 Ferron 存在的情况下，Al$_{13}$ 结构中各种结合键与结合位有着不同的结合能与结合强度，在与 Ferron 发生络合交换反应中有不同的顺序和速率。因此，纯 Al$_{13}$ 样品与 Ferron 络合反应过程中也会表现出变化的反应速率，如图 2-10 中曲线所示。Al$_{13}$-Ferron 络合反应动力学在不同的反应时间段表现出不同的动力学特性。

在 Al$_{13}$-Ferron 反应初始阶段，Ferron 首先与 Al$_{13}$ 外围结构中 μ_2-OH^a 和 μ_2-OH^b 结合的铝反应，尽管这两种羟桥与 Ferron 竞争络合铝的反应速率存在差异，但是对于整个分子的分解尤其是中心 AlO$_4$ 的质子化速率来说，应该是可以忽略的。但是，这两种羟桥与 Ferron 络合交换速率要远快于 AlO$_4$ 的质子化速率。因此，Ferron 应该首先与外围的三聚体的羟桥交换，与部分分解的铝络合，吸光度增加。而 Al$_{13}$-Ferron 络合反应动力学的后半阶段，Ferron 已经与大部分外围三聚体中的铝络合反应完毕，随着 AlO$_4$ 的质子化程度增大，中心四面体分解出来的铝逐渐与 Ferron 进行络合显色，导致动力学后面阶段的吸光度缓慢增大。由于中心四面体结构铝含量仅占整个 Al$_{13}$ 分子的 1/13，所以表现出来的吸光度增加值相对较小。Al$_{13}$-Ferron 络合反应动力学速率控制步骤应该是中心 AlO$_4$ 的质子化速率。

因此，后半段动力学曲线斜率应该成为 Al$_{13}$-Ferron 络合反应的动力学速率代表。从图 2-10 中的下面三条曲线可以看出，这三种样品与 Ferron 络合反应的后半段过程中，表现出相同的动力学特性。原因是三条曲线的后半段相互平行，具有相似的动力学变化斜率。同时，由四种羟基铝样品中的不同形态结构铝含量分布可知，在这三种样品中均具有一定的 Al$_{13}$ 含量，而对于无 Al$_{13}$ 的氯化铝溶液而言，其动力学曲线在其后半段呈现出水平趋势。这一现象也在一定程度上说明，含有 Al$_{13}$ 形态的羟基聚合铝溶液与 Ferron 络合反应动力学曲线的后半段表现出来的动力学速率就是 Al$_{13}$ 与 Ferron 发生络合反应的特征速率，也就是在一定程度上反映 Al$_{13}$ 分解过程中的 AlO$_4$ 的质子化速率。

相对于高纯 Al$_{13}$ 溶液，碱化度为 2.5 的羟基聚合铝样品（PAC25）的 Al$_b$ 成分中，不仅含有 Al$_{13}$，还包括比它结构更小、聚合度相对较低的低聚体及结构更大的高聚体。在单体铝同样很低甚至可以忽略不计的前提下，PAl13 和 PAC25 两组样品的反应动力学曲线达到接近水平前的阶段，曲线斜率相似，可以说明两种样品中存在一定量具有类似结构的铝形态，在这一时期参与同 Ferron 的络合显色反应，而这些形态都应由八面体结构铝组成。但是，对于 PAl13 来说，这部分主要是由 Al_{13} 结构外围的三聚体络合 Ferron 贡献的。而对于 PAC25 而言，除其中 Al_{13} 结构中的八面体铝外，还有其他的低聚体和高聚体参与了反应，而这部分参与反应的聚合铝应同样具有与 $\mu_2\text{-OH}^a$ 和 $\mu_2\text{-OH}^b$ 类似结构的羟桥，但是这部分形态铝缺乏四面体结构，在与 Ferron 络合反应过程中，表现出与 Al_{13} 结构外围的三聚体铝类似的反应机理。但是，受其整体结构的影响，在其与 Ferron 络合反应动力学过程中表现出来的动力学反应速率略不同于 Al_{13} 结构外围的三聚体铝。因此，图 2-10 中最下面两条曲线中的前半部分斜率略有差异。

综上所述，羟基聚合铝与 Ferron 的络合反应过程可以由图 2-13 进行描述。羟基聚合铝与 Ferron 混合后，溶液中的单体会迅速与 Ferron 发生络合显色反应。而对于低聚体以及其他由八面体组成的六元环结构聚集体（可简写为 Al_6），由于其结构简单，其中的羟桥易于分解，也可快速分解成单体铝并与 Ferron 络合显色。但是对于 Al_{13} 以及其他的高聚体铝（如具有 AlO_4 结构的 Al_{13} 的聚集体），Ferron 首先攻击络合这些聚合体外部的铝原子，但是 Ferron 与整个聚集体的络合物可能并不显色，也不贡献吸光度。但是，随着 Ferron 与聚合体中羟基交换吸附作用的继续，羟基聚合铝逐渐解体，分离出来的单体铝与 Ferron 络合反应显色。只有当聚合体外层铝原子解离之后，内部的铝原子才有可能与 Ferron 发生络合反应。

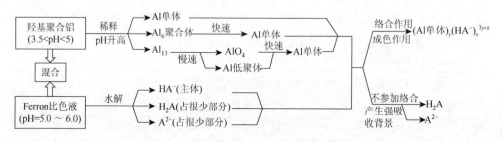

图 2-13　羟基聚合铝与 Ferron 的络合动力学

由此可知，不同形态结构铝与 Ferron 发生络合反应时具有不同的反应动力学。其差异主要来自于聚合铝的内部结构。由八面体组成的聚合铝易于分解，与 Ferron 络合反应速率较快。而具有四面体结构的聚合铝，受其特殊结构特征的影响，分解相对困难，与 Ferron 络合反应的速率较慢。由此，本书将羟基聚合铝溶液中存在的铝形态分成以上两种。这也在一定程度上证明了羟基聚合铝的存在形态结构有两种，一种是八面体铝组成的六元环结构铝，另一种是具有四面体结构铝的 Al_{13}。

2.3 Al-Ferron 逐时络合动力学经验模式分析

Al-Ferron 逐时络合比色法（以下简称 Ferron 法）经验模式是基于对 Al-Ferron 络合反应动力学变化过程的分析，人为地设定 Al_a 和 Al_b 动力学反应结束点，对羟基聚合铝絮凝剂形态进行分类分析[22-24]。这种分类方法操作简单，不受某一形态铝变化的影响，实用性更强。但是不同研究者采用的 Al_a/Al_b-Ferron 络合反应的结束点存在差距，即使是同一组样品的分析结果也会存在很大差距[25]。这就极大地降低了相似条件下羟基聚合铝形态分析结果的可比性。因此，本节研究不同形态结构羟基聚合铝与 Ferron 络合反应所需时间，确立一种相对准确、快速方便的羟基聚合铝形态结构分析的 Ferron 法经验研究技术，减少羟基聚合铝形态人为分类的武断性，同时对羟基聚合铝溶液中存在的羟基聚合铝形态结构进行分析。

2.3.1 Al_a、Al_b 和 Al_c 的 Ferron 法经验模式区分

羟基聚合铝尤其是处于介稳状态的溶解性聚合体，结构多样、大小各异，与 Ferron 络合显色过程中表现出的反应动力学变化过程存在差异。铝离子在溶液中通常是以水合离子状态存在，铝离子与 Ferron 接触机会较多，络合显色反应瞬间即可完成。随着碱化度的增加，羟基铝聚合体聚合程度增大，而羟基聚合铝的解体过程是羟基聚合铝与 Ferron 络合反应的速率决定步骤。因此，如图 2-14 所示，

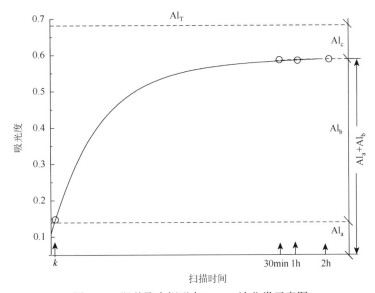

图 2-14 羟基聚合铝形态 Ferron 法分类示意图

根据不同形态结构的羟基聚合铝与 Ferron 络合反应过程中表现出不同的动力学变化速率，Ferron 法经验模式可将羟基聚合铝大体上分成单体铝 Al_a、活性聚合铝 Al_b、凝胶沉淀及惰性聚合铝 Al_c 三部分。

羟基聚合铝加入 Ferron 比色液后，铝单体以及形态结构较小的聚合铝 Al_a 与 Ferron 快速络合显色，在动力学曲线上表现为斜率较大，对应于曲线上 Al-Ferron 络合反应开始到某一时间点 k 的部分，其含量可用 $Al_a(k)$ 表示。活性聚合铝 Al_b 则对应于 Al-Ferron 络合反应动力学曲线上时间点 k 到曲线到达水平时吸光度不再增加的部分（图 2-14）。羟基聚合铝中的 Al_c 部分在与比色剂作用时表现出很大的惰性[26, 27]，几乎不与比色剂发生络合反应，其含量可以采用总铝量减掉特定时间内参与反应的活性铝 Al_a 和 Al_b 的总量得到。

2.3.2　Al_b-Ferron 络合动力学结束时间点确定

Al_b-Ferron 络合反应受铝的水解聚合程度、结构、Ferron-Al 比值等因素的影响，动力学曲线达到水平的时间存在很大差异。大多数研究结果认为，Al_b-Ferron 反应结束时间为 2h[25, 28]。虽然也有很多学者提出不同的看法，如 30min 和 1h 等，但是这都是依据不同制备条件下所得羟基聚合铝样品与 Ferron 络合反应的具体情况提出的，其共同点是所采用的时间点都是动力学曲线上 Al_b-Ferron 络合产物吸光度不再发生显著变化处[24]。因此，Al_b-Ferron 反应结束时间点的选择应考虑具体样品中铝水解聚合形态结构分布。在通常情况下，溶解性羟基聚合铝与 Ferron 络合反应 2h 后，样品中绝大部分 Al_a 和 Al_b 都完全反应，吸光度不会再有太大的变化（图 2-14）。为简化 Ferron 法测定程序，可以选择 2h 作为 Al_b-Ferron 反应结束时间点。在自发水解铝形态的分析研究中，受其聚合铝结构的影响，Al-Ferron 络合反应速率相对较快，无 AlO_4 的存在，可以将反应结束时间点适当缩小，具体可以根据相关时间扫描曲线到达水平的终点时间而定。

2.3.3　Al_a-Ferron 络合动力学结束时间点

Al_a-Ferron 反应结束时间点 k 的确定是 Ferron 法对羟基聚合铝形态分类分析的关键，k 值的选取将在很大程度上影响到 Al_a 和 Al_b 含量的表征结果（图 2-15）。但是，不同研究者提出不同的 k 值，如 30s、40s、60s 甚至 90s，具体 k 值取多少才能更好地反映样品中 Al_a 含量仍然缺乏充分的研究，至今未有定论[25]。

图 2-15 对比了不同 k 值情况下 Ferron 法所得的单体铝含量 Al_a（30）和 Al_a（90），以及 ^{27}Al NMR 光谱所测定的单体铝（Al_m）在不同碱化度样品中的分布。结果表明，在不同碱化度羟基聚合铝溶液中，Al_a（30）和 Al_a（90）的含量均大

于 Al_m，说明 Al_a（k）（k=30 或 90）中除了 Al^{3+}、$Al(OH)^{2+}$、$Al(OH)_2^+$ 等单体外，还应包含二聚体及其他低聚体。k 值越大，Ferron 法测得的单体铝中所包含的低聚体含量越高。因此，Ferron 法经验模式通常定义的单体铝 Al_a 不能简单地认为都是铝单体，还应包括部分低聚体[29]。

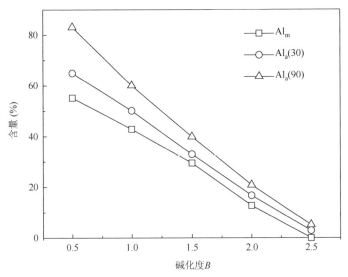

图 2-15　不同碱化度样品中 Al_a 和 Al_m 含量对比

　　为了进一步探讨 Al-Ferron 络合反应初始阶段特定时间内与 Ferron 发生络合反应的低聚体 [Al_d（k）] 形态及结构，本节还对不同 k 值条件下测得的低聚体进行了分析。不同碱化度样品中低聚体 Al_d（k）[Al_d（k）=Al_a（k）-Al_m，其中 k 分别为 30s、40s、60s 和 90s] 的含量分布，如图 2-16 所示。k 值的选取不同，即使针对同一样品也会得到不同的形态分析结果，k 值越大，低聚体 Al_d（k）含量就越高。随碱化度的增加，样品中 Al_d（k）含量均呈现下降趋势，并且 k 值越大，下降的幅度越大。但是碱化度越高，样品中 Al_d（k）含量越相近，尤其是在 B=2.5 的样品中，表现得更为明显。

　　如前所述，至今对 ^{27}Al NMR 光谱中测得的初聚体成分是二聚体（Al_2）还是三聚体（Al_3）尚无定论，在权且当作二聚体看待的前提下，图 2-16 还对比了 Al_d（k）与 ^{27}Al NMR 光谱测定的二聚体（Al_2）含量在不同碱化度样品中的分布情况。由图中可以看出，在低碱化度的样品中，Al_d（k）的含量均大于 Al_2，说明在这些样品中 Ferron 法所测得的低聚体不仅包含二聚体，还应有其他与 Ferron 络合反应速率较快的低聚体。这在高碱化度（B>1.5）的样品中更为明显。高碱化度的样品中，Al_{13} 含量较高，大部分低聚体均转化成高聚体，此时溶液中很难测出二聚体或者三聚体，但是 Ferron 法仍可以测出部分低聚体。这在一定程度上说明，溶液中除二聚体或三聚体这些能够被 ^{27}Al NMR 光谱测出的初聚体外，还应存在其他低聚体，如 $Al_4(OH)_8^{4+}$、$Al_5(OH)_{12}^{3+}$、$Al_6(OH)_{12}(H_2O)_{12}^{6+}$、$Al_8(OH)_{20}(H_2O)_x^{4+}$ 甚至 $Al_{10}(OH)_{22}(H_2O)_{16}^{8+}$ [27, 30]，而这部分低聚体具有六元环结构，与 Ferron 络合反应速率较快。在本书第 3 章还要详细论述的电喷雾质谱（ESI-MS）测定结果中，也都测到 Al_2、Al_3、Al_4 等形态存在，同时这些低聚体在部分样品中构成 Al_a 的主导成分，这些实验数据可进一步验证上述推论的可信度。

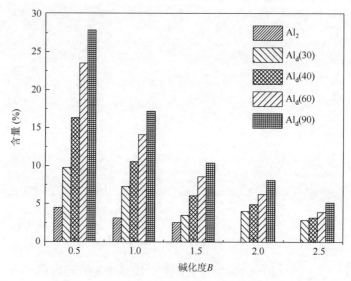

图 2-16　不同碱化度样品中 Al_d（k）的含量分布

从图 2-16 中还可知，碱化度越低，样品中低聚体含量就越高，在相同时间内参与络合显色反应的低聚体铝量也就越大，该现象与电喷雾质谱（ESI-MS）测定结果完全一致。同一样品中，在 Al_a 和 Al_b 的总量一定的条件下，Al_a 测定采用的 k 值越大，Al_b 含量就相对越低。所以，k 值的人为设定对羟基聚合铝形态划分的影响是必然存在的。选择最佳 k 值才能更真实地体现出样品中羟基聚合铝形态分布特征，增加分析结果的可比性。最优的 Al_a 测定结果应该是保证所选择的 Al_a-Ferron 络合反应动力学结束时间点最小，此时，Al_a 中包含的低聚体含量最小，样品中的 Al_a 含量将更接近于单体铝 Al_m。在目前无法确定精确 k 值并考虑到可操作性的条件下，采用 30s 作为 Al_a 和 Al_b 形态划分的时间点，可以减少对铝水解聚合形态划分的武断性。此时，样品 Al_a 中低聚体 Al_d（30）含量均小于 10%，并且不同碱化度样品间的差异相对较小，可以增大不同研究者及不同条件制备下铝形态 Ferron 分析的可比性（图 2-16）。

图 2-17 描述了 NMR 未测出的成分（Al_{un}）同 40s 所测得的低聚体含量 Al_d（40）的对比情况。B 值较高的样品中，Al_{un} 中必然含有除 Al_{13} 外的凝胶高聚体（相当于

Ferron 法中的 Al_c 部分），图中也对 Al_{un} 与 Al_c 含量的差值和 Al_d（40）含量进行了对比。从图中可以看出，在低碱化度（B=0.5～2）条件下，Al_{un} 与 Al_d（40）的含量随碱化度的变化趋势一致，并且两种形态铝的含量极其相近，可知在低碱化度条件下，羟基聚合铝溶液中 NMR 光谱法未测出成分绝大部分属于低聚体，这些低聚体同 Ferron 络合速率较快，主要是由六元环结构组成[29]。而在高碱化度（B=2.5）条件下，从三条曲线间的差值可以看出，Al_{un} 除了包括 Al_c 外，还包含部分低聚体 Al_d（40）和部分活性中聚体 [Al_{un}–Al_d（40）]，这部分聚合物聚合度要大于二聚体和三聚体但是小于 Al_c，不会是 Al_{13}。事实上，溶液中存在的二聚体或三聚体通常可以认为是初聚体，而大于三聚体低聚合度的聚合铝可定义为低聚体。由此可知，在一定碱化度的羟基聚合铝溶液中存在铝单体、初聚体（如二聚体或三聚体）、低聚体、Al_{13}、Al_c。此外，必然还包括除 Al_{13} 外的具有较高聚合度的六元环结构活性聚合铝。

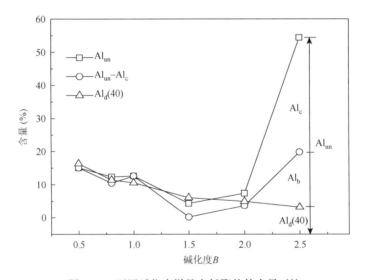

图 2-17　不同碱化度样品中低聚体的含量对比

2.4　Al-Ferron 络合动力学拟合计算分析

Al-Ferron 逐时络合法通常分为两种模式。一种是如 2.3 节中描述的经验模式。这种方法简单，在絮凝产品的粗略表征上有很大的应用前景。但是，在时间点的选取上，不同研究者之间存在很大的差异，导致不同研究成果之间可比性相对较差[31]。另一种是 Al-Ferron 络合反应动力学拟合计算模式，该模式逐渐被广泛采用。很多研究者通过采用准一级动力学方程对 Al-Ferron 络合反应过程进行拟合计算进而分析溶液中的铝形态[14, 32, 33]。这种模式消除了经验模式中人为分类的武断性,也得到广泛应用。但是,以往的研究中,这种方法更多地关注于羟基聚合铝形态的分类研究。尽管有些研究者结合其他方法对铝的水解聚合形态进行了分析,但是这些研究仅是基于对 Al-Ferron 络合反应动力学参数的解释而很少对溶液中铝水解聚合形态进行分析,所得结果缺乏直接验证[34]。

核磁共振光谱(NMR)弥补此缺陷,可以直接证明羟基聚合铝溶液中的铝单体(Al_m)、二聚体或三聚体(Al_2 或 Al_3)、Al_{13}($[AlO_4Al_{12}(OH)_{24}(H_2O)_{12}]^{7+}$)甚至在高温等特定条件下生成的 Al_{13} 的衍生聚合物(如 Al_{p1},Al_{p2} 即 Al_{30},Al_{p3})等形态的存在[27, 35]。在实际研究中,尽管核磁共振光谱是一种直接并对测定样品无破坏的分析方法,但是该仪器的使用相对不方便,并且溶液中仍然存在部分形态不能被其测定分析出来。

因此,两种方法结合可以互为补充,能够更好地给出絮凝产品中铝形态的完整信息,是至今研究羟基聚合铝形态结构的一种相对理想的方式。本节研究目的是采用 Al-Ferron 络合反应动力学拟合计算模式对羟基聚合铝进行分类,并结合核磁共振光谱对溶液中的铝形态尤其是活性羟基铝结构进行深入的探讨分析。

2.4.1　Al_a、Al_b 和 Al_c 的动力学划分

图 2-14 曾给出了不同形态铝(Al_a、Al_b、Al_c)与 Ferron 络合反应动力学示意图。当混合反应液吸光度不再发生变化时,Al_a 和 Al_b 都已经与 Ferron 络合反应完毕。但是,对于 Al_a 与 Ferron 反应结束点的选择至今没有定论。原因是单体铝与 Ferron 反应过于迅速,至今没有找到合适的确定方式。对于可与 Ferron 发生络合反应并具有聚合度的活性聚合铝而言,受其结构及其高聚合度的影响,在与 Ferron 反应时表现出相对较低的反应速率。当单体铝络合反应完毕后,活性聚合铝才开始参与反应。Al_b 参与反应的开始点可以作为 Al_a 与 Ferron 络合反应的结束点。

在羟基聚合铝与 Ferron 发生络合反应的初始阶段,单体、初聚体铝和低聚体铝与 Ferron 络合反应速率都很快。单体铝在瞬间与 Ferron 结合反应完毕后,活性羟基聚合铝逐渐参与同 Ferron 的络合反应。初聚体、低聚体与 Ferron 的络合反应过程中可瞬间解体,此络合反应与单体铝一样遵循准一级反应动力学,但是两者动力学受它们形态结构的差异影响必然存在不同之处。因此,可采用准一级反应动力学方程对 Al_b-Ferron 络合反应初期动力学进行拟合计算,寻求 Al_a 和 Al_b 与 Ferron 反应的分界点[36]。

Al_a 和 Al_b 均与 Ferron 发生不可逆反应并生成统一产物 Al-Ferron,动力学方程为[26]

$$Al_a + Ferron \xrightarrow{k_a} Al\text{-}Ferron$$
$$Al_b + Ferron \xrightarrow{k_b} Al\text{-}Ferron$$

$$(2\text{-}9)$$

式中，k_a 和 k_b 分别是 Al_a 和 Al_b 与 Ferron 反应的正向反应速率常数。在保持混合反应液中 Ferron-Al 摩尔比足够大的条件下，上述两个平行反应均可采用准一级动力学方程进行描述。但是，Al_a 与 Ferron 的络合反应速率远大于 Al_b，因此 Al_b-Ferron 的络合反应过程为羟基铝与 Ferron 络合反应的限制步骤。整个羟基聚合铝溶液与 Ferron 的络合反应速率取决于聚合铝与 Ferron 的浓度，如方程（2-10）所示。

$$-(d[Al_b]/dt) = k[Ferron]^n[Al_b]^v \qquad (2\text{-}10)$$

式中，k 为溶液中聚合铝与 Ferron 络合反应的速率常数。

如果 Ferron-Al 摩尔比足够大时，则反应过程中 Ferron 的浓度（[Ferron]）可以认为是恒定值，那么 k_b 可以重新定义为一个表观速率常数：

$$k_b = k[Ferron]^n \qquad (2\text{-}11)$$

由于此时 Al_b 参与的反应为一级动力学反应，将以上两式联合，可以得到一个准一级反应动力学方程，并通过积分和形式转变后，可得到如下形式：

$$\lg[Al_b]_{un} = \lg[Al_b] - (k_b/2.303)t \qquad (2\text{-}12)$$

式中，$[Al_b]_{un}$ 是在反应过程中任意 t 时刻未反应的 Al_b 的浓度。对 Al_b-Ferron 反应动力学曲线图的适当直线部分进行延长至零点，可以得到初始样品中的 Al_b 含量 $[Al_b]$，并且表观速率常数也可以从直线的斜率计算而得。样品中的 Al_a 浓度可以从 Al_a 和 Al_b 总含量中减掉 $[Al_b]$ 得到。惰性凝胶高聚体 Al_c 在测定分析时间内不与 Ferron 反应，其浓度可由总铝减掉已知形态铝含量而得。

为了对比分析不同制备温度下羟基聚合铝形态分布，同时也为了检验 Al-Ferron 逐时络合反应动力学拟合计算方法在不同样品分析上的可行性，本节针对在 25℃和 80℃条件下制备的两组碱化度（B=[OH⁻]/[Al]）为 0.5、1.0、1.5、2.0、2.5 的羟基聚合氯化铝溶液进行形态分析。图 2-18 为一组典型的羟基聚合铝-Ferron 络合反应动力学拟合曲线，曲线的延长线与纵坐标的交点为 Al_a 和 Al_b 的分解点。两组样品拟合计算结果见表 2-2 和表 2-3。

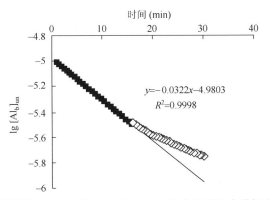

图 2-18　典型的未参与反应的 Al_b 与 Ferron 络合反应动力学拟合计算曲线

表 2-2　Al-Ferron 络合反应动力学拟合计算对 25℃下制备的羟基聚合铝形态分析结果

B	[Al$_T$]（mol/L）	pH	Al$_a$（%）	Al$_b$（%）	Al$_c$（%）
0.5	0.1097	3.84	62.68	36.96	0.37
1.0	0.1189	3.92	49.37	50.46	0.17
1.5	0.1168	4.00	33.42	62.59	3.99
2.0	0.1068	4.16	13.58	82.76	3.65
2.5	0.1088	5.37	1.84	64.88	33.28

表 2-3　Al-Ferron 络合反应动力学拟合计算对 80℃下制备的羟基聚合铝形态分析结果

B	[Al$_T$]（mol/L）	pH	Al$_a$（%）	Al$_b$（%）	Al$_c$（%）
0.5	0.1203	3.66	72.21	31.23	—[a]
1.0	0.1206	3.71	56.23	42.27	1.50
1.5	0.1186	3.78	41.05	54.35	4.60
2.0	0.1188	3.87	23.98	69.02	7.00
2.5	0.1232	4.12	5.37	84.99	9.64

a 未测出。

　　这种分类方法最大可能地考虑到不同形态结构铝与 Ferron 络合反应动力学差异尤其是羟基聚合体、单体铝与 Ferron 络合反应动力学差异，进而区分羟基聚合铝溶液中的单体铝与活性聚合铝以及凝胶沉淀或惰性高聚体铝。与 Ferron 逐时络合比色法经验模式相比，该方法可以在很大程度上消除人为因素的影响，对羟基聚合铝形态可以进行更为客观的分析。但是，该方法相对复杂，使用有一定的不便性。

2.4.2　Al$_b$-Ferron 络合动力学拟合计算

　　羟基聚合铝溶液与 Ferron 比色液混合后，羟基聚合铝-Ferron 反应动力学曲线（图 2-19 中三角形曲线）主要反映了 Al$_b$ 与 Ferron 的络合反应过程。但是，从图中可以看出，活性聚合铝（Al$_b$）仍可以分成两类：快速反应活性聚合铝（Al$_{b1}$）和慢速反应活性聚合铝（Al$_{b2}$）。

　　图 2-19 中，（Ⅰ）和（Ⅱ）分别代表 Al$_b$-Ferron 反应过程的前期和后期。在前期，由于 Al$_{b1}$ 反应速率较快，是参与反应的主要铝形态，动力学曲线斜率（k_{b1}）主要反映 Al$_{b1}$-Ferron 反应速率。随着反应时间的延长，混合反应液中 Al$_{b1}$ 浓度迅速减少而 Al$_{b2}$ 浓度逐渐增大。曲线斜率 k_{b2} 主要代表了 Al$_{b2}$-Ferron 反应动力学过程。图中点杠形曲线给出 Al$_{b2}$-Ferron 络合体吸光度随时间变化的示意图，而两条

曲线（点杠形曲线和三角形曲线）的差值随时间的变化则反映了 Al_{b1}-Ferron 络合体吸光度随时间的变化。

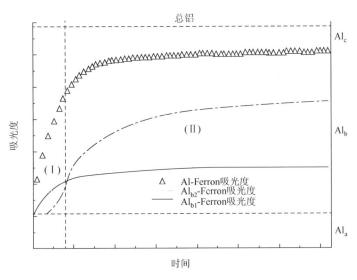

图 2-19　羟基聚合铝溶液与 Ferron 络合反应动力学示意图

Al_{b1} 和 Al_{b2} 与 Ferron 的不可逆双分子反应过程可表示为

$$Al_{b1} + Ferron \xrightarrow{k_{b1}} Al\text{-}Ferron$$
$$Al_{b2} + Ferron \xrightarrow{k_{b2}} Al\text{-}Ferron$$

（2-13）

式中，k_{b1} 和 k_{b2} 分别是 Al_{b1} 和 Al_{b2} 与 Ferron 反应的正向反应速率常数。由于聚合铝是以分解成单体的形式与 Ferron 反应，Al-Ferron 为它们共同的反应产物。在保持混合反应液中 Ferron-Al 摩尔比足够大的条件下，上述两个平行反应可采用以下两个准一级动力学方程进行描述：

$$Al_{b1}^{t} = Al_{b1}^{0} e^{-k_{b1}t}$$
$$Al_{b2}^{t} = Al_{b2}^{0} e^{-k_{b2}t}$$

（2-14）

式中，Al_{b1}^{0} 和 Al_{b2}^{0} 分别是 Al_{b1} 与 Al_{b2} 的最初浓度；Al_{b1}^{t} 与 Al_{b2}^{t} 是两者在任意 t 时刻的浓度。由于 Al_{b1} 和 Al_{b2} 与 Ferron 反应形成同一产物，混合反应液中任意时刻未参与反应的活性羟基聚合铝浓度（C_t）可以表示为

$$C_t = Al_{b1}^{0} - Al_{b1}^{t} + Al_{b2}^{0} - Al_{b2}^{t}$$

（2-15）

由于反应液中活性羟基聚合铝 Al_b 的总浓度可以由方程（2-14）求得，并且 $Al_b = Al_{b1}^{0} + Al_{b2}^{0}$，因此，式（2-15）可以转化成：

$$Al_b - C_t = Al_{b1}^0 e^{-k_{b1}t} + Al_{b2}^0 e^{-k_{b2}t} \qquad (2\text{-}16)$$

反应混合液吸光度不再发生变化时，溶液中所有活性铝均与 Ferron 络合完毕。因此可采用方程（2-16）对这一时刻前的 Al-Ferron 络合反应动力学（如前 1000s）进行拟合计算分析，寻求 Al_{b1} 和 Al_{b2} 反应分界点。本节采用 Oringinpro 7.5 软件的非线性最小二乘技术在 95%置信区间内对两组样品中的前 1000s Al_b-Ferron 络合反应动力学变化过程进行拟合计算，结果见表 2-4、表 2-5 和图 2-20。从表 2-4、表 2-5 和图 2-20 中可以看出，方程（2-16）可以很好地对两组溶液中的活性羟基聚合铝与 Ferron 络合反应动力学变化过程进行描述（$R^2 > 0.99$）。方程（2-16）是将 Al-Ferron 络合反应过程中不同时间点参与反应的羟基聚合铝浓度随时间的变化过程进行拟合。事实上，在对羟基聚合铝进行测定分析时，直接测出的结果往往是 Al-Ferron 络合反应过程中不同时间点吸光度随时间的变化情况。方程（2-16）是对每个时间点测定的吸光度采用合适的标准曲线转换后进行计算的。因此，方程（2-16）可以认为是羟基聚合铝形态拟合计算的浓度方程。

表 2-4　25℃条件下制备的羟基聚合铝形态 Al-Ferron 反应动力学浓度公式拟合计算结果

B	$[Al_T]$（mol/L）	pH	Al_a(%)	Al_b(%)	Al_c(%)	Al_{b1}(%)	Al_{b2}(%)	k_{b1}	k_{b2}	R^2
0.5	0.109 7	3.84	62.68	36.96	0.37	20.91	16.04	0.022 98	0.001 29	0.999 66
1.0	0.118 9	3.92	49.37	50.46	0.17	16.28	34.18	0.022 64	0.000 9	0.999 93
1.5	0.116 8	4.00	33.42	62.59	3.99	3.91	58.68	0.026 17	0.000 68	0.999 98
2.0	0.106 8	4.16	13.58	82.76	3.65	0.98	81.78	0.023 11	0.000 72	0.999 9
2.5	0.108 8	5.37	1.84	64.88	33.28	—	64.88	0.036 98	0.000 67	0.995 56

表 2-5　80℃条件下制备的羟基聚合铝形态 Al-Ferron 反应动力学浓度公式拟合计算结果

B	$[Al_T]$（mol/L）	pH	Al_a(%)	Al_b(%)	Al_c(%)	Al_{b1}(%)	Al_{b2}(%)	k_{b1}	k_{b2}	R^2
0.5	0.120 3	3.66	72.21	31.23	—	16.66	14.57	0.021 42	0.001 25	0.999 13
1.0	0.120 6	3.71	56.23	42.27	1.50	9.30	32.97	0.020 27	0.001 65	0.999 89
1.5	0.118 6	3.78	41.05	54.35	4.60	4.33	50.02	0.014 04	0.001 54	0.999 85
2.0	0.118 8	3.87	23.98	69.00	7.00	0.53	68.48	0.017 17	0.001 53	0.999 59
2.5	0.123 2	4.12	5.37	84.99	9.64	—	84.99	0.010 95	0.001 51	0.999 74

在此，为了分析标准曲线的转换（浓度方程和吸光度方程之间的转化）是否对羟基聚合铝形态动力学拟合计算分类产生影响，本研究还采用方程（2-17）对羟基聚合铝-Ferron 络合反应产物吸光度随时间的变化曲线（吸光度扫描曲线）进行拟合计算。该方程在此称为吸光度拟合计算方程，方程描述如下：

$$A = A_0 + A_1 \cdot [1 - \exp(-k_{b1}t)] + (A_2 - A_1) \cdot [1 - \exp(-k_{b2}t)] \qquad (2\text{-}17)$$

式中，A 和 A_0 分别代表羟基聚合铝在任意测定时刻以及初始 0 时刻的吸光度；t 为反应时间（s）；A_1 和 A_2 分别代表任意时刻 Ferron 与 Al_{b1} 和 Al_b 络合产物产生的吸光度；而 k_{b1} 和 k_{b2} 则分别代表 Al_{b1} 和 Al_{b2} 与 Ferron 络合反应的准一级动力学常数。这里，A_0 的确定同浓度动力学拟合计算方程相同，都是采用 2.4.1 节中提到的对 $[Al_b]_{un}$-Ferron 反应动力学延长线法取得。吸光度拟合计算方程对 Al-Ferron 络合反应中吸光度随时间（7200s）的变化曲线进行拟合计算结果分别见表 2-6、表 2-7 和图 2-21。

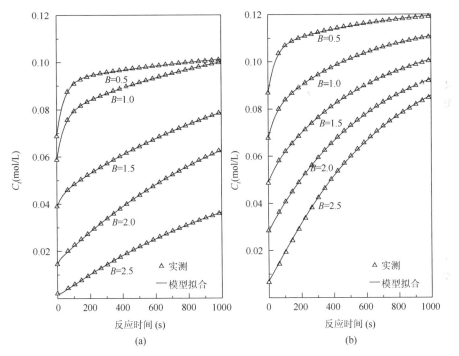

图 2-20　不同温度制备的不同碱化度聚合铝与 Ferron 反应动力学浓度公式拟合计算结果

（a）25℃；（b）80℃

表 2-6　25℃制备的羟基聚合铝形态 Al-Ferron 反应动力学吸光度公式拟合计算结果

B	pH	$[Al_T]$ (mol/L)	$Al_a(\%)$	$Al_b(\%)$	$Al_c(\%)$	k_{b1}	k_{b2}	$Al_{b1}(\%)$	$Al_{b2}(\%)$	R^2
0.5	3.84	0.106 9	62.68	36.28	1.04	0.019 16	0.000 61	21.51	14.77	0.997 2
1.0	3.92	0.118 4	49.37	49.64	0.99	0.019 06	0.000 73	16.41	33.23	0.998 6
1.5	4.00	0.116 8	33.42	61.57	5.01	0.022 01	0.000 71	3.20	58.37	0.999 8
2.0	4.16	0.106 8	13.58	81.72	4.70	0.028 16	0.000 77	0.31	81.41	0.999 8
2.5	5.37	0.108 8	1.84	62.84	35.32	0.019 43	0.000 66	0.15	62.69	0.987 7

表 2-7　80℃制备的羟基聚合铝形态 Al-Ferron 反应动力学吸光度公式拟合计算结果

B	pH	$[Al_T]$ (mol/L)	Al_a(%)	Al_b(%)	Al_c(%)	k_{b1}	k_{b2}	Al_{b1}(%)	Al_{b2}(%)	R^2
0.5	3.66	0.120 3	72.21	30.32	[a]—	0.021 99	0.001 39	14.91	15.41	0.965 8
1.0	3.71	0.120 6	56.23	41.07	2.70	0.012 72	0.001 66	8.83	32.24	0.990 0
1.5	3.78	0.118 6	41.05	53.75	5.19	0.020 99	0.001 52	5.26	48.49	0.997 0
2.0	3.87	0.118 8	23.98	67.72	8.30	0.019 31	0.001 54	1.08	66.64	0.997 4
2.5	4.12	0.123 2	5.37	81.62	13.01	0.020 01	0.001 54	0.59	81.02	0.996 7

[a] 未测出。

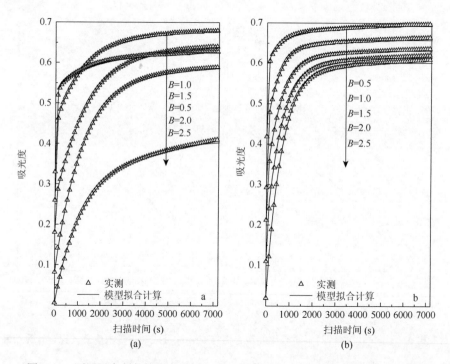

图 2-21　不同温度制备的聚合铝与 Ferron 反应动力学吸光度公式拟合计算结果

(a) 25℃；(b) 80℃

　　对比两种方程（吸光度方程和浓度方程）的拟合计算结果可以看出，两种方程对 Al_{b1} 和 Al_{b2} 的计算结果几乎相同，稍微的偏差属于拟合计算的误差范围。这说明两种方式均适合对 Al-Ferron 络合反应动力学的拟合计算，同时也进一步说明吸光度和浓度的转化采用标准曲线对铝形态的分析计算结果没有影响。

2.4.3　拟合计算与 ^{27}Al NMR 光谱分析结果对比分析

两组样品的 ^{27}Al NMR 光谱分析谱图如图 2-22 所示。核磁共振光谱分析结果见表 2-8 和表 2-9。为方便对比，Ferron 法测定分析结果也列入到表 2-8 和表 2-9。

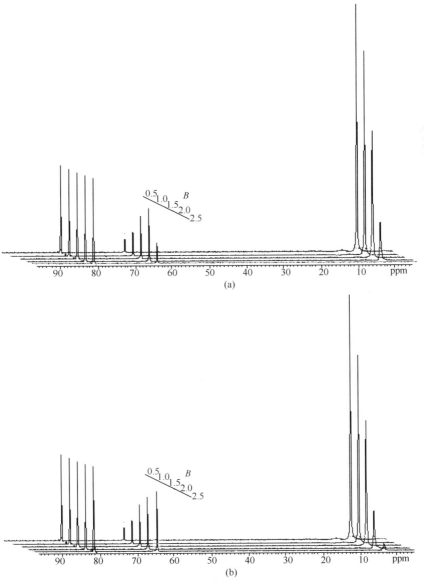

图 2-22　不同温度下制备的两组不同碱化度 B 样品的核磁共振分析谱图

（a）25℃；（b）80℃

表 2-8　25℃下制备的不同碱化度羟基聚合铝溶液 Al-Ferron 逐时络合计算结果
与 ^{27}Al NMR 光谱计算结果对比

B	[Al$_T$] (mol/L)	pH	Al$_m$(%)	Al$_2$(%)	Al$_{13}$(%)	Al$_{un}$(%)	Al$_a$(%)	Al$_b$(%)	Al$_c$(%)
0.5	0.1097	3.84	53.35	4.34	24.37	17.93	62.68	36.96	0.37
1.0	0.1189	3.92	37.69	2.75	36.39	23.17	49.37	50.46	0.17
1.5	0.1168	4.00	26.30	2.28	56.79	14.64	33.42	62.59	3.99
2.0	0.1068	4.16	12.41	—^{a}	77.85	9.75	13.58	82.76	3.65
2.5	0.1088	5.37	0.00	—	43.19	56.81	1.84	64.88	33.28

a 未测出。

表 2-9　80℃下制备的不同碱化度羟基聚合铝溶液的 Al-Ferron 逐时络合计算结果
与 ^{27}Al NMR 光谱计算结果对比

B	[Al$_T$] (mol/L)	pH	Al$_m$(%)	Al$_2$(%)	Al$_{13}$(%)	Al$_{un}$(%)	Al$_a$(%)	Al$_b$(%)	Al$_c$(%)
0.5	0.1203	3.66	62.07	5.02	20.81	12.10	72.21	31.23	−3.44
1.0	0.1206	3.71	43.26	3.52	34.66	18.56	56.23	42.27	1.50
1.5	0.1186	3.78	31.86	—	51.59	16.55	41.05	54.35	4.60
2.0	0.1188	3.87	16.51	—	63.47	20.02	23.98	69.02	7.00
2.5	0.1232	4.12	2.77	—	68.51	28.72	5.37	84.99	9.64

　　从以上两表可以看出，Al-Ferron 络合反应动力学拟合计算模式所得单体铝（Al$_a$）含量在不同碱化度样品中均大于核磁共振光谱测定的单体铝（Al$_m$）含量，原因是部分与 Ferron 络合反应速率较快的低聚体（如 Al$_2$）也被计算在内，但是仅存在于低碱化度样品中的二聚体（Al$_2$）可以被 NMR 光谱测定出来（图 2-22）[29]。对于活性羟基聚合铝而言，NMR 测定的 Al$_{13}$ 形态含量随碱化度的变化趋势类似于 Ferron 法测定的 Al$_b$。但是从整体上看，Al$_b$ 含量在不同碱化度的样品中均大于 Al$_{13}$。这说明，除 Al$_{13}$ 外，Al$_b$ 中应该还存在其他形态的羟基聚合铝，而这些铝形态不能被 NMR 光谱测出，但是在测定分析时间内可以与 Ferron 发生络合反应。

　　为了进一步对活性羟基聚合铝形态进行分析，图 2-23 对不同碱化度样品中 Al$_{b2}$ 和 Al$_{13}$ 含量分布进行了对比。结果表明，在大多数样品中尤其是在碱化度为 1.0～2.0 的样品中，Al$_{b2}$ 与 Al$_{13}$ 含量有着很好的对应关系。对于高碱化度（B=2.5）的样品，Al$_{b2}$ 含量明显高于 Al$_{13}$，原因是部分 Al$_{13}$ 发生聚集分解，而生成的高聚体（如 Al$_{p1}$、Al$_{p2}$ 或 Al$_{p3}$）在本节采用的 NMR 光谱仪器上无法测定出来，但是这部分结构类似于 Al$_{13}$。因此，它们可以与 Ferron 发生络合反应，并表现出与

Al_{13} 相似的动力学[33]。但是，对于低碱化度（$B=0.5$）样品而言，Al_{b2} 含量略低于 Al_{13}。这是由于在这些样品中，溶液 pH 相对较低，部分 Al_{b2} 在反应初期参与同 Ferron 的络合反应，在拟合计算过程中归入 Al_{b1} 成分。然而，从整体上看，考虑测定方法误差的影响，Al-Ferron 络合反应动力学拟合计算结果中的 Al_{b2} 形态可等同于核磁共振测定的 Al_{13} 形态。为此，本节还制备一系列低碱化度（$B=0.25$、0.5、0.75、1.0、1.25、1.5）的羟基聚合铝样品，并采用吸光度方程进行拟合计算。结果表明，低碱化度样品中 Al_{b2} 和 Al_{13} 有很好的对应性，具体数据见表 2-10 和表 2-11。

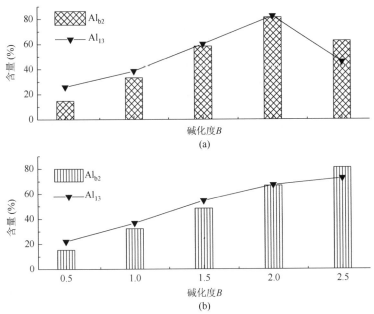

图 2-23　不同碱化度样品中 Al_{b2} 和 Al_{13} 的含量对比

（a）25℃；（b）80℃

表 2-10　低碱化度（$B=0.25\sim1.5$）的羟基聚合铝溶液的 Al-Ferron 络合反应动力学拟合计算结果

B	$Al_a(\%)$	$Al_{b1}(\%)$	$Al_{b2}(\%)$	$Al_b(\%)$	$Al_c(\%)$	k_{b1}	k_{b2}	R^2	$[Al_T]$（mol/L）
0.25	67.07	26.23	5.42	31.65	1.28	0.019 3	0.000 5	0.990 98	0.109 3
0.50	62.17	19.1	16.14	35.24	0.59	0.018 6	0.000 67	0.998 71	0.106 4
0.75	52.93	15.06	28.04	43.1	3.97	0.022 4	0.000 62	0.999 58	0.110 93
1.00	45.26	7.72	44.2	51.92	2.83	0.015 4	0.000 66	0.999 86	0.106 1
1.25	34.72	2.61	59.21	61.82	3.46	0.027 1	0.000 74	0.999 87	0.106 8
1.50	26.56	2.17	66.43	68.6	4.85	0.059 6	0.000 79	0.977 08	0.107 3

表 2-11　低碱化度（B=0.25～1.5）的羟基聚合铝溶液的 ^{27}Al NMR 光谱测定结果

B	0.25	0.50	0.75	1.00	1.25	1.50
Al_m(%)	66.24	58.63	48.27	42.46	32.38	22.40
Al_{13}(%)	3.78	15.78	26.78	42.40	54.42	63.77
Al_{un}(%)	27.98	25.59	24.95	15.15	13.20	13.84
$[Al_T]$（mol/L）	0.1093	0.1064	0.1109	0.1061	0.1068	0.1073

由上可知，活性羟基聚合铝 Al_b 与 Al_{13} 在不同样品中含量的差异主要归因于 Al_{b1} 形态的存在。为此，本节进一步分析了 Al_{b1} 的形态，如图 2-24 所示。在较低碱化度的样品中，Al_{b1} 含量在两组样品中都略大于 NMR 法未测出铝形态 Al_{un} 含量。这可以在一定程度上进一步解释这些样品中 Al_{b2} 含量低于 Al_{13} 的原因。由于这些样品中惰性凝胶高聚体 Al_c 含量很低，因此 Al_{un} 在这些样品中主要由低聚体组成，而 Al_{b1} 主要成分也应是低聚体。基于小角度 X 射线衍射技术（SAXS），Singhal 和 Keefer 认为这些低聚体由一些 Al_6 形态铝组成[36]。Al_6 形态铝主要是以 $Al_6(OH)_{12}(H_2O)_{12}^{6+}$ 或 $Al_{10}(OH)_{22}(H_2O)_{16}^{8+}$（双六元环结合体）为主要单元，这一研究成果已经被很多研究者接受[29, 37, 38]。随着碱化度的升高，低聚体向高聚体形态转化，Al_{b1} 含量逐渐降低。在高碱化度（B=2.5）的样品中，Al_{b1} 含量降到最低，而

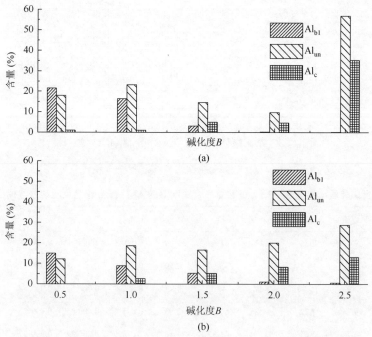

图 2-24　不同碱化度的羟基聚合铝溶液中 Al_{b1}、Al_{un} 和 Al_c 的含量对比

（a）25℃；（b）80℃

惰性凝胶高聚体 Al_c 含量增加到最大。此时，在该碱化度样品中，上述提到 Al_{b2} 中高聚体铝以及所有凝胶高聚体 Al_c 构成了 Al_{un} 中的主要铝形态。

2.4.4　Al-Ferron 络合反应动力学常数

Al-Ferron 络合反应动力学常数（k_{b1} 和 k_{b2}）通常是溶液中聚合铝与 Ferron 络合反应动力学统计平均结果，是具有类似特性的所有聚合铝反应过程的共同表征结果。对于任何一组样品的分析结果而言，反应动力学拟合计算常数 k_{b1}（数量级为 10^{-2}）都远大于 k_{b2}（数量级为 10^{-3} 或 10^{-4}）。这进一步说明两类物质在形态结构上差别较大，与 Ferron 反应动力学具有明显的差异[14]。

对于 k_{b1} 而言，尽管两组不同温度下制备样品的拟合计算结果均在同一数量级（10^{-2}），但不同碱化度样品的 k_{b1} 差异较为明显。尽管其中的聚合铝基本单元都是 Al_6 结构，但是在不同碱化度样品中 Al_{b1} 成分相对复杂，羟基铝聚合度存在差异。同时，Al_{b1} 中的三聚体和其他低聚体在不同碱化度样品中所占的比例存在差异（详见本书第 3 章电喷雾质谱测定分析结果），这都会导致拟合计算常数的差异。而对于 Al_{b2}，其含量随着碱化度的升高在样品中快速占据主导地位，但是反映其动力学变化的速率常数（k_{b2}）随碱化度的变化很小。这表明，在这些样品中，慢速反应聚集体 Al_{b2} 具有类似的结构形态，其主导成分相对单一。这也进一步验证了上述关于核磁共振法所测成分 Al_{13} 等同于 Ferron 法中反应速率相对较慢的活性聚合铝 Al_{b2} 的推论。尽管两组样品的 k_{b2} 分布存在差异，但是此差异相对较小。通常，拟合计算动力学常数受反应过程中很多因素的影响，如参与反应的物质浓度、反应温度、溶液酸碱度等[34]，因此，两组不同温度下样品制备条件的差异以及由此引发的样品特性差异都会导致两组样品 k_{b2} 数值的稍微变化。此差异的存在是不可避免的，但不足以影响对同一组样品中不同活性羟基聚合铝形态结构的分类分析。况且对同一组样品而言，不同样品间的 k_{b2} 差异甚小。

2.5　基于 Al-Ferron 络合动力学的羟基铝形态分类

Ferron 法本身作出的 Al 水解形态分类归根结底是一种操作分类法，与操作程序直接有关，其边界是模糊的，至今也没有标准方法和对照形态的严格定义，要靠约定的游戏规则来取得对实验结果的相互对照，操作方法规则不同，结果也会不同，不能得到一致结论。尽管本书对该方法目前的两种应用模式进行了综合、细致的探讨，但由于羟基 Al 形态学本身尚没有完满解决，对 Ferron 法的认识尚不能达到清晰准确的程度，但其对于 Al 形态的分析仍具有极大的应用价值，因此还有许多研究空间。

Ferron 法的弱点首先源于 Al 水解形态的复杂多变和介稳状态。羟基 Al 化合态的分布有两大类观点，一是传统化学解析的八面体六元环 AlO_6 形态连续变化，二是 NMR 鉴定谱图包含四面体 AlO_4 形态的峰位逐点断续分布。汤鸿霄提出的双水解模式认为二者并存并不相悖而是相互依存的，前者由自发水解生成，后者由强制水解生成。而在强制水解时同样也有自发水解反应进行，因此后者在溶液中同时有两类生成物存在，而且强制水解生成含有 AlO_4 四面体的产物，如 Al_{13} 也是以自发水解生成的二聚或三聚体作为外围物。因此 Al_{13} 实际是两种水解反应产物合成的。AlO_4 四面体的生成机理目前有两种观点，一种是由羟基 Al 直接脱 H 生成，这似乎很难说明由六元环到 Keggin 结构转化的反复过程。另一种是由微区界面作用生成 Al_{13} 即 Bertsch 观点，认为 Al_{13} 的生成是一定条件下强制水解的特殊产物。较早提出的铝形态转化模式属于前一观点而没有两种水解的内容，认为只是同一个系列连续演化的反应，这与 Bertsch 及 NMR 学派 Akitt、Bottero、Casey 等的 Al_{13} 生成观点不一致。

如 2.1 节所述，Ferron 最佳应用 pH 为 5.0～6.0，故加缓冲体系保证，但 PAC 制品或 Al 不同碱化度水解液的 pH 较低而不一致，在加入测试液后由于稀释和 pH 升高，形态会发生相应变化，特别是单体形态会有瞬时水解变化，测定值已非原样。图 2-15 及图 2-16 中 30～90s Al_a 变化既说明此因素，也说明二聚体、三聚体随时间的解体，不过二聚体、三聚体也可能是瞬时水解生成的，然后又进入测定过程中发生解体。再有，形态测定延续 120min 以上，Al 形态在 Ferron 作用下不断解体，同时也因 pH 差值及时间推移而熟化演变，因此每次测定读值的对象都不等同于前一次，这种测定实质是对一个变化中受体的追踪，其结果自然不能严格代表原来的样品。

对于 Ferron 法的测定原理，Ferron 法吸光度测定的都是 Ferron 与 Al 原子的显色生成物，否则无法说明 Ferron 与单体和聚合物的反应生成物 Al-Ferron 都是在同一波长 364nm 下测定。由于 Ferron 与 Al 的结合（络合、键合）远强于 OH 及 O 与 Al 的结合，因此，Ferron 法的测定过程实际是 Ferron 与 OH 及 O 争夺 Al 使之脱离羟基 Al 化合态的过程，这时的速率决定步骤是 Al 脱离羟基铝化合态的反应速率。不同羟基 Al 化合态的脱离难易程度不同造成动力学差异，由此反映出聚合形态的差异。因此，吸光度随时间的增长速率不是 Ferron 直接与 Al 反应产物的增长速率，而是 Al 脱离原在化合态难易程度即聚合态结构牢固程度的速率，在 Ferron 量大到一定程度（>50 倍 Al 含量）时，所有反应速率可以当作准（近似）一级反应处理。

基于上述原理，Ferron 法传统上将羟基铝化合态的分为三类，即 Al_a、Al_b、Al_c。本书中的扫描统计分析法则进一步划分为四类，即把 Al_b 分为 Al_{b1} 和 Al_{b2}。认为 Al_{b1} 为纯八面体 AlO_6 构成六元环或七元环结构的产物，而 Al_{b2} 则为同时含

有四面体 AlO_4 Keggin 结构的产物，即 Al_{13} 等。Al_a 则为 Al 单体及虽为羟基或双羟基桥联但未形成六元环类更稳定形态的产物。Al_c 则为在测定时间（如 1200s）内尚不能解体的稳定羟基物，即 Al_{un}。此方法可以利用的条件是六元环结构解体和四面体结构的解体与相邻形态解体的速率常数相差显著约一个数量级，这样可以用两个参数进行统计计算求解。

Ferron 法分类测定实质是 Al 在 Ferron 作用下与 OH 或 O 脱离的动力学测定，可以把这种反应速率按 Al 在羟基化合态中的结合方式粗略划分为五类（其中 H_2O 结合从略）：①无羟基的 Al^{3+}，单羟基的单体铝；②双羟基桥联的六元环系列；③双羟基及氧基桥联并存的，如 Al_{13} 等；④双羟基及氧基桥联并存的更高聚物；⑤Ferron 在一定测定时间内不能使化合态分解而使 Al 脱离的。叶长青等[39]提出这五种形态与 Ferron 络合反应过程中表现出不同的反应速率常数。其中①测定的是 Al_a，其反应可能是微秒至秒级而作为瞬时，操作时无论定为 30s、60s 都是近似扩大值，即使把曲线延长到横轴交点作零点，也是借用了双羟基最快反应部分的斜率延长，都免不了包含部分简单的双羟基化合态在内，因而往往大于 NMR 法的单体铝 Al_m。一般测定时是把②和③、④的测定结果合为 Al_b，把⑤作为 Al_c。但②的双羟基桥联与③、④的含氧桥联的 Al 在解体脱离速率上有数量级的差异，一般单纯双羟基的反应速率常数为 $0.1\sim0.01$，③及④的速率常数为 $0.001\sim0.0001$ 或更慢级，把它们分别处理是有必要和可能的。以前的研究如 Jardine 和 Zelazny 等受到 NMR 学派的影响，是把②、③合在一起作为 Al_{13}，把④作为高聚物。我们是把②与③、④分开，即②是 Al_{b1}，双羟基的六元环化合态，③、④是 Al_{b2}，含氧桥联的化合态。这样似乎更合理，并且得到栾兆坤等以速率常数分级证明，冯成洪等以 NMR 鉴定证明[40]。在不同水解度即碱化度 B 的溶液中两种水解及它们的生成物是并存的，因此吸光度的分类要用非线性拟合来分解。实际上，$B=0\sim1.0$ 阶段以②形态为主；$B=1.0\sim2.3$ 以③形态为主；再高可能是 Al_{13} 聚集体（nAl_{13}）和高聚物，即④形态为主。它们是相互交叉的，吸光度曲线的开始直线以②形态为主，水平直线以③和④形态为主，中间曲线为混合过渡段，整体以非线性拟合分开。

上述五种形态的拟合计算分开需要有三个速率常数的非线性拟合计算式。实际这样的分类仍是人为的、操作性的。如果认为形态分布是连续的，Al_{13} 是强制水解的特例产物，则 Ferron 速率常数将有无数个，分为几类时每个速率常数只是一段反应时间的统计均值。如果按 NMR 法认为形态是断续的，则可以分为 Al_a、Al_2、Al_3、Al_{un1}（低碱化度）即 Al_6、Al_{13} 及 nAl_{13}、Al_{30}、Al_{un2}（高碱化度）即 $Al_{>13}$（聚合度高于 13）等。当然，三个速率常数的非线性拟合计算求解复杂难用，此外本书后续章节论述的羟基聚合铝电喷雾质谱分析结果中，已明确证明羟基铝的连续分布存在，上述理论上的细分是否可行，也有待进一步探讨。

在数学上或许有数理统计方法把形态分为无数类，化学领域目前尚不能鉴定所有形态，高分子溶液可能也没有必要把每种形态都分别定量。但是，Al-Ferron络合反应动力学曲线以传统上的三个动力学常数来拟合是否过于简化？以 k_{b1} 及 Al_{b1} 表征六元环部分在 $B=0\sim1$ 阶段较近似，反映双羟基架桥解体速率；以 k_{b2} 及 Al_{b2} 表征 Al_{13} 部分在 $B>1.5$ 阶段较近似，反映 Al_{13} 结构解体速率。还有没有更复杂的更多速率常数的统计回归或模式计算方法？这与前述的 Ferron 测定机理和 Al 水解形态变化都相互关联，目前只能得到大致的概念。如果在数学计算方法（高级数理统计、模糊计算）或仪器鉴定方法（ESI-MS、TEM、EXAFS、FTIR）上有所进展也许有可能。

综上所述，Ferron 法的认识涉及两个根本问题：①Ferron 试剂与 Al 不同形态的反应机理和化学平衡特别是动力学；②羟基 Al 形态的分布和转化规律。这两个方面都还没有定论，而且相互影响，因此未来仍有大量的研究空间。

参 考 文 献

[1] Yoe B J H. 7-iodo-8-hydroxyquiniline-5-sulfonic acid as a reagent for the colorimetric determination of ferric iron. J Am Chem Soc，1932，54：4139-4143.

[2] Yoe B J H，Hall B T. A study of 7-iodo-8-hydroxyquiniline-5-sulfonic acid as a reagent for the colorimetric determination of ferric iron. J Am Chem Soc，1937，59：872-879.

[3] Hsu P H，Cao D. Effect of acidity and hydroxylamine on the determination of aluminum with Ferron. Soil Sci，1991，3：210-219.

[4] Langmuhr F J，Strom A R. complex formation of aluminum with 7-iodo-8-hydroxyquiniline-5-sulfonic acid（Ferron）. Acta Chem Scand，1961，7：1461-1466.

[5] Goto K，Tamura H，Onodera M. Spectrophotometric determination of aluminum with Ferron and a quaternary of ammonium salt. Talanta，1974，21：183-190.

[6] Swank H W，Mellon M G. Determination of iron：with 7-Iodo-8-hydroxyquinoline-5-sulfonic acid. Ind Eng Chem Anal Ed，1937，9：406-409.

[7] Rainwater F H，Thatcher L L. Methods for collecting and analysis of water samples. U.S. Geological survey water supply，1960：97-99.

[8] Smith R W. Relations among equilibrium and non-equilibrium aqueous species of aluminum hydroxyl complexes. Adv Chem Ser，1970，106：250-279.

[9] Bersillon J L，Hsu P H. Charaterization of hydroxy-aluminum solution. Soil Sci Soc Am J，1980，44：630-634.

[10] 冯利，栾兆坤，汤鸿霄. 铝的水解聚合形态分析方法研究. 环境化学，1993，5：373-378.

[11] Bertsch P M，Parker D R. The Environmental Chemisty of Aluminum. 2nd ed. Boca Raton：CRC Press，1995：117-168.

[12] Ping P T. Studies of aged OH-Al solutions using kinetics of Al-Ferron reactions and sulfate precipitation. Soil Sci Soc AM J，1984，48：59-65.

[13] Ping P T，Hsu P H. Aging of partially neutralized aluminum solutions of sodium hydroxide/aluminum molar ratio=2.2. Soil Sci Soc Am J，1985，49：1060-1065.

[14] Jardine P M，Zelazny L W. Mononuclear and polynuclear aluminum speciation through differential kinetic

reactions with Ferron. Soil Sci Soc Am J, 1986, 4: 895-900.

[15] Davenport W H. Determination of aluminum in presence of iron. Ana Chem, 1949, 6: 710-711.

[16] 杨武，高锦章，康敬万. 光度分析中的高灵敏度反应及方法. 北京：科学出版社，2000：84-87.

[17] Xu Y, Wang D S, Lu H L, et al. Optimization of the separation and purification of Al_{13}. Colloid Surf A, 2003, 231: 1-9.

[18] 汤鸿霄. 无机高分子絮凝理论与絮凝剂. 北京：中国建筑工业出版社，2006：1-152.

[19] Casey W H, Phillips B L, Karlsson M, et al. Rates and mechanisms of oxygen exchanges between sites in the $AlO_4Al_{12}(OH)_{24}(H_2O)_{12}^{7+}$ (aq) complex and water: implications for mineral surface chemistry. Geochimica et Cosmochimica Acta, 2000, 64: 2951-2964.

[20] Alasdair P L, Phillips B L, Casey W H. The kinetics of oxygen exchange between the $GeO_4Al_{12}(OH)_{24}(H_2O)_{12}^{8+}$ (aq) molecule and aqueous solutions. Geochim Cosmochim Acta, 2002, 4: 577-587.

[21] Phillips B L, Lee A, Casey WH. Rates of oxygen exchange between the $Al_2O_8Al_{28}(OH)_{56}(H_2O)_{26}^{18+}$ (aq) (Al_{30}) molecule and aqueous solution. Geochim Cosmochim Acta, 2003, 15: 2725-2733.

[22] 冯成洪，汤鸿霄. 活性羟基铝聚合体形态及其转化模式的 Al-Ferron 反应动力学与核磁共振光谱分析. 环境科学学报，2007，27（11）：1868-1873.

[23] Sephen J D, Gary W V. Characterization of amorphous aluminum hydroxide by the Ferron method. Environ Sci Technol, 1994, 28: 1950-1956.

[24] Wang D S, Tang H X. Modified inorganic polymer flocculants-PFSi: its preparation, characterization and coagulation behavior. Water Res, 2001, 14: 3418-3428.

[25] Feng C H, Shi B Y, Wang D S, et al. Characteristics of simplified Ferron colorimetric solution and its application in hydroxyl-aluminum speciation. Colloids Surf A, 2006, 287: 203-211.

[26] Batchelor B, McEwen J B, Perry R. Kinetics of aluminum hydrolysis: measurement and characterization of reaction products. Environ Sci Technol, 1986, 9: 891-894.

[27] Akitt J W, Elders J M. Multinuclear magnetic resonance studies of the hydrolysis of aluminium（III）. Part 8. Base hydrolysis monitored at very high magnetic field. J Chem Soc Dalton Trans, 1988, 5: 1347-1355.

[28] Wang D S, Sun W, Xu Y, et al. Speciation stability of inorganic polymer flocculant-PAC. Colloids and Surf A, 2004, 243: 1-10.

[29] Wang S L, Wang M K, Tzou Y M. Effect of temperatures on formation and transformation of hydrolytic aluminum in aqueous solutions. Colloid Surf A, 2003, 1-3: 143-157.

[30] Feng C H, Tang H X, Wang D S. Differentiation of hydroxyl-aluminum species at lower OH/Al ratios by combination of ^{27}Al NMR and Ferron assay improved with kinetic resolution. Colloid Surf A, 2007, 305（1-3）: 76-82.

[31] Bertsch P M, Parker D R. Aqueous polynuclear aluminum species//The Environmental Chemistry of Aluminum. 2nd ed. Boca Raton: CRC Press, 1996: 117-168.

[32] Bertsch P M, Layton WJ, Barnhisel R I. Speciation of hydroxy-aluminum solutions by wet chemical and aluminum-27 NMR methods. Soil Sci Soc Am J, 1986, 6: 1449-1454.

[33] Parker D R, Bertsch P M. Identification and quantification of the Al_{13} tridecameric polycation using Ferron. Environ Sci Technol, 1992, 5: 908-914.

[34] Feng C H, Ge X P, Wang D S, et al. Effect of aging condition on species transformation in polymeric Al salt coagulants. Colloid Surf A, 2011, 379（1-3）: 62-69.

[35] Akitt J W, Farthing A. New ^{27}Al NMR studies of the hydrolysis of the aluminum（III）cation. J Magn Reson, 1978,

3：345-352.

[36]　Singhal A，Keefer K D. A study of aluminum speciation in aluminum chloride solutions by small angle X-ray scattering and ^{27}Al NMR. J Mater Res，1994，8：1973-1983.

[37]　Rausch W V，Bale H D. Small-angle X-ray scattering from hydrolyzed aluminum nitrate solutions. J Chem Phys，1964，11：3391-3394.

[38]　毕哲. Mögel-Al13 溶解转化机制及溶液形态水解途径. 中国科学院生态环境研究中心博士学位论文，2012：1-67.

[39]　Ye C Q，Wang D S，Wu X H, et al. Modified ferron assay for speciation characterization of hydrolyzed Al（Ⅲ）：a precise k value based judgment. Water Sci Technol，2009，59（4）：823-32.

[40]　冯成洪. 羟基聚合铝絮凝剂形态结构及双水解转化模式. 中国科学院生态环境研究中心博士学位论文，2007.

第 3 章　羟基聚合铝形态结构的电喷雾质谱分析

迄今为止，已有多种化学和仪器分析方法用于铝盐絮凝产品的水解聚合过程及其形态分布与表征。其中应用最多的测试方法是 ^{27}Al NMR 和 Al-Ferron 逐时络合比色法（或络合动力学拟合计算法）。^{27}Al NMR 是一种广泛认可的形态表征方法，可对溶液中铝形态进行原位定性、定量表征，但是其受仪器灵敏度和分辨率的限制，对羟基铝的识别能力仅限于少数形态。Al-Ferron 逐时络合比色法简单、使用方便、应用广泛，可以综合分析铝盐絮凝剂形态，并进行分类分析，但 Ferron 法对羟基铝形态微观结构的描述不足。电喷雾质谱（ESI-MS）对羟基聚合铝具有极低的检测限，能够研究实际水体中低浓度聚合铝的形态[1]，具有较大的应用潜力，但目前对铝谱分析的方法尚未达到完全统一认识。

为此，本章研究了 ESI-MS 在应用于羟基聚合铝形态分析测试过程中发生的质荷消减机理，提出了铝谱解析的基本原则，在此基础上探讨不同碱化度羟基聚合铝形态分布特征，并与其他方法分析结果进行了比较验证，试图将该方法发展为铝形态的综合表征技术。

3.1　羟基铝形态质谱鉴定技术研究进展

Al（Ⅲ）团簇形态、结构及转化过程十分复杂。为此，已有多种化学和仪器分析方法（如光谱分析法、显微成像观察法、射线分析法、传统化学和物理法等）用于 Al（Ⅲ）团簇形态研究，但目前还没有一种分析测定方法能够全面、准确、直接地鉴定各种水解聚合铝形态，这也直接导致了铝形态转化模式尚存在较大争议[1-5]。近几年，国内外少数学者提出采用电喷雾质谱（electrospray ionization mass spectrometry，ESI-MS）研究 Al（Ⅲ）水解聚合形态[6-8]。

作为过去 30 年新近发展起来的一种软电离分析技术，该方法所具有的软电离特点可使化合物在测定过程中不被破坏，因而可获得更为准确的相对分子质量信息，依据其谱峰分布还可进一步了解物质的分子结构。该技术已经展现出卓越的物质相对分子质量的分析性能。事实上，电喷雾质谱目前还主要应用于生物、有机大分子形态结构分析，而用于金属离子的分析测定相对较少。然而，即使如此，仅有的少数研究仍已证实质谱与金属水化学（主要是碱金属）之间存在较好的相关性。因此，如同应用于有机物的分析，电喷雾质谱应有巨大的潜力应用于水相铝等金属离子的分析工作。由此，ESI-MS 为羟基铝形态鉴定及转化模式研究提供了一种全新方法和新的契机。

截至目前，对于 Al（Ⅲ）团簇形态分析仍属于正在研究中的新领域，其应用模式、图谱解析方法目前还不尽完善，在不同研究者之间还存在较大的认识差异，致使所得实验数据可比性较差，缺乏合理、统一的铝谱解析方法，这已成为 ESI-MS 对 Al（Ⅲ）团簇形态研究的发展瓶颈。系统优化 ESI-MS 应用模式，改进并提出较为合理、完善的铝谱解析方法已成为 ESI-MS 对 Al（Ⅲ）团簇形态研究的当务之急和必要前提。

电喷雾质谱应用于金属形态研究起步较晚，其解谱方法也存在较多不足[9]。Kebarle 与 Tang[10]提出，可依据图谱中的质荷比（m/z）信息确定金属各形态分子式。依此理论，Sarpola 等于 2004 年首次采用电喷雾-飞行时间-质谱（ESI-TOF-MS）及电喷雾二级质谱（ESI-MS/MS）对不同 pH 的 $AlCl_3$ 溶液中的铝形态进行了研究，证明溶液中从单体到聚合体系列聚合羟基铝形态的存在，并初步提出铝谱解析方法[6]。此后，Urabe 等[11, 12]采用电喷雾-四极杆-质谱（ESI-Q-MS）对氯化铝溶液中铝形态以及硫酸根离子对 Al_{13} 形成的阻碍效应进行了研究，并将研究结果与 Sarpola 等提出的 ESI-TOF-MS、ESI-MS/MS 分析结果进行了比较分析。结果表明，两者之间存在较大差异。Urabe 等将此差异归因于两者所采用 $AlCl_3$ 溶液的浓度以及质量分析器的不同。然而，赵赫等[7]及本书作者所在研究组均采用 Sarpola 等提出的测定方法进行分析，结果与两者也不尽完全一致。此现象目前还没有文献进行系统比较分析，其原因还不甚明了。当然，Sarpola 等[13]以及 Zhao 等[7]研究提出，电喷雾质谱的其他使用条件（如锥电压、离子模式等）差异也会对铝形态分析结果造成影响。由此，系统分析电喷雾质谱仪器自身特征、使用参数以及其他相关因素对测定结果的影响，优化提出电喷雾质谱使用条件，对于提升铝谱解析结果可信度和实验结果可比性意义重大。

此外，现有羟基铝谱解析方法的缺点和不足也可能是导致 Al（Ⅲ）团簇形态鉴定结果存在差异的主要原因。Sarpola 等[6]提出依据分子通式、$\Delta m/z$、谱峰的高斯分布等作为铝谱解析依据，促进了 ESI-MS 在铝形态鉴定分析中的应用发展。研究者也大多以此为基础对不同单体铝以及聚合铝形态进行应用分析。Sarpola 等认为 ESI-MS 质荷比 m/z 代表的化合物形态直接就是溶液中的原有形态。实际上，溶液形态经电荷消减及雾化为气相离子后，已经过若干转化，不能直接表达原来的溶液形态。尽管 Urabe 等[11]认为采用 ESI-Q-MS 测定结果可反映溶液中的原始形态，但其解释也大多着重于仪器本身尤其质量分析仪器对解析铝形态的物理影响上，而对于铝谱解析技术自身不足的影响并没有引起足够的重视。

Sarpola 等[13]在铝谱的解析过程中重视 Cl⁻ 的作用，将 Cl⁻ 及其同位素离子的计入作为重要解谱方法，认为雾化后 Cl⁻ 结合在气相离子簇上，一方面成为中和离子而消减原有离子电荷，另一方面可加入 m/z 的计算拟合各种化合态。实际上，目前一般认为溶液中 Cl⁻ 是外围反离子，并不直接进入羟基聚合物结构中。雾化时，Cl⁻ 虽有可能进入离子簇结构，但更有可能的是 Cl⁻ 与溶液中大量存在的质子 H⁺ 结合为 HCl 并随 H₂O 的气化而挥发。Sarpola 等在其后 MS/MS 碎片化的推论中也是这样处理的，认为质子迁移中生成 HCl 是容易实现的过程。此外，Urabe 等也将 ESI-TOF-MS 测定结果中无单体铝的现象归因于铝谱解析过程中考虑 Cl⁻ 与单体铝结合，掩盖了实际存在的单体铝形态。然而，这些现象好像没有引起他们的重视。现有文献中，常存在同一质量数有多种离子组成方式以及拟合质量数偏离实测谱图质量数范围的现象。究其原因，可能是解谱过程计入了大量的氯离子。在传统的羟基铝形态结构组成、转化理论中，Al（Ⅲ）团簇主要由 Al、OH、O 等组成，其形态、结构转化首要考虑 Al（Ⅲ）团簇中 H₂O、OH、O 等基团间的相互转化，其次考虑其外围其他阴离子（如 Cl⁻）转化的影响[14]。由此，依据传统理论，弱化 Cl⁻ 及其同位素离子的计入对解谱结果的影响，改进现有的铝谱解析方法，可能拟合出更接近溶液中离子簇的真实形态，降低复杂谱图的准确识别难度，也有利于寻求 ESI-MS 方法定量化的条件和途径。

　　此外，在铝谱解析过程中，单纯将谱峰符合高斯分布的铝形态进行考虑还存在一定不足。通常情况下，各 Al（Ⅲ）团簇形态气化离子簇的谱峰呈现高斯分布，这也是 Sarpola 等提出将谱峰的高斯分布作为铝谱解析依据之一的重要原因。实际上，本书作者在前期初步研究中，发现部分铝形态存在可能性较大但是其谱峰分布并不符合高斯分布，此现象也被其他研究者提及[15]。由此，在无现成标准铝谱谱峰数据可以参照的情况下，为简化铝谱解析程序，增大解析的准确性，Heikkinen 等[15] 提出采用独立成分分析（independent component analysis，ICA）法，优化铝谱谱峰的分析过程，尤其是强化对谱峰不符合高斯分布的铝形态的鉴定分析。该方法的提出有助于进一步完善现有的谱图解析方法。事实上，现有铝谱解析方法还面临很多悬而未决的问题，如特殊谱峰的分析方式、不同聚合度以及不同荷电羟基铝的 m/z 交叉等，这些问题的解决均有待于对现有铝谱解析方法的改进。

　　通常，铝谱中谱峰较多，解谱过程较为复杂，其原因除溶液以及仪器自身的化学噪声（chemical noise）和基质效应（matrix effects）外，羟基铝自身形态结构的复杂性也是主要因素。尽管目前电喷雾质谱能鉴定出各种 Al（Ⅲ）团簇形态，但是其鉴定结果的可信度仍有待其他仪器方法、理论的进一步验证。在众多传统方法中，使用最多的是 Al-Ferron 络合反应动力学分析法和核磁共振光谱法。²⁷Al NMR 可定量、无破坏地给出水解铝溶液中特定铝形态结构信息，但是该方法在仪器的使用及灵敏度上存在一定缺陷，限制着它的广泛使用。相对而言，Al-Ferron 络合反应动力学分析法更为简单，使用方便，可以将铝盐絮凝剂所有形态进行分类分析，应用范围较广，但缺点是难以直接给出铝的形态结构信息。实际操作中，

　　这两种方法相互结合、互为补充，能够给出 Al（Ⅲ）团簇形态分布的更为完整的信息，是目前研究羟基聚合铝形态结构的一种相对理想的方式。综合发挥现有分析方法的优势，辅助识别雾化过程气化离子簇的形态，对于验证分析谱图解析方法以及铝形态定量表征结果的可信度十分必要。

　　此外，结合现有光谱、分子结构分析仪器等对溶液中 Al（Ⅲ）团簇原位形态、结构的系统表征，推导分析电喷雾质谱雾化过程中 Al（Ⅲ）团簇形态的转化方式，将有利于羟基铝水解聚合转化模式的提出。以往研究中，大多数研究者主要依据 ESI-MS 谱图解析结果，讨论各种羟基铝形态结构的转化过程和方式，缺少对铝溶液中 Al（Ⅲ）团簇原位形态、结构的系统分析，同时还存在对传统理论重要性的认识不足。不同研究成果之间也存在较大差异。例如，Sarpola 等[13]认为 Al_{13} 结构较为稳定，在雾化过程中发生形态转化需要较大的碰撞能；而 Rämö 等[16]则认为雾化过程中 Al_{13} 具有与另外一个或两个铝原子结合的能力；赵赫等[7]提出 Al_{13} 可以脱掉一个铝原子，也可以打碎成为三聚体和五聚体；Stewart[9]提出 Al_{13} 也可转化成更高的聚合铝如 Al_{30}。由此可知，人们对雾化过程中 Al（Ⅲ）团簇形态结构的转化过程还缺乏统一的认识，还没有提出较为完善的转化规律。

　　在对铝谱谱峰定性分析的基础上，定量表征 Al（Ⅲ）团簇各形态分布，也是完善铝谱解析方法、探讨 Al（Ⅲ）团簇形态结构转化机理的一个重要途径。以往研究中，电喷雾质谱仅停留在对 Al（Ⅲ）团簇形态的定性分析上，定量方法尚少有文献报道。近几年，赵赫等[7]曾以谱图中的基峰为基准，通过分析其他谱峰相对强度的方式表征各 Al（Ⅲ）团簇形态的含量差异。Rämö 等[16]也提出采用加和铝峰强度作为总离子量的方式半定量表征部分 Al（Ⅲ）团簇形态分布。这些成果为 Al（Ⅲ）团簇形态 ESI-MS 定量计算方法研究提供了较好的思路，但是如何准确鉴定各形态铝的 m/z 分布范围以及计算表征各形态铝谱峰总强度，成为定量或半定量表征 Al（Ⅲ）团簇形态的关键。此外，是否考虑羟基铝聚合度、电荷等对铝形态定量表征结果的影响，也将是 Al（Ⅲ）团簇形态定量计算结果准确性的关键。

　　因此，在优化制备典型 Al（Ⅲ）团簇溶液并采用 Al-Ferron 络合反应动力学拟合计算法、核磁共振光谱等现有仪器方法进行综合表征分析的基础上，探讨弱化 Cl^- 计入、强化非高斯分布谱峰及其他特殊谱峰的认定等对铝谱解析的影响机理，改进现有的铝谱解析方法，明确电喷雾质谱最佳应用模式，进而提出 ESI-MS 对 Al（Ⅲ）团簇形态的定量表征方式，探讨分析羟基铝形态、结构的转化过程和转化机理将是今后研究的重点方向。用于羟基铝形态研究的电喷雾质谱技术探讨不仅可为水体及铝盐絮凝产品中 Al（Ⅲ）团簇形态结构研究提供一种新型、有效的分析技术，也将为更真实的羟基铝水解聚合转化模式的提出以及高效无机高分子混凝剂的研发提供参考依据。

3.2 　 羟基铝团簇谱图解析原则

目前 ESI-MS 对羟基铝形态的分析结果, 不同研究者之间差异较大。除了 ESI-MS 的使用条件和质谱分析器的差异外, 铝谱解析方法的缺点和不足也可能是主要原因之一。因此, 建立统一的解谱原则对于提高铝形态表征结果的可信度十分必要。本书在综合作者所在研究组近年来研究成果及相关文献报道的基础上, 提出以下六条铝谱解析原则。

3.2.1 　 电喷雾过程中铝形态变化原则

目前, 对铝形态在电喷雾过程中是否发生转化存在较大争论。Sarpola 等[6]提出 ESI-MS 是一种原位表征手段, 图谱质荷比 m/z 所代表的化合物形态直接就是溶液中原有形态。而 Urabe 等[11]认为采用 ESI-Q-MS 测定结果可反映溶液中的原始形态, 但其解释也大多着重于仪器本身尤其质量分析器对解析铝形态的物理影响上, 而对于铝谱解析技术自身不足的影响并没有引起足够的重视。但实际上, 羟基聚合铝的溶液形态经过电喷雾过程转化为气相离子, 此过程可能已经过若干转化。至多只能说由于雾化过程较为温和, 其基本结构可能变化较少或者没有变化, 但配位官能团及存在形态已不能保持溶液中的原有状态。何况在溶液中同一聚合度的羟基铝离子簇原本就可能以不同的结构和形态存在, 雾化后更是经历不同途径以系列、多种质量数呈现, 很难直接推断是溶液中原来存在的形态。

另外, 铝形态的 H_2O、OH 等基团的交换速率也说明质谱解析所得铝形态可能并非原始形态。从铝形态进入毛细管、雾化至最终被质谱检测的时间约为 10^{-3}s 数量级[17], 而 Casey[18]的研究结果表明, K-Al_{13} 的外围配体 H_2O 交换速率的数量级为 10^{-3}s, OH 交换速率数量级为 $10^{-2} \sim 10^{-7}$s, 这意味着那些瞬时交换的 H_2O 易在质谱雾化过程中发生转化, 而只有内部的 OH 或 O 能维持稳定。因此, 质谱中部分羟基聚合铝形态是喷雾转化后的结果。在雾化过程中, 羟基铝形态的转化过程对谱图识别十分重要。通过识别雾化气相离子的形态和转化过程, 就有可能通过反应过程逆推获知溶液中原始的离子形态。

在雾化过程中, 化合态的反应过程对谱图识别十分重要。首先要识别雾化气相离子的形态, 然后才可能推断溶液中原有离子形态。对于 Al(III) 羟基离子簇, 首先是其 H_2O、OH、O 等基团的相互转化, 其次是外围其他阴离子的转化。而对于前者, 首先经过消减电荷脱质子 H^+ 和脱水 H_2O 的变化, 其次是 OH、O 等配体基团的相应转化。

例如, 雾化为气相时可以发生以下过程 (设电荷 $z=1$):

（1）脱水气化　　　$H_2O\uparrow$　　　　　　　　　变化后 m/z 减少 18

（2）羟桥转氧桥　　$2OH^- \longrightarrow O^{2-}+H_2O\uparrow$　变化后 m/z 减少 34–16=18

（3）脱质子　　　　$OH^- \longrightarrow O^{2-}+H^+$　　变化后 m/z 减少 17–16=1

（4）水解　　　　　$H_2O \longrightarrow OH^-+H^+$　　变化后 m/z 减少 18–17=1

（5）HCl 气化　　　$H^++Cl^- \longrightarrow HCl\uparrow$　变化后 m/z 减少 1+35=36=2×18

这些都是容易发生而可能直接影响气相离子簇形态和 m/z 的简单反应，详细反应过程如图 3-1 所示。

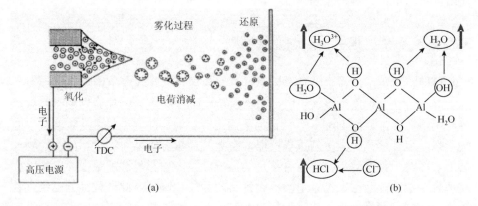

图 3-1　电喷雾质谱测定过程中质量及电荷消减过程示意图［(a)，宏观仪器测定过程］以及羟基铝分子结构中质量及电荷消减过程示意图［(b)，微观分子层次］。(b) 中椭圆代表配体脱离铝团簇母体结构或发生络合反应；粗箭头代表雾化或气化过程；细箭头代表配体反应方向

然而，对于 Al（Ⅲ）羟基离子簇，在气化过程中化合态质量 m 的变化归结为两类：其一为消减电荷脱质子（H^+），其二为脱水（H_2O）气化。这些都是容易发生而可能直接影响气相离子簇形态中电荷及 m/z。外围离子（如 Cl^-）的变化，常不计入对 m/z 的影响。消减电荷脱质子 H^+ 首先引起质量的变化为 $m=1$，而脱水 H_2O 气化造成质量数的变化，当所余电荷 z 分别为 1、2、3 时，其 $\Delta m/z$ 将相应为 18、9、6。

3.2.2　Cl^- 在图谱解析中的作用

铝谱解析过程通常要首先提出并基于这个羟基聚合铝分子通式（如 $[Al_xO_y(OH)_z(H_2O)_m]^{(3x-2y-z)+}$）开展铝形态鉴定工作。目前，对于 Cl^- 是否应该计入分子通式也存在争议。Sarpola 等[13]重视 Cl^- 的作用，认为雾化后 Cl^- 结合在气相离子簇上，一方面成为中和离子而消减原有离子电荷，另一方面加入离子质量数的计算拟合各种化合态。因为 Cl^- 的质量数近似当作 35，而 OH^- 为 17，则二者交换时差值为 18，恰与解谱时系列差值相同，因此他们把 Cl⁻的计入作为重要解谱方法。

此外，Urabe 等[12]也认为 Cl⁻可计入铝形态基本组成，并将 ESI-TOF-MS 测定结果中无单体铝的现象归因于铝谱解析过程中考虑 Cl⁻与单体铝结合，掩盖了实际存在的单体铝形态。因此，现有文献中，常存在同一质量数有多种离子组成方式以及拟合质量数偏离实测谱图质量数范围的现象。

究其原因，可能是氯离子计入铝形态的基本组成并不符合实际情况。在传统的羟基铝形态结构组成、转化理论中，Al（III）团簇主要由 Al、OH、O 等组成，其形态、结构转化首要考虑羟基聚合铝中 H_2O、OH、O 等基团间的相互转化，其次考虑外围其他阴离子（如 Cl⁻）转化的影响[19]。由此，弱化 Cl⁻及其同位素离子的计入，可降低解谱对实际形态的偏离，并可改进现有的铝谱解析方法，更有可能拟合出接近溶液中离子簇的真实形态。同时还可降低复杂谱图的准确识别难度，也有利于寻求 ESI-MS 的半定量化方法。

实际上，在溶液化学中，一般认为在溶液中 Cl⁻是外围反离子，并不直接进入羟基聚合物的结构，在雾化时 Cl⁻虽有可能进入离子簇结构，但更有可能的是 Cl⁻与溶液中大量存在的质子 H^+结合为 HCl 并随 H_2O 的气化而挥发。Sarpola 等[13]在其后 MS/MS 碎片化的推论中也是这样处理的，认为质子迁移中生成 HCl 是容易实现的过程。

因此，可以认为，Cl⁻并不进入气化离子簇结构，而其一部分可成为电荷消减的间接介体与质子结合为 HCl 挥发。气化聚合铝离子仍是只包含 H_2O、OH、O 等基团的羟氧基阳离子簇。Lin 和 Lee[20]在采用电喷雾质谱对水与己腈混合液中铝形态的研究结果中，也提到没有发现氯离子与聚合铝中心铝离子络合的现象，这也进一步证明了此观点。为此，在本书所有的电喷雾质谱解析研究中，主要以 $[Al_xO_y(OH)_z(H_2O)_m]^{(3x-2y-z)+}$为分子通式探讨相关铝形态鉴定工作。

3.2.3　电荷消减反应

电荷消减（charge reduction）是 ESI-MS 雾化中离子的首要转化过程。在质谱的分析结果中，电荷消减反应的直接证据是所有检测到的形态均只包含 1～3 个电荷（+1、+2、+3），而根据溶液化学，羟基聚合铝可能具有更高的电荷数。因此，羟基聚合铝的电荷数在喷雾过程中也可能发生改变。电荷消减反应在无机物的电喷雾过程中较为普遍，高电荷数的离子簇通常减少为低电荷的形态。仪器把溶液中多电荷离子转化为 1～3 个电荷（羟基阳离子簇暂不考虑阴离子）的气相离子簇。电荷数改变使从铝谱中识别形态的工作更为复杂。按仪器原理，电荷消减是经过质子迁移（proton transfer）过程实现的，电荷消减反应的可能过程如下：

（1）水解　　　　　　$Al_n—H_2O \longrightarrow Al_n—OH^- +H^+$　　变化后电荷数 z 减 1

（2）羟桥脱质子　　　$Al_n—OH^- \longrightarrow Al_n—O^{2-}+H^+$　　变化后电荷数 z 减 1

电荷消减反应的关键影响因素可能是溶液离子的电荷密度而非化合价态。Keggin-Al_{13} 等聚合铝形态的电荷密度较高，离子内配位的 H_2O 并不稳定，因此质子易发生转移。通过电荷消减过程，溶液中的多电荷离子转化为 1～3 个电荷的气相离子簇，例如

$$Al_{13}O_4(OH)_{24}(H_2O)_{12}^{7+} \longrightarrow Al_{13}O_9(OH)_{19}^{2+}$$

电荷消减可能是电喷雾化学过程的前驱步骤，即包含着脱氢质子及氧化还原过程。在电荷消减过程中，产生的 H^+ 通常有以下转化途径（图 3-1）：

（1）与羟基络合形成水分子气化　　　$H^+ + OH^- \longrightarrow H_2O\uparrow$

（2）与水分子结合气化　　　　　　　$H^+ + H_2O \longrightarrow H_3O^+\uparrow$

（3）与氯离子结合形成 HCl 挥发　　　$H^+ + Cl^- \longrightarrow HCl\uparrow$

3.2.4　铝团簇的脱水反应

ESI-MS 的谱图识别是以不同 m/z 峰呈高斯分布的系列离子簇为基础的。系列中各峰间隔可以为 $\Delta m/z=18/z$，离子电荷 z 可以分别为 1、2、3 等。Sarpola 等[6] 对各峰质量间隔数为 18 的原始解释是离子结合水 H_2O 的质量，其数目 n 的差异构成分布系列，从而推断出不同电荷及质量数的离子系列。实际上离子簇雾化时，尽管以脱水反应为主，还存在其他反应，都可以发生质量数为 18 的系列变化，例如

（1）脱水气化　　　　　$H_2O\uparrow$　　　　　　　　　　　　　　　　$\Delta m=18$

（2）双羟桥转单氧桥　　$2OH \longrightarrow O+H_2O\uparrow$　　　　　　　$\Delta m=17 \times 2-16=18$

（3）双羟桥转羟氧桥　　$(OH)_2+OH \longrightarrow (OOH)+H_2O\uparrow$　$\Delta m=17 \times 3-33=18$

（4）配体置换　　　　　$Cl^- \longrightarrow OH^-$　　　　　　　　　　　$\Delta m=35-17=18$

如果排除 Cl^- 进入离子簇，则单电荷离子质量数 $\Delta m/z=18$ 的高斯分布系列形成是由于 H_2O、OH、O 等基团的相互转化，即由（1）结合水数目递减或者（2）双羟基转为氧基这两类反应所构成。后一类反应可能是双羟桥转为单氧桥，更可能是羟桥脱质子并与外围羟基合成脱水，这时的基本构型可能未变但架桥方式发生变化，其衍生结果仍是脱水气化，只是机理途径不同。

在根据 $\Delta m/z$ 质量数系列拟合气相离子簇形态分布时，实际有上述两类转化途径或机理，有时也会产生同一质量数具有不同离子簇形态的结果。这时除依据 $\Delta m/z$ 间隔分布外，需要考虑溶液中原始离子簇形态在雾化中发生反应的途径，尽可能将雾化过程中的转化限定在一定范围。例如，结合水的最大数目不能超过溶液原有形态中 Al 的配位数，双羟桥转为氧桥数不能超过溶液原有形态的羟桥数，等等。

总之，拟合认定的原则应该同时考虑：实验条件下溶液中可能存在的离子簇原有化合态，以及在其雾化反应后可能形成的最终气相离子簇化合态，由此得到的质量数系列为最优的选定结果。

3.2.5　高斯分布

羟基铝团簇在电喷雾质谱图中通常表现为一个系列峰（peak），而这些峰呈现高斯分布。同一高斯分布中的各峰代表具有相同聚合度的羟基铝。ESI-MS 的谱图识别是以质荷比 m/z 呈高斯分布的系列离子簇为基础的。峰间 $\Delta m/z$ 除由脱水引起外，也可由羟基铝团簇同时剥离一个羟基和一个氧基（形式上表现为一个水分子）产生。羟基聚合态铝的确认应主要以 $\Delta m/z$ 形成的高斯分布系列为准，单一峰值一般不能确认所代表形态。此外，Al（Ⅲ）团簇形态的鉴定也需遵循以下三个原则：同一铝形态各对应峰符合高斯分布原则，高斯分布随质荷比增加的连续变化原则，羟基铝形态聚合度随质荷比的连续变化原则。此三原则可以解决同一 m/z 峰认定为不同形态的问题。

3.2.6　铝谱解析形态中水分子数量上限确定原则

在溶液中，羟基铝团簇被溶剂水分子包围。因此，铝形态的配位点必然被 H_2O、OH 和 O 等配位键饱和，但在电喷雾过程中，配位水分子的数量势必出现消减。因此，对于铝谱解析形态的水分子数上限的确定十分重要，否则同一质谱峰将产生不同的解释。

铝原子配位能力与配位方式有关，如 AlO_4 和 AlO_6 两种配位形式可提供的最大配位数分别为 4 和 6，铝的四配位通常只在 Keggin 形态中存在，因此单个铝原子可提供的配位数最多为 6。此外，铝原子以羟桥或氧桥连接，铝形态整体可提供的配位键数量与铝的桥联结构有关，如 OH 可与 1 个铝原子连接，只占据 1 个配位点，也可与 2 个铝原子连接，占据 2 个配位点。

下面以 K-Al_{13} 为例，论述解谱所得铝形态最大水分子数。

K-Al_{13} 的结构式为 $Al_{13}O_4(OH)_{24}^{7+}$，其 13 个铝原子中，六配位铝原子占 12 个，四配位铝原子占 1 个，氧桥占据 4 个配位点，羟桥占据 2 个配位点。

可配位的总数为：$12 \times 6 + 1 \times 4 = 76$；

已消耗的配位数为：$4 \times 4 + 24 \times 2 = 64$；

故剩余配位数为：$76 - 64 = 12$。

计算结果与晶体结构中含 12 个配位水分子的情况相符。故根据非 Keggin 铝形态 $Al_nO_x(OH)_y^{(3n-2x-y)+}$ 计算最大水分子配位数的公式为：$6n-4x-y$；而 Keggin 结构铝形态则需确定四配位铝形态的数量后才能计算配位数。

下面以 Al_1、Al_2、Al_3 为例，对铝谱中络合水分子数量的计算方法进行归纳。

Al_1:　$Al(OH)_2^+ \cdot nH_2O$

　　　　n 上限为 $1 \times 6 - 2 = 4$

Al_2:　$Al_2(OH)_5^+ \cdot nH_2O$

　　　　n 上限为 $2 \times 6 - 2 \times 2 - 3 \times 1 = 5$（结构中 2 个 η_2-OH 占据 4 个配位点；3 个 η_1-OH 占据 3 个配位点）

对于 Al_3 则存在两种情况：

（1）Al_3 结构为平面六元环并列式时：

Al_3:　$Al_3(OH)_8^+ \cdot nH_2O$

可配位的总数为：$3 \times 6 = 18$

有 4 个羟基占据 2 个配位点：$4 \times 2 = 8$

剩余 4 个羟基仅占据 1 个配位点：$4 \times 1 = 4$

故剩余配位数为：$18 - 8 - 4 = 6$

（2）非六元环并列式，结构如下：

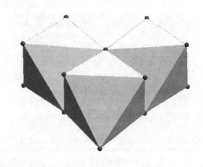

可配位的总数为：$3 \times 6 = 18$

有 3 个羟基占据 2 个配位点：$3 \times 2 = 6$

有 1 个羟基占据 3 个配位点：$1 \times 3 = 3$

剩余 4 个羟基仅占据 1 个配位点：$4 \times 1 = 4$

故剩余配位数为：$18 - 6 - 3 - 4 = 5$

比较（1）和（2），应取两者的较大者作为配位数上限，因为两种结构均可能存在于溶液中。总的来说，配位水分子上限的计算需要考虑铝的配位数上限和羟基已消耗的配位数。在相同的铝原子数量情况下，只含六配位铝形态的配位数上限总是高于四配位铝形态，只含 η_2-OH/O 铝形态的配位数上限也高于含 η_3-OH/O 的形态。因此，对于质谱中结构未知的形态，可以无 η_4-O 结构（非 Keggin），且桥联的仅以 η_2-OH/O 的形态结构来计算其最大配位数。不难发现，理论上铝形态配位水的数目是随着铝原子数逐渐增加的。可用数学归纳法证明，平面六元环 Al_n 的最大水分子配位数公式为 $n+3$。对于结构未知的铝形态 $Al_xO_y(OH)_z^{(3x-2y-z)+}$ 计算最大水分子配位数的公式为 $n(H_2O)=4x-y-z+2$。

3.3　典型羟基聚合铝形态电喷雾质谱鉴定分析

已有大量研究探讨铝离子在水解聚合过程中的热力学平衡，系统认识了系列碱化度（如 B 为 $0\sim3$）溶液中的铝形态演变过程。为此，本节拟采用不同碱化度（B=0、0.5、1.0、1.5、2.0、2.5）羟基聚合铝溶液（PAC0、PAC05、PAC10、PAC15、PAC20、PAC25）为样本，进行 ESI-MS 分析，进一步应用并解释本书提出的铝谱解析原则。

3.3.1　谱图分析

ESI-MS 对铝形态的检测模式有两种：正离子模式和负离子模式。实验发现，在正离子模式下检测到的离子流强度要远高于负离子模式下检测到的强度，且检测到的铝形态种类也更为丰富。Urabe 等[11]的发现与我们的结果一致，在正离子模式下铝形态的总离子强度通常要高于负离子模式离子强度十倍以上。因此，本节着重对正离子模式下检测到的铝形态进行分析。

在检测过程中，羟基铝经电喷雾，从溶液中转移到气相，然后经过 Q-TOF 的分离，于不同时间到达质谱检测器。铝形态在铝谱图中表示为不同 m/z 的质谱峰。从这些质谱峰的分布中，可获得铝形态信息，如分子式、结构、聚合度和电荷数等。为了能从 m/z 中获取这些信息，首先需要明确铝形态的基本结构式。在本书中，铝形态的基本结构为 $[Al_xO_y(OH)_z(H_2O)_m]^{(3x-2y-z)+}$，可简写为 Al_x。从结构式中可知，铝形态的基本组成为铝原子、氧桥、羟桥和配位水分子，这与传统理论对铝形态结构的认识相符合。为了更方便地表示一个质谱峰系列，同一高斯分布的不同 m/z 峰系列被归于一个群。

不同碱化度羟基聚合铝 PAC 的 ESI-MS 测定结果如图 3-2 所示。从图中可看出，大多数峰出现在 m/z 0～500 内，在更高的 m/z 值范围内，峰的信噪比较高，难以判断铝形态，此外所得形态铝强度也相对较小。随着 m/z 值的增加，所解析铝形态聚合度也随之增大。此外，从图 3-2 可知，在低碱化度聚合铝溶液测定结果中，五种高斯分布（m/z 97±18，m/z157±18，m/z 217±18，m/z 313±18 及 373±18）占据主导地位，其强度随着样品碱化度的增加而逐渐降低，直至高碱化度 PAC25 检测不出来。然而，部分新的高斯分布逐渐出现，当碱化度到 1.0 以上时，m/z 500 以上开始出现一些低信号峰（如代表 Al_{13}^{2+} 的 m/z 337±9），并逐渐占据主导地位，这也进一步说明 Al_{13}^{2+} 出现的前提条件是强碱的加入。

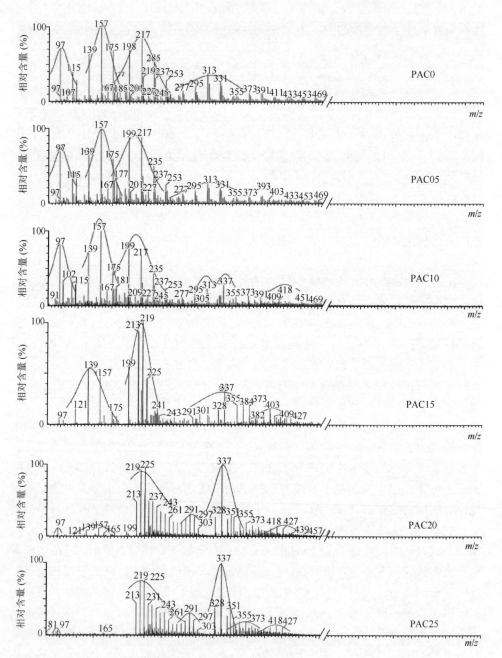

图 3-2　不同碱化度羟基聚合铝 PAC（PAC0、PAC05、PAC10、PAC15、PAC20、PAC25）的 ESI-MS 图谱（高斯分布由曲线表示）

　　除了在每一高斯分布中各峰的强度差异外，高斯分布随 m/z 增加的变化趋势在不同碱化度羟基铝测定结果之间也不尽相同。在低碱化度羟基铝溶液中，连续的高斯分布变化趋势通常意味着羟基铝聚合度的连续变化。而在高碱化度羟基铝溶液（如 PAC20 与 PAC25）中，高斯分布仅集中在几段 m/z 变化区间内，这说明在高碱化度羟基铝溶液中，铝团簇存在的种类更少。在其制备过程中，由低聚体或者单体铝逐渐聚合为高聚体，因而在其测定图谱中表现出不连续的变化趋势。

　　此外，从图中可以看出高斯曲线的形状呈现一定规律性，曲线的右段通常长于左段。以 m/z 157 系列为例，最高峰 m/z 157 右端的高斯分布曲线长于其左端。高斯曲线的右段代表铝形态的脱水反应，而左段代表铝形态的脱羟基反应。因此这个曲线的形状可能说明质谱中脱水反应比脱羟基反应更容易发生，这与 Casey[18] 对铝形态内 OH 和 H_2O 的交换速率的研究结果一致。高斯曲线的这一形貌规律在其他研究者提出的谱图数据中也较为常见。

3.3.2　铝团簇形态解析

　　对不同碱化度羟基铝的铝谱解析结果见表 3-1，表中重点论述了低碱化度（如 PAC05 与 PAC10）、高碱化度（如 PAC20 与 PAC25），以及高纯单体铝 $AlCl_3$ 与高纯 Al_{13} 样品（PAC0 与 PAl13）等几种典型样品。高纯 Al_{13} 样品（PAl13）的电喷雾质谱图见后续章节。

表 3-1　羟基铝絮凝剂中不同电荷铝形态的 ESI-TOF-MS 鉴定结果

	PAC0 (B=0)	PAC05 (B=0.5)	PAC10 (B=1.0)	PAC20 (B=2.0)	PAl13 (B=2.46)	PAC25 (B=2.5)
Al^+	○	○	○	×	×	×
Al_2^+	▲	▲	▲	×	×	
Al_3^+	▲	▲	▲	×		
Al_4^+	○	○	○			
Al_5^+	○	×	×			
Al_6^+	×	×	×			
Al_7^+	×	×	×			
Al_8^+	×	×				
Al_9^+	×	×				
Al_{10}^+	×	×				
Al_{13}^+				×		

续表

	PAC0 （B=0）	PAC05 （B=0.5）	PAC10 （B=1.0）	PAC20 （B=2.0）	PAl13 （B=2.46）	PAC25 （B=2.5）
Al_{16}^{+}					×	
Al_{5}^{2+}					×	
Al_{8}^{2+}						×
Al_{13}^{2+}		×	○	▲	▲	▲
Al_{14}^{2+}				×	×	×
Al_{16}^{2+}			×	○	○	○
Al_{29}^{2+}						
Al_{6}^{3+}				×		×
Al_{7}^{3+}	×		×			
Al_{10}^{3+}	×					
Al_{13}^{3+}	×	○		▲	▲	▲
Al_{14}^{3+}	×					
Al_{16}^{3+}	×	×	○	○		×
Al_{19}^{3+}	×	×	×	×	○	
Al_{20}^{3+}					×	
Al_{22}^{3+}	×			×	×	×
Al_{25}^{3+}	×					×
Al_{26}^{3+}					×	
Al_{27}^{3+}			×	×		
Al_{28}^{3+}	×					
Al_{31}^{3+}	×		×			

注：▲代表样品中强度最高的主导形态铝；○代表强度为主导形态约 50%的形态铝；×代表强度为主导形态约 10%的形态铝；空白代表羟基铝形态含量很低或者难以测出。

如表 3-1 所示，不同碱化度羟基铝质谱解析结果存在明显差异。大多数+1 电荷铝形态主要存在于低碱化度羟基铝溶液中，该形态铝在高碱化度羟基聚合铝溶液中含量很少甚至没有测出。+2 电荷铝形态主要存在于聚合铝溶液中，该形态铝在高纯单体铝溶液（PAC0）中没有鉴定出。不同于前两种电荷羟基铝，+3 电荷羟基铝分布特征在不同碱化度样品间差别不大。

整体而言，羟基铝团簇聚合度变化范围为 1～31，且是连续变化的。Al_{31}^{3+} 在本研究中被认定为最高聚合度形态，而在 Sarpola 等[6, 13]对 $AlCl_3$ 的研究结果中，Al_{32} 是最高聚合度形态。随着羟基铝溶液碱化度的增加，羟基铝种类也随之降低，低碱化度溶液中所含羟基铝种类较多，这也与图 3-2 中谱峰的高斯分布趋势一致。随着碱化度的增加，+1 电荷和+3 电荷铝形态种类呈现减少趋势，+2 电荷羟基铝种类变化趋势则相反。

各形态羟基铝的强度也随碱化度变化发生显著改变。随碱化度的增加，样品中的主导形态由低聚体（Al_1～Al_4）逐渐演变成高聚体（Al_{13}～Al_{16}）。这一演变趋势与图 3-3 核磁共振谱图结果相同。从图 3-3 可以看出，随着碱化度的增加，单体铝含量呈现逐渐降低的趋势，而 Keggin-Al_{13} 含量则逐渐增强。

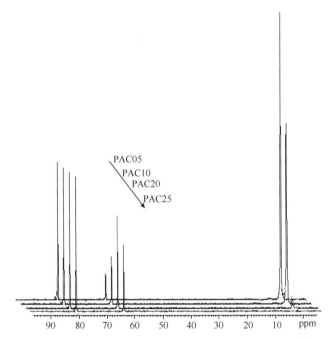

图 3-3　不同碱化度羟基铝（PAC05、PAC10、PAC20、PAC25）的 ^{27}Al NMR 谱图

在不同碱化度条件下，溶液中均含有一定 Al_1^+ 形态。此外，Al_1、Al_2、Al_3 和 Al_4 这些低聚形态在碱化度低于 1.0 的样品中为主要形态，随着碱化度升高，这些形态逐渐消失。高碱化度时，溶液中的主要铝形态为 Al_{13}^{3+} 和 Al_{13}^{2+}。相对而言，+1 和+3 电荷铝团簇种类较多，高聚体铝（如 Al_{13}）则主要以高电荷铝形态存在。高碱化度溶液中的铝形态在更低的碱化度样品图谱中均可找到，这说明提高碱化度导致原有羟基铝形态种类减少，或转化为部分特定的铝形态，从而使铝形态的分

布更加集中，这一点可以从图 3-2 谱峰的高斯分布中清楚地看出。同时，这个现象说明，高聚铝是由少部分的低聚态聚合形成的。在羟基聚合铝制备过程中，外加碱促使了低聚体的进一步聚合反应，减少了铝团簇种类。这个现象一定程度上也说明，传统的羟基铝形态转化的六元环模式和 Keggin 笼状模式并不是不兼容的，两者可共存。

3.3.3　单体铝形态解析及形成机理分析

低碱化度羟基聚合铝样品（PAC05）以及纯单体铝 $AlCl_3$ 溶液（PAC0）中所含羟基铝形态种类上差别不大。除低聚体铝（如 $Al_1 \sim Al_4$）外，还存在部分高聚体铝（如 Al_{13}^{3+}）。事实上，纯 $AlCl_3$ 溶液（PAC0）的 ^{27}Al NMR 测定结果 [图 3-4（b）]中，仅有代表单体铝的 0ppm 峰，无其他含量较高、聚合度较高的羟基铝存在。而在其电喷雾质谱测定结果 [图 3-4（a）] 中，更多低聚体如 Al_2^+、Al_3^+、Al_4^+、Al_5^+ 被测定出来。同时，如表 3-1 所示，m/z 157±18 处的 Al_2^+ 以及 m/z 217±18 处的 Al_3^+ 取代单体铝成为 PAC0 中的主导形态，此结果与很多文献报道相一致[6, 7, 12]。然而这些低聚体铝的形成途径（羟基来源）应不同于 PAC05。对于低碱化度羟基聚合铝溶液，所测定出的聚合铝团簇主要是在其制备过程中外加强碱引入羟基致使其缩聚而成，这是一个典型的强制水解（forced hydrolysis）过程；而对于纯 $AlCl_3$ 溶液中所测出的低聚体甚至高聚体，很可能是其在喷雾离子化过程中，由于溶液中氯离子与氢离子结合形成 HCl 挥发，产生的羟基促发单体铝的聚合反应。当然，单体铝与羟基的络合也在一定程度上进一步促使了 HCl 的挥发，此过程则是一个典型的自发水解（spotaneous hydrolysis）过程。

事实上，类似的反应也应存在于单体铝盐絮凝剂的絮凝行为中，单体铝絮凝剂（如硫酸铝）溶液 pH 通常为 4～5，而所要处理的水的 pH 通常为 6～9，为此，当单体铝絮凝剂投入水体后，不仅原始的单体铝发挥絮凝性能，所新生成的低聚合度聚合铝也将发挥其絮凝行为，而行为强度主要取决于其含量及聚合度。

除上述几种主导形态外，其他聚合度羟基铝形态也在电喷雾质谱中测定出来（表 3-1）。类似的形态分布特征也在 Sarpolar 等[6]及赵赫等[7]的研究报告中提出，然而 Urabe 等[12]在其研究报告中并没有这些形态。其主要原因可能是不同研究之间所采用的质谱分析器或实验条件存在差异。根据我们的实验结果，提高雾化气流流速也可导致这些形态难以测出。尽管不同研究在铝形态上存在显著差异，但是这些有差异的形态强度通常较低。各研究之间的主导形态依然是 Al_2^+、Al_3^+、Al_4^+、Al_5^+ 几种低聚体。这在一定程度上说明，单体铝在电喷雾离子化过程中存在聚合反应，但由于缺少足够的反应时间以及足够的羟基形成高聚体，因此 PAC0 样品中仅以单体铝和部分低聚体铝为主。

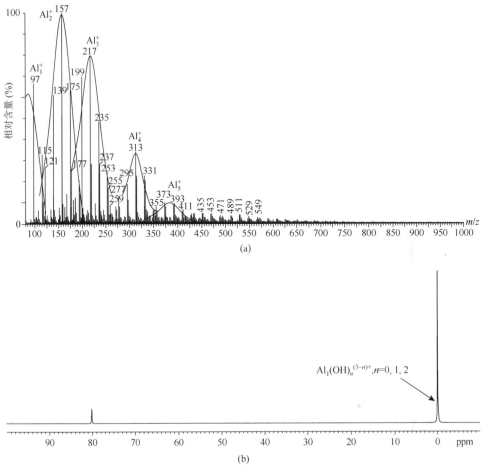

图 3-4　高纯单体铝 $AlCl_3$ 溶液中铝团簇形态的电喷雾质谱（a）
及 ^{27}Al 核磁共振（b）测定结果

　　需要说明的是，$AlCl_3$（PAC0）与 PAC05 中测定出的聚合铝形态应该不是一类。PAC0 测定出的形态是完全自发水解产生的，水解与自发聚合同时作用，但水解为主。PAC05 与更高碱化度溶液中应为同类，即加碱产生强制水解过程，开始生成 Keggin 结构的强制水解产物 Al_{13}，即双水解过程。随碱化度升高，强制水解及 Al_{13} 生成过程逐步增强，逐渐超过自发水解成为主要反应，并因 Al_{13} 的生成占用了自发水解产生的 Al_2、Al_3，致使自发水解难以形成高聚体铝。为此，可以推测 PAC05 与更高碱化度溶液中测定的不同电荷 Al_{13} 应主要为 Keggin 结构，属于强制水解产物，而在 PAC0 中测定的 Al_{13}^{3+} 应为自发水解产物，其结构属于非 Keggin 结构，可能为中空或非中空的平面（六元环）结构。

3.3.4　Al$_{13}$ 形态解析及形成机理分析

如表 3-1 所示，单体铝絮凝剂（PAC0）样品的电喷雾质谱表征结果中有 Al$_{13}^{3+}$ 形态存在，但在其 ^{27}Al NMR 光谱中并没有测定出来，为此，该样品电喷雾质谱所得 Al$_{13}^{3+}$ 不应具有 Keggin 结构。在以往很多研究中，Keggin- Al$_{13}^{7+}$ 的形成通常需要一个前提条件，即局部碱过量，形成 AlO$_4$ 核$^{[2, 21, 22]}$。然而，电喷雾质谱仪不能为 Keggin- Al$_{13}^{7+}$ 的形成提供这么严格的条件。在离子化及雾化过程中，水分子不可能较为容易地分解，也就不能提供足够的羟基配体形成类似 Al$_{13}$ 的高聚体。此外，已经形成的低聚体团簇结构中空余羟基位也不能为 Al$_{13}^{3+}$ 的形成创造条件。因此，整体上电喷雾质谱测定过程中，应该不存在 Keggin- Al$_{13}^{7+}$ 的生成条件。为此，可推测所测得的 Al$_{13}^{3+}$ 可能主要是八面体结构形态铝。

然而，在其他聚合铝样品的电喷雾质谱测定结果中，Al$_{13}^{3+}$ 也是主导形态之一，其强度随着样品碱化度的增加逐渐增大。^{27}Al NMR 光谱测定结果表明，这些聚合铝样品中自身就存在 Keggin- Al$_{13}^{7+}$ 形态，其含量变化规律（图 3-4）与电喷雾质谱测定结果（表 3-1）完全一致。为此，这些 Al$_{13}^{3+}$ 应该直接从 Keggin- Al$_{13}^{7+}$ 转化而来。由于单体铝样品中，所测得的八面体结构 Al$_{13}^{3+}$ 含量较低，如果将其形成主要归因于在电喷雾质谱仪中单体铝的聚合，那么聚合铝样品电喷雾质谱测定中，其较低含量的单体铝及低聚体铝形成这种八面体结构 Al$_{13}^{3+}$ 含量会更低或者几乎不形成。从这个角度而言，聚合铝样品中含量较高的 Al$_{13}^{3+}$ 应主要来源于原始溶液中的 Keggin- Al$_{13}^{7+}$ 形态。为此，在聚合铝尤其是低碱化度溶液中，两种结构 Al$_{13}^{3+}$（Keggin 结构及平面结构）可能共存，但是 Keggin 结构应该占据主导地位。

表 3-1 中，除了 Al$_{13}^{3+}$ 形态，Al$_{13}^{+}$ 和 Al$_{13}^{2+}$ 也在聚合铝样品中测定出来。Al$_{13}^{2+}$ 首次出现是在 PAC05 样品中，其强度随着聚合铝碱化度的增加而变大。Al$_{16}^{+}$（后面章节也被认定为 Al$_{13}$）、Al$_{13}^{+}$ 形态具有较低强度且仅在高纯 Al$_{13}$ 样品（PAl13）中测定出来。很可能，Al$_{13}^{+}$ 的形成受样品中 Keggin- Al$_{13}^{7+}$ 浓度影响比较大，其形成相对困难。其他聚合铝溶液中，Keggin- Al$_{13}^{7+}$ 浓度较小，Al$_{13}^{+}$ 浓度相对较小或者没有测出。因高纯 Al$_{13}$ 样品（PAl13）中，Keggin- Al$_{13}^{7+}$ 含量在 95%左右，其中 5%含量的单体铝在上述研究中证实不能形成 Al$_{13}^{+}$。综合考虑，Al$_{13}^{+}$ 也应是从 Keggin- Al$_{13}^{7+}$ 转化而来，并仍具有 Keggin 结构。与其他两种电荷 Al$_{13}$ 形态相比，Al$_{13}^{+}$ 更难形成。这一点可能是由于与原始溶液中的 Al$_{13}^{7+}$ 相比，Al$_{13}^{+}$ 比其他两种 Al$_{13}$ 形态（Al$_{13}^{3+}$ 和 Al$_{13}^{2+}$）拥有更低的电荷。在表 3-1 中，三种 Al$_{13}$ 形态的测出顺序也存在差异。Al$_{13}^{3+}$ 形态与 Keggin- Al$_{13}^{7+}$ 电荷差别较小，最先在不同碱化度羟基

铝溶液质谱中测定出来，其最初随碱化度增加而增加的强度也高于其他两种形态。然而，Al_{13}^{2+} 也随碱度的增加逐渐取代 Al_{13}^{3+} 演变为主导形态，这可能是由于 Al_{13}^{2+} 是 Al_{13}^{3+} 脱羟基而形成的。

为进一步分析 Al_{13} 在电喷雾质谱测定结果中的形态特征，本书对高纯 Al_{13} 样品进行电喷雾质谱及核磁共振光谱分析（图 3-5）。如图 3-5（a）所示，仅有少数铝形态被测定出来。很明显， Al_{13}^{2+} （m/z 337 ± 9）为主导形态，这也进一步验证上述其形成过程的论述。其他两种 Al_{13} 形态（如 Al_{13}^{+} 在 m/z 709 ± 18、Al_{13}^{3+} 在 m/z 219 ± 6）也具有相对较高的强度。然而，从图 3-5（b）核磁共振测定结果中可以

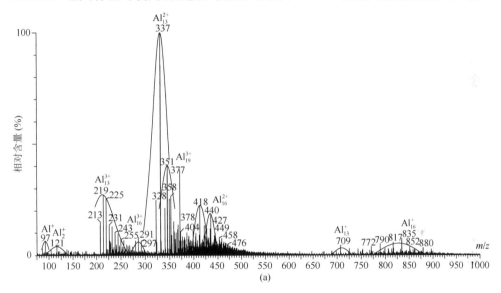

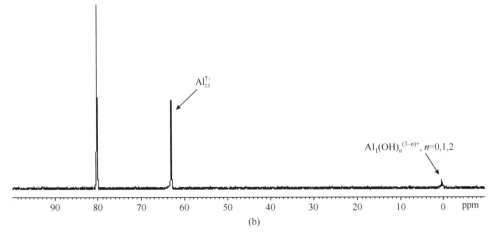

图 3-5　高纯 Al_{13} 溶液中铝团簇形态的电喷雾质谱（a）及 ^{27}Al NMR（b）测定结果

看出，该样品主要存在两种形态，单体铝（0ppm，含量 4.5%）及 Keggin- Al_{13}^{7+}（62.5ppm，含量95.5%）[21,23]。为此，图3-5（a）中的三种 Al_{13} 形态主要由Keggin- Al_{13}^{7+} 转化而来，而 Al_1^+ 和 Al_2^+ 则主要来自于原始溶液中的单体铝。这一结论可进一步验证表 3-1 中各种铝形态的分布及转化特征。

事实上，除上述三种 Al_{13} 形态外，图 3-5（a）中也测出其他的高聚体铝 [Al_{19}^{3+} 在 m/z 351±6，Al_{20}^{3+} 在 m/z 377±6（单峰，存疑），Al_{16}^{n+}（n=1、2、3）在 m/z 835±18、m/z 418±9、m/z 291±6]。以往研究也报道这些形态的存在[6, 8]。有意思的是，强度相对较高的 Al_{16} 形态也具有三种电荷，与其他两种高聚体铝一样，在 m/z 分布上与相应电荷 Al_{13} 形态保持连续。为此，在本书后续的论述中，考虑到质谱解析原则中水分子上限的合理性，将此三类高聚体也归入相应电荷的 Al_{13} 形态，这一做法与高纯 Al_{13} 溶液的原始部分特征更吻合。当然，也不排除这些形态真实存在的可能性，但这一结论还需进一步的论证。如若这些形态存在，其形成过程可能是：少量 Al_{13}^{7+} 已在脱羟基、脱质子后，易于分解成单体、三聚体、四聚体，而这些解体物可能具有活性，与 Al_{13} 结合形成上述质谱中测定的高聚体 [Al_{19}^{3+}、Al_{20}^{3+}、Al_{16}^{n+}（n=1、2、3）]。尽管这些高聚体铝的认定还存在一定的争议，但是可以肯定的是无论是分解后新形成还是本身就是不同电荷的 Al_{13}，这些形态均应来自Keggin- Al_{13}^{7+}。

3.4 羟基铝铝谱解析方法

3.4.1 铝谱解析方法的提出

本书进一步归纳总结了上述及部分文献报道的羟基铝溶液的电喷雾质谱解析结果，并将低聚体铝（聚合度小于等于9）的铝团簇分子式及相应 m/z 列于表 3-2 中，以灰色背景标注。从表中可以看出，溶液中的任何一聚合度羟基铝（最左侧）均在电喷雾质谱中测定为三种带不同电荷的形态。表 3-2 中，铝形态种类十分丰富，包含了大量配位键不饱和的铝形态，且同一聚合度的铝形态内也存在电荷数和配位羟基、氧和水分子的差异[14]。然而，溶液中铝形态无法呈现配位键不饱和的状态，为此上述现象与溶液中铝形态的存在状况不符。溶液中，羟基铝形态处于高度溶剂化状态，不可能出现配位水分子的缺失。质谱中出现的不饱和铝形态实际是质谱转化的结果。通过高斯分布将铝谱中的形态归类后也可看出，质谱中丰富的形态其实源于少数溶液形态的转化。此外，对于同一系列的铝形态，并未出现聚合度的改变，因此电喷雾过程可能对于铝形态的骨架结构影响较小可忽略或者没有影响[24]。

　　有意思的是，无论是认定的铝形态分子式还是其相应的 m/z 值均随着聚合度的增加规律性变化。为描述这一现象，本书根据前述铝谱解析原则，提出一个"基准化合态"（reference chemical species，RCS）的概念，即溶液中原有离子簇化合态经过质子迁移、电荷消减达到的某一基本形态，此化合态可作为进一步计算同系列其他形态铝的起点。基准化合态的设定尽量考虑了其他各种仪器方法历年研究得到的溶液离子簇形态结果。目前认为，此基准化合态的较好形式可能是 $Al_xO_y(OH)_z^{(3x-2y-z)+}$，为更好理解，此基准化合态也可根据分子式电荷不同分别写成 $Al_xO_{(x-1)}(OH)_{(x+1)}^+$、$Al_xO_{(x-1)}(OH)_x^{2+}$ 及 $Al_xO_{(x-1)}(OH)_{(x-1)}^{3+}$ 三种形式，对应的质荷比 m/z 可写成 R（m/z）。表 3-2 将不同电荷羟基铝对应的基准化合态及相应的质荷比用黑体标注。可以很容易地发现，随着聚合度的增加，带有 +1、+2 和 +3 电荷的基准化合态的 R（m/z）也随之增加，并且间距（D 值）分别为 60、30 和 20。

　　为进一步理解上述基准化合态，现对各类电喷雾质谱测定的气态离子簇化合态和相应的质量数系列作一些举例讨论。

　　例如，单电荷离子簇 Al_3^+，其溶液中化合态可能为 $Al_3(OH)_6^{3+}$，其基准化合态可定为 $Al_3O_2(OH)_4^+$，则电荷消减及气态离子簇生成途径可能为

$$H_2O \longrightarrow OH^- + H^+, \quad 2OH^- \longrightarrow O^{2-} + H_2O \uparrow$$

即电荷消减及形态转化是由结合水水解脱质子及双羟桥转氧桥和脱水气化等反应综合完成的。其基准化合态的质荷比 $m/z=181$，m/z 系列即为 $181 \pm 18n$，系列中各项为

163，181，199，217，235，253，271，289

离子簇形态转化，如 $Al_3O_3(OH)_2^+$(163)，$Al_3O_2(OH)_4^+$(181)，$Al_3O_2(OH)_4^+(H_2O)$(199)。基准化合态向左延伸为 $2OH \longrightarrow O$ 转化，向右延伸为结合水递增。此 Al_3^+ 气体离子簇质量数系列与各文献实测结果完全一致。

　　依此原则结合实测结果求得其他不同聚合度的气体离子簇系列，部分举例如下：

Al_x	溶液化合态	基准化合态	质荷比系列式	质荷比
Al_2^+	$Al_2(OH)_4^{2+}$	$Al_2O(OH)_3^+$	$121 \pm 18n$	103，121，139，157，175，193，211
离子簇形态举例：		$Al_2O_2(OH)^+$(103)，	$Al_3O(OH)_3^+$(121)，	$Al_2O(OH)_3^+(H_2O)$(139)
Al_6^+	$Al_6(OH)_{12}^{6+}$	$Al_6O_5(OH)_7^+$	$361 \pm 18n$	307，325，343，361，379，397，415，433
离子簇形态举例：		$Al_6O_6(OH)_5^+$(343)，	$Al_6O_5(OH)_7^+$(361)，	$Al_6O_5(OH)_7^+(H_2O)$(379)
Al_{10}^{2+}	$Al_{10}(OH)_{22}^{8+}$	$Al_{10}O_9(OH)_{10}^{2+}$	$292 \pm 9n$	265，274，283，292，301，310，319，328
离子簇形态举例：		$Al_{10}O_{10}(OH)_8^{2+}$(283)，	$Al_{10}O_9(OH)_{10}^{2+}$(292)，	$Al_{10}O_9(OH)_{10}^{2+}(H_2O)$(301)
Al_{14}^{3+}	$Al_{14}(OH)_{32}^{10+}$	$Al_{14}O_{13}(OH)_{13}^{3+}$	$269 \pm 6n$	251，257，263，269，275，281，287
离子簇形态举例：		$Al_{14}O_{14}(OH)_{11}^{3+}$(263)，	$Al_{14}O_{13}(OH)_{13}^{3+}$(269)，	$Al_{14}O_{13}(OH)_{13}^{3+}(H_2O)$(275)

从表 3-2 中可以看出，所认定铝团簇形态即气态离子簇化合态中水分子数量随着聚合度的增加而降低。此外，在任一系列中（同一聚合度铝团簇形态中），质荷比较高［如 R（m/z）$+n\times\Delta m/z$，（$n=1$，2，3…）］的团簇形态有水分子，而质荷比较低［R（m/z）$-n\times\Delta m/z$，（$n=1$，2，3…）］的团簇形态则没有水分子。在电喷雾质谱测定过程中，脱水反应（dehydration）可能更容易更优先发生，当然各种气态离子簇化合物的形成也离不开脱质子过程（deprotonation process）。脱质子反应导致气态离子簇电荷的差异。在雾化、离子化过程中，原始溶液中铝形态很可能首先经脱水、脱质子反应后，形成各种质荷比的气化离子簇形态，进而逐渐形成基准化合态；当气态离子簇无水分子可剥离后，羟基和氧基同时剥离，形成各种低质荷比比基准化合态还低的气态离子簇。当气态离子簇中无羟基可剥离后，即可达到了该系列气态离子簇的质荷比 m/z 的下限。同样，对任一系列气态离子簇中的水分子数量上限可由更高聚合度气态离子簇的下限确定，再经气态离子簇的配位数量（本研究提出的铝谱解析中水分子数确定原则）优化核定。由此，对任一气态离子簇系列而言，其质荷比上限和下限均可确定。这一处理方法可解决以往研究中出现的同一峰可认定为不同形态铝的矛盾。

上述基准化合态主要是基于低聚体铝的测定结果特征提出的，属理论计算模式。当然基准化合态还存在不同但是类似的提法。由上可知，如果把气态离子质谱系列中强度最高的某化合态作为基准化合态（此值在不同实验条件下可能略有变化），则系列中右侧各递减强度的谱线可认为直接脱水雾化的产物，而系列中左侧的递减强度的谱线可认为主要是由羟基转化氧基（也有继续脱水现象存在）而衍生脱水的产物，进而构成质量数 $\Delta m=18$ 呈高斯分布的系列。此基准化合态可能是溶液化合态在雾化中变化较少因而产率强度较高的化合态，因而也是虚拟的最接近溶液原有羟基铝聚合物的化合态。另一种基准化合态的选定方法可以采用"干式化合态"（dry conpounds），即气化过程中达到完全脱除水分子的化合态，它更符合上述铝谱解析原则，而且是溶液中全羟基化合态的形式，但排列规律似乎不够理想。这个基准化合态的方法似乎有实用价值，但不是很完善有待进一步改进。整体上，无论基准化合态如何提出，是以谱图上强度最大的峰的对应形态或以干式化合态作为基准化合态，还是上述提出的理论推导所得基准化合态，均可针对任一溶液中的原始铝团簇形态，直接确定有相同聚合度（即同一系列）的其他气态铝团簇的的分子式和相应的质荷比，由此可计算获得任一原始溶液形态的电喷雾质谱测定结果。换言之，溶液中任一团簇形态在电喷雾质谱中有固定的峰及质荷比。其中基准化合态起到溶液中铝团簇形态在气态离子簇中的身份证（identification card）的角色。也就是，溶液中的铝团簇形态与电喷雾质谱所测定的气态离子簇具有较好的响应性及相关关系。

表 3-2　不同碱化度羟基聚合铝样品中铝团簇形态的原始溶液形态及电喷雾质谱图认定形态、理论推算形态

溶液形态	m/z 系列式	m/z 值	图谱认定形态及理论推算形态
Al_1	$61\pm18n$	61, 79, 97, 115, 133, 151, 169	$Al(OH)_2^+$, $Al(OH)_2^+\cdot nH_2O$（$n=1\sim6$）
Al_2	$121\pm18n$	103, 121, 139, 157, 175, 193, 211, 229, 247	$Al_2O_2(OH)^+$, $Al_2O(OH)_3^+$, $Al_2(OH)_5^+$, $Al_2(OH)_5^+\cdot nH_2O$（$n=1\sim6$）
Al_3	$181\pm18n$	163, 181, 199, 217, 235, 253, 271, 289	$Al_3O_3(OH)_2^+$, $Al_3O_2(OH)_4^+$, $Al_3O(OH)_6^+$, $Al_3(OH)_8^+$, $Al_3(OH)_8^+\cdot nH_2O$（$n=1\sim4$）
Al_4	$241\pm18n$	205, 223, 241, 259, 277, 295, 313, 331, 349	$Al_4O_5(OH)^+$, $Al_4O_4(OH)_3^+$, $Al_4O_3(OH)_5^+$, $Al_4O_2(OH)_7^+$, $Al_4O(OH)_9^+$, $Al_4(OH)_{11}^+$, $Al_4(OH)_{11}^+\cdot nH_2O$（$n=1\sim3$）
Al_5	$301\pm18n$	265, 283, 301, 319, 337, 355, 373, 391	$Al_5O_6(OH)_2^+$, $Al_5O_5(OH)_4^+$, $Al_5O_4(OH)_6^+$, $Al_5O_3(OH)_8^+$, $Al_5O_2(OH)_{10}^+$, $Al_5O(OH)_{12}^+$, $Al_5(OH)_{14}^+$, $Al_5(OH)_{14}^+\cdot nH_2O$（$n=1$）
Al_6	$361\pm18n$	307, 325, 343, 361, 379, 397, 415, 433, 451	$Al_6O_8(OH)^+$, $Al_6O_7(OH)_3^+$, $Al_6O_6(OH)_5^+$, $Al_6O_5(OH)_7^+$, $Al_6O_3(OH)_{11}^+$, $Al_6O_2(OH)_{13}^+$, $Al_6(OH)_{15}^+$, $Al_6(OH)_{17}^+$
Al_7	$421\pm18n$	367, 385, 403, 421, 439, 457, 475, 493	$Al_7O_9(OH)_2^+$, $Al_7O_8(OH)_4^+$, $Al_7O_7(OH)_6^+$, $Al_7O_6(OH)_8^+$, $Al_7O_4(OH)_{12}^+$, $Al_7O_3(OH)_{14}^+$, $Al_7O_2(OH)_{16}^+$
Al_8	$481\pm18n$	409, 427, 445, 463, 481, 499, 517, 535, 553	$Al_8O_{11}(OH)^+$, $Al_8O_{10}(OH)_3^+$, $Al_8O_9(OH)_5^+$, $Al_8O_8(OH)_7^+$, $Al_8O_7(OH)_9^+$, $Al_8O_6(OH)_{11}^+$, $Al_8O_5(OH)_{13}^+$, $Al_8O_4(OH)_{15}^+$, $Al_8O_3(OH)_{17}^+$
Al_9	$541\pm18n$	469, 487, 505, 523, 541, 559, 577, 595	$Al_9O_{12}(OH)_2^+$, $Al_9O_{11}(OH)_4^+$, $Al_9O_{10}(OH)_6^+$, $Al_9O_9(OH)_8^+$, $Al_9O_8(OH)_{10}^+$, $Al_9O_7(OH)_{12}^+$, $Al_9O_6(OH)_{14}^+$, $Al_9O_5(OH)_{16}^+$
Al_1	$22\pm9n$	22, 31, 40, 49, 58, 67, 76, 85	$Al(OH)^{2+}$, $Al(OH)^{2+}\cdot nH_2O$（$n=1\sim6$）
Al_2	$52\pm9n$	52, 61, 70, 79, 88, 97, 106, 115	$Al_2O(OH)_2^{2+}$, $Al_2(OH)_4^{2+}$, $Al_2(OH)_4^{2+}\cdot nH_2O$（$n=1\sim6$）
Al_3	$82\pm9n$	73, 82, 91, 100, 109, 118, 127, 136, 145	$Al_3O_3(OH)^{2+}$, $Al_3O_2(OH)_3^{2+}$, $Al_3O(OH)_5^{2+}$, $Al_3(OH)_7^{2+}$, $Al_3(OH)_7^{2+}\cdot nH_2O$（$n=1\sim5$）
Al_4	$112\pm9n$	103, 112, 121, 130, 139, 148, 157, 166	$Al_4O_4(OH)_2^{2+}$, $Al_4O_3(OH)_4^{2+}$, $Al_4O_2(OH)_6^{2+}$, $Al_4O(OH)_8^{2+}$, $Al_4(OH)_{10}^{2+}$, $Al_4(OH)_{10}^{2+}\cdot nH_2O$（$n=1\sim3$）
Al_5	$142\pm9n$	124, 133, 142, 151, 160, 169, 178, 187, 196	$Al_5O_6(OH)^{2+}$, $Al_5O_5(OH)_3^{2+}$, $Al_5O_4(OH)_5^{2+}$, $Al_5O_3(OH)_7^{2+}$, $Al_5O_2(OH)_9^{2+}$, $Al_5O(OH)_{11}^{2+}$, $Al_5(OH)_{13}^{2+}$

续表

溶液形态	m/z 系列式	m/z 值	图谱认定形态及理论推算形态
Al₆	172±9n	154, 163, 172, 181, 190, 199, 208, 217	$Al_6O_7(OH)_2^{2+}$，$Al_6O_6(OH)_4^{2+}$，$Al_6O_5(OH)_6^{2+}$，$Al_6O_4(OH)_8^{2+}$，$Al_6O_3(OH)_{10}^{2+}$，$Al_6O_2(OH)_{12}^{2+}$，$Al_6O(OH)_{14}^{2+}$，$Al_6(OH)_{16}^{2+}$
Al₇	202±9n	175, 184, 193, 202, 211, 220, 229, 238, 247	$Al_7O_9(OH)_3^{2+}$，$Al_7O_8(OH)_5^{2+}$，$Al_7O_7(OH)_7^{2+}$，$Al_7O_6(OH)_9^{2+}$，$Al_7O_5(OH)_{11}^{2+}$，$Al_7O_4(OH)_{11}^{2+}$，$Al_7O_3(OH)_{13}^{2+}$
Al₈	232±9n	205, 214, 223, 232, 241, 250, 259, 268	$Al_8O_{10}(OH)_2^{2+}$，$Al_8O_9(OH)_4^{2+}$，$Al_8O_8(OH)_6^{2+}$，$Al_8O_7(OH)_8^{2+}$，$Al_8O_6(OH)_{10}^{2+}$，$Al_8O_5(OH)_{12}^{2+}$，$Al_8O_4(OH)_{14}^{2+}$，$Al_8O_3(OH)_{16}^{2+}$
Al₉	262±9n	226, 235, 244, 253, 262, 271, 280, 289, 298	$Al_9O_{12}(OH)_2^{2+}$，$Al_9O_{11}(OH)_3^{2+}$，$Al_9O_{10}(OH)_5^{2+}$，$Al_9O_9(OH)_7^{2+}$，$Al_9O_8(OH)_9^{2+}$，$Al_9O_7(OH)_{11}^{2+}$，$Al_9O_6(OH)_{13}^{2+}$，$Al_9O_5(OH)_{15}^{2+}$，$Al_9O_4(OH)_{17}^{2+}$
Al₁	9±6n	9, 15, 21, 27, 33, 39, 45	Al^{3+}，$Al^{3+}\cdot nH_2O$（n=1~6）
Al₂	29±6n	29, 35, 41, 47, 53, 59, 65, 71	$Al_2O(OH)^{3+}$，$Al_2(OH)_3^{3+}$，$Al_2(OH)_3^{3+}\cdot nH_2O$（n=1~6）
Al₃	49±6n	49, 55, 61, 67, 73, 79, 85, 91	$Al_3O_2(OH)^{3+}$，$Al_3O(OH)_4^{3+}$，$Al_3(OH)_6^{3+}$，$Al_3(OH)_6^{3+}\cdot nH_2O$（n=1~5）
Al₄	69±6n	63, 69, 75, 81, 87, 93, 99, 105, 111	$Al_4O_4(OH)^{3+}$，$Al_4O_3(OH)_3^{3+}$，$Al_4O_2(OH)_5^{3+}$，$Al_4O(OH)_7^{3+}$，$Al_4(OH)_9^{3+}$，$Al_4(OH)_9^{3+}\cdot nH_2O$（n=1~4）
Al₅	89±6n	83, 89, 95, 101, 107, 113, 119, 125	$Al_5O_5(OH)^{3+}$，$Al_5O_4(OH)_3^{3+}$，$Al_5O_3(OH)_6^{3+}$，$Al_5O_2(OH)_8^{3+}$，$Al_5O(OH)_{10}^{3+}$，$Al_5(OH)_{12}^{3+}$，$Al_5(OH)_{12}^{3+}\cdot nH_2O$（n=1~2）
Al₆	109±6n	97, 103, 109, 115, 121, 127, 133, 139, 145	$Al_6O_6(OH)^{3+}$，$Al_6O_5(OH)_3^{3+}$，$Al_6O_4(OH)_5^{3+}$，$Al_6O_3(OH)_7^{3+}$，$Al_6O_2(OH)_9^{3+}$，$Al_6O(OH)_{11}^{3+}$，$Al_6O(OH)_{13}^{3+}$，$Al_6(OH)_{15}^{3+}$，$Al_6(OH)_{15}^{3+}\cdot nH_2O$（n=1）
Al₇	129±6n	117, 123, 129, 135, 141, 147, 153, 159	$Al_7O_7(OH)^{3+}$，$Al_7O_6(OH)_4^{3+}$，$Al_7O_5(OH)_6^{3+}$，$Al_7O_4(OH)_8^{3+}$，$Al_7O_3(OH)_{10}^{3+}$，$Al_7O_2(OH)_{12}^{3+}$，$Al_7O(OH)_{14}^{3+}$，$Al_7O(OH)_{16}^{3+}$
Al₈	149±6n	131, 137, 143, 149, 155, 161, 167, 173, 179	$Al_8O_{10}(OH)^{3+}$，$Al_8O_9(OH)_3^{3+}$，$Al_8O_8(OH)_5^{3+}$，$Al_8O_7(OH)_7^{3+}$，$Al_8O_6(OH)_9^{3+}$，$Al_8O_5(OH)_{11}^{3+}$，$Al_8O_4(OH)_{13}^{3+}$，$Al_8O_3(OH)_{15}^{3+}$，$Al_8O_2(OH)_{17}^{3+}$
Al₉	169±6n	151, 157, 163, 169, 175, 181, 187, 193	$Al_9O_{11}(OH)^{3+}$，$Al_9O_{10}(OH)_4^{3+}$，$Al_9O_9(OH)_6^{3+}$，$Al_9O_8(OH)_8^{3+}$，$Al_9O_7(OH)_{10}^{3+}$，$Al_9O_6(OH)_{12}^{3+}$，$Al_9O_5(OH)_{14}^{3+}$，$Al_9O_4(OH)_{16}^{3+}$

注：灰色背景表示电喷雾质谱认定形态。

3.4.2　铝谱解析方法的验证

为进一步解释并验证上述依据低聚体铝解析分子式与质荷比变化规律提出的铝谱解析方法，拟采用低聚铝以及目前形态结构研究较为的完善的 Keggin-Al_{13}^{7+}（K-Al_{13}）为例开展相关验证工作。

1. 以低聚体铝为对象的定性验证

除 Al_{13} 外，其他聚合度的羟基铝团簇在溶液中的原始形态及配位水数目，目前尚有多种提法而无统一认识。不过它们在溶液中均有全八面体结构，而且在电喷雾质谱图中的表现多为较低聚合度（<8）的单电荷离子团簇。因此，本解析方法将它们的干式基本化合态均定为单电荷羟基离子簇，按上述原则所得计算结果，即表 3-2 中的所有形态（含灰色背景及非灰色背景）。

对于溶液中原来拥有更高电荷的羟基铝聚合离子，以三聚体的可能形态为例，其单电荷干式化合态及相应的谱图峰值（m/z）如下所示，也全可归入表 3-2 计算所得系列内。

$$Al_3(OH)_6^{3+} \longrightarrow Al_3O_2(OH)_4^+ \quad m/z=181$$
$$Al_3(OH)_5^{4+} \longrightarrow Al_3O_3(OH)_2^+ \quad m/z=163$$
$$Al_3(OH)_4^{5+} \longrightarrow Al_3O_4^+ \quad\quad m/z=145$$

因此可以认为，羟基铝聚合物溶液中原有的各种离子团簇，不论其有无四面体核心，也不论其多羟基多电荷的形态如何构成，在电喷雾质谱图中均可表现为各自聚合度的峰群系列，而本节所提出的谱图解析原则和机理完全与实测结果相符合。

同时也表明，电喷雾操作过程中，原有羟基铝聚合离子的电荷、配位水和羟基均可发生质子迁移转化，谱图各峰已不能完全直接显示原有离子形态，其主要功能是定性表达出溶液中各类离子的聚合度，而各聚合度离子的定量或半定量强度分布，则可以其他计算方法或配合其他鉴定方法取得。

2. 以 K-Al_{13} 为对象的定性验证

具有 Keggin 结构的 K-Al_{13} [$AlO_4Al_{12}(OH)_{24}(H_2O)_{12}^{7+}$] 是水溶羟基铝聚合物中得到公认的形态，也可以作为典型例子来说明及验证我们提出的谱图解析原则。

对于尚余有三电荷的离子，在消减电荷脱质子及配位水完全气化后的干式基本化合态为

$$Al_{13}O_4(OH)_{24}(H_2O)_{12}^{7+} \longrightarrow Al_{13}O_8(OH)_{20}^{3+}$$

质量（Da）为 1039-4-18×12=819，质荷比为 m/z=819/3=273，其三电荷气态离子簇的 $\Delta m/z$=6，总群系列可以标记为 273±6。

在谱图中实测有两个系列峰群，每群各有强度最大的峰值以黑体标记，按上述原则可以解析为羟基转化 2OH —— O+H_2O 系列（273-6）和脱水 H_2O 气化系列（273+6），其化合态列举如下：

（273-6）			（273+6）
$AlO_4Al_{12}O_5(OH)_{18}^{3+}$	801/3=267	$AlO_4Al_{12}O_4(OH)_{20}^{3+}(H_2O)$	279
$AlO_4Al_{12}O_6(OH)_{16}^{3+}$	261	$AlO_4Al_{12}O_4(OH)_{20}^{3+}(H_2O)_2$	285
$AlO_4Al_{12}O_7(OH)_{14}^{3+}$	255	$AlO_4Al_{12}O_4(OH)_{20}^{3+}(H_2O)_3$	291
$AlO_4Al_{12}O_8(OH)_{12}^{3+}$	249	$AlO_4Al_{12}O_4(OH)_{20}^{3+}(H_2O)_4$	297
$AlO_4Al_{12}O_9(OH)_{10}^{3+}$	243	$AlO_4Al_{12}O_4(OH)_{20}^{3+}(H_2O)_5$	303
$AlO_4Al_{12}O_{10}(OH)_8^{3+}$	237	$AlO_4Al_{12}O_4(OH)_{20}^{3+}(H_2O)_6$	309
$AlO_4Al_{12}O_{11}(OH)_6^{3+}$	231	$AlO_4Al_{12}O_4(OH)_{20}^{3+}(H_2O)_7$	315
$AlO_4Al_{12}O_{12}(OH)_4^{3+}$	225		
$AlO_4Al_{12}O_{13}(OH)_2^{3+}$	219		
$AlO_4Al_{12}O_{14}(OH)_0^{3+}$	213		

若以强度最高峰为标记也可分别为 219±6 和 291±6。

当 $K-Al_{13}$ 尚存电荷为 2 时，其完全脱水的干式化合态可为

$$Al_{13}O_4(OH)_{24}(H_2O)_{12}^{7+} \longrightarrow Al_{13}O_9(OH)_{19}^{2+}$$

质量（Da）为 1039-5-18×12=818，质荷比为 m/z=818/2=409，二电荷气态离子群系列将为 409±9，各峰群的化合态为

（409-9）			（409+9）
$AlO_4Al_{12}O_6(OH)_{17}^{2+}$	800/2=400	$AlO_4Al_{12}O_5(OH)_{19}^{2+}(H_2O)$	836/2=418
$AlO_4Al_{12}O_7(OH)_{15}^{2+}$	391	$AlO_4Al_{12}O_5(OH)_{19}^{2+}(H_2O)_2$	427
$AlO_4Al_{12}O_8(OH)_{13}^{2+}$	382	$AlO_4Al_{12}O_5(OH)_{19}^{2+}(H_2O)_3$	436
$AlO_4Al_{12}O_9(OH)_{11}^{2+}$	373	$AlO_4Al_{12}O_5(OH)_{19}^{2+}(H_2O)_4$	445
$AlO_4Al_{12}O_{10}(OH)_9^{2+}$	364	$AlO_4Al_{12}O_5(OH)_{19}^{2+}(H_2O)_5$	454
$AlO_4Al_{12}O_{11}(OH)_7^{2+}$	355	$AlO_4Al_{12}O_5(OH)_{19}^{2+}(H_2O)_6$	463
$AlO_4Al_{12}O_{12}(OH)_5^{2+}$	346	$AlO_4Al_{12}O_5(OH)_{19}^{2+}(H_2O)_7$	472
$AlO_4Al_{12}O_{13}(OH)_3^{2+}$	337		
$AlO_4Al_{12}O_{14}(OH)_1^{2+}$	328		

若以强度最高峰为标记则分别为 337±9 和 418±9。

尚存电荷为 1 时，可以类推其干式化合态为 $Al_{13}O_{10}(OH)_{18}^{+}$，$m(Da)=817$，$m/z=817$，而可标记为 817±6。不再类推。

本书还以 $Al_xO_{(x-1)}(OH)_{(x+1)}^{+}$、$Al_xO_{(x-1)}(OH)_x^{2+}$ 及 $Al_xO_{(x-1)}(OH)_{(x-1)}^{3+}$ 三种形式基准化合态为出发点，推算出来三种电荷 Al_{13} 的分子式及质荷比的分布，明确气态离子簇的质荷比上下边界，结果见表 3-3。可以看出，表 3-3 所列分布与上述采用完全脱水及峰强度最大为基准化合态的推算结果完全重合，均可用于气态铝团簇形态的推算验证工作。

表 3-3　基于 $Al_xO_{(x-1)}(OH)_{(x+1)}^{+}$、$Al_xO_{(x-1)}(OH)_x^{2+}$ 及 $Al_xO_{(x-1)}(OH)_{(x-1)}^{3+}$ 三种形式基准化合态的 Al_{13} 气态离子簇形态的推算结果

Al 形态	m/z	Al 形态	m/z	Al 形态	m/z
$AlO_4Al_{12}O_{14}(OH)_0^{3+}$	213	$AlO_4Al_{12}O_{14}(OH)_1^{2+}$	328	$AlO_4Al_{12}O_{14}(OH)_2^{+}$	673
$AlO_4Al_{12}O_{13}(OH)_2^{3+}$	219	$AlO_4Al_{12}O_{13}(OH)_3^{2+}$	337	$AlO_4Al_{12}O_{13}(OH)_4^{+}$	691
$AlO_4Al_{12}O_{12}(OH)_4^{3+}$	225	$AlO_4Al_{12}O_{12}(OH)_5^{2+}$	346	$AlO_4Al_{12}O_{12}(OH)_6^{+}$	709
$AlO_4Al_{12}O_{11}(OH)_6^{3+}$	231	$AlO_4Al_{12}O_{11}(OH)_7^{2+}$	355	$AlO_4Al_{12}O_{11}(OH)_8^{+}$	727
$AlO_4Al_{12}O_{10}(OH)_8^{3+}$	237	$AlO_4Al_{12}O_{10}(OH)_9^{2+}$	364	$AlO_4Al_{12}O_{10}(OH)_{10}^{+}$	745
$AlO_4Al_{12}O_9(OH)_{10}^{3+}$	243	$AlO_4Al_{12}O_9(OH)_{11}^{2+}$	373	$AlO_4Al_{12}O_9(OH)_{12}^{+}$	763
$AlO_4Al_{12}O_8(OH)_{12}^{3+}$	249	$AlO_4Al_{12}O_8(OH)_{13}^{2+}$	382	$AlO_4Al_{12}O_8(OH)_{14}^{+}$	781
$AlO_4Al_{12}O_7(OH)_{14}^{3+}$	255	$AlO_4Al_{12}O_7(OH)_{15}^{2+}$	391	$AlO_4Al_{12}O_7(OH)_{16}^{+}$	799
$AlO_4Al_{12}O_6(OH)_{16}^{3+}$	261	$AlO_4Al_{12}O_6(OH)_{17}^{3+}$	400	$AlO_4Al_{12}O_6(OH)_{18}^{+}$	817
$AlO_4Al_{12}O_5(OH)_{18}^{3+}$	267	$AlO_4Al_{12}O_5(OH)_{19}^{2+}$	409	$AlO_4Al_{12}O_6(OH)_{18}^{+}(H_2O)$	835
$AlO_4Al_{12}O_4(OH)_{20}^{3+}$	273	$AlO_4Al_{12}O_5(OH)_{19}^{2+}(H_2O)$	418	$AlO_4Al_{12}O_6(OH)_{18}^{+}(H_2O)_2$	853
$AlO_4Al_{12}O_4(OH)_{20}^{3+}(H_2O)$	279	$AlO_4Al_{12}O_5(OH)_{19}^{2+}(H_2O)_2$	427	$AlO_4Al_{12}O_6(OH)_{18}^{+}(H_2O)_3$	871
$AlO_4Al_{12}O_4(OH)_{20}^{3+}(H_2O)_2$	285	$AlO_4Al_{12}O_5(OH)_{19}^{2+}(H_2O)_3$	436	$AlO_4Al_{12}O_6(OH)_{18}^{+}(H_2O)_4$	889
$AlO_4Al_{12}O_4(OH)_{20}^{3+}(H_2O)_3$	291	$AlO_4Al_{12}O_5(OH)_{19}^{2+}(H_2O)_5$	445	$AlO_4Al_{12}O_6(OH)_{18}^{+}(H_2O)_5$	907
$AlO_4Al_{12}O_4(OH)_{20}^{3+}(H_2O)_4$	297	$AlO_4Al_{12}O_5(OH)_{19}^{2+}(H_2O)_4$	454	$AlO_4Al_{12}O_6(OH)_{18}^{+}(H_2O)_6$	925
$AlO_4Al_{12}O_4(OH)_{20}^{3+}(H_2O)_5$	303	$AlO_4Al_{12}O_5(OH)_{19}^{2+}(H_2O)_6$	463	$AlO_4Al_{12}O_6(OH)_{18}^{+}(H_2O)_7$	943
$AlO_4Al_{12}O_4(OH)_{20}^{3+}(H_2O)_6$	309	$AlO_4Al_{12}O_5(OH)_{19}^{2+}(H_2O)_7$	472	$AlO_4Al_{12}O_6(OH)_{18}^{+}(H_2O)_8$	961

为进一步验证推算结果的合理性，本节将上述推算结果与基于谱图解析原则所得高纯 Al_{13} 样品的电喷雾质谱谱图测定结果（图 3-6）进行比对。图 3-6（a）插表

所列为强度相对较高的形态，其所对应质荷比完全与上述推算结果（表3-3）相符，这进一步说明上述由低聚体铝所得铝谱解析方法在 Al_{13} 形态鉴定中的可行性。

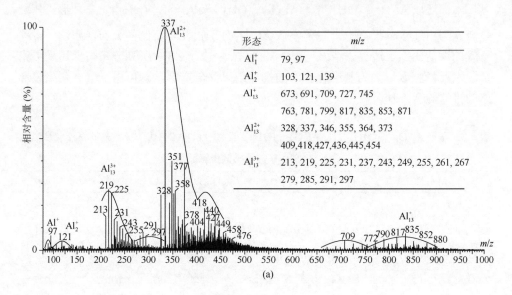

形态	m/z
Al_1^+	79, 97
Al_2^+	103, 121, 139
Al_{13}^+	673, 691, 709, 727, 745
	763, 781, 799, 817, 835, 853, 871
Al_{13}^{2+}	328, 337, 346, 355, 364, 373
	409, 418, 427, 436, 445, 454
Al_{13}^{3+}	213, 219, 225, 231, 237, 243, 249, 255, 261, 267
	279, 285, 291, 297

(a)

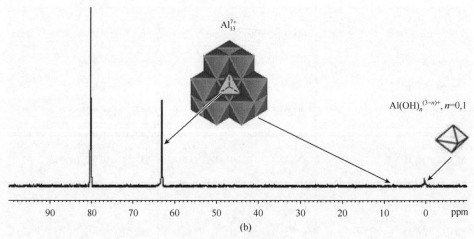

(b)

图 3-6　高纯 Al_{13} 溶液中铝团簇形态的电喷雾质谱（a）及 ^{27}Al NMR（b）测定结果

当然，图 3-6 与图 3-5 中的铝形态并不完全一致，图 3-6 中将更高聚合度的羟基铝（如 Al_{16} 等）形态鉴定为不同电荷的 Al_{13}。

羟基聚十三铝的形态除有中心四面体的 K-Al_{13} 外，目前尚有提出 M-Al_{13} ［$Al_{13}(OH)_{24}(H_2O)_{24}^{5+}$］和 C-$Al_{13}$ ［$Al_{13}(OH)_{30}(H_2O)_{18}^{9+}$］两种全八面体形态。按照以上原则可以得到以下计算结果：

对于 M-Al$_{13}$，其三电荷干式化合态为

$$Al_{13}(OH)_{24}(H_2O)_{24}^{15+} \longrightarrow Al_{13}O_{12}(OH)_{12}^{3+}$$

其质量（Da）为 1191−12−18×24=747，质荷比（m/z）为 747/3=249，而峰群化合态可以标记为 249±6。这一 m/z 区段也处于 K-Al$_{13}$ 的相同系列中，但相对居于较低范围。

M-Al$_{13}$ 的二电荷干式化合态为

$$Al_{13}(OH)_{24}(H_2O)_{24}^{15+} \longrightarrow Al_{13}O_{13}(OH)_{11}^{2+}$$

其质量（Da）为 1191−13−18×24=746，质荷比（m/z）为 746/2=373，而峰群化合态可以标记为 373±9。这一 m/z 区段同样也处于 K-Al$_{13}$ 的相同系列中，并且也相对居于较低范围。

对另一种 C-Al$_{13}$，其三电荷干式化合态为

$$Al_{13}(OH)_{30}(H_2O)_{18}^{9+} \longrightarrow Al_{13}O_6(OH)_{24}^{3+}$$

其质量（Da）为 1185−6−18×18=855，质荷比（m/z）为 855/3=285，而峰群化合态可以标记为 285±6。这一 m/z 区段同样也处于 K-Al$_{13}$ 的相同系列中，但是却相对居于较高范围。

C-Al$_{13}$ 的二电荷干式化合态为

$$Al_{13}(OH)_{30}(H_2O)_{18}^{9+} \longrightarrow Al_{13}O_7(OH)_{23}^{2+}$$

其质量（Da）为 1185−7−18×18=854，质荷比（m/z）为 854/2=427，而峰群化合态可以标记为 427±9。这一 m/z 区段同样也处于 K-Al$_{13}$ 的相同系列中，而且也相对居于较高范围。

在后续章节中，本书还将系统论述所制备的全八面体 Al$_{13}$ 晶体电喷雾质谱表征结果。不过，从上述论述可以看出，上述两种形态的计算结果与 K-Al$_{13}$ 具有较高的一致性。然而，M-Al$_{13}$ 的三电荷化合态峰群 249±6 及二电荷化合态峰群 373±9 都处于其总峰群的较低范围，而 C-Al$_{13}$ 的两化合态峰群 285±6 和 427±9 都处于总峰群的较高范围。这说明以上提出的基于干式基本化合态的计算原则对于全八面体羟基铝聚合物的电喷雾质谱识别也是适用的。

不过，目前制备得到的晶体样品中，以结晶分析或化学计算认定的全八面体羟基铝聚合物有 M-Al$_{13}$ 和 C-Al$_{13}$，其溶液形态虽分别推断为 Al$_{13}$(OH)$_{24}$(H$_2$O)$_{24}^{15+}$ 和 Al$_{13}$(OH)$_{30}$(H$_2$O)$_{18}^{9+}$，但它们在 ^{27}Al NMR 谱图中尚难以确认，因此在溶液中可否独立稳定存在尚无定论。后续章节所得电喷雾质谱图是全八面体晶体制备样品再次溶解为溶液后测定得到的。据研究，溶解后经 ^{27}Al NMR 鉴定证实有相当部分已转化为 K-Al$_{13}$。因此该谱图应视为羟基聚十三铝各种化合态的混合谱图。不同形态的团簇可能分布在不同的区段，有所区别又相互叠加，是否可能加以分别识别再配合其他鉴定方法而达到独立鉴定则是进一步探讨的方向。

　　整体上，以本书提出的解析原则和强度分布计算所得的规律性结果，与各文献以不同谱图解析方法得到的水解转化规律是相互一致的。

　　3. 以 K-Al$_{13}$ 为对象的定量验证

　　在 3.5 节中将详细论述电喷雾质谱中铝形态定量计算方法。经研究证明，该方法与核磁共振及 Ferron 法所得结果具有很高的一致性。在此，以高纯 Al$_{13}$ 为例，仅以该方法计算结果论述上述铝谱理论解析方法的可信性。图 3-7 给出高纯 Al$_{13}$ 样品的电喷雾质谱及核磁共振两种方法的定量计算结果。从图中可以看出，电喷雾质谱所得三种 Al$_{13}$ 形态（Al$_{13}^+$、Al$_{13}^{2+}$、Al$_{13}^{3+}$）和低聚体（Al$^+$、Al$_2^+$）含量与核磁共振光谱（^{27}Al NMR）所测 Al$_{13}^{7+}$ 含量、单体铝 Al$_m$ 含量有很好的对应性。每一种形态的定量计算结果也在图中标示出来。由于核磁共振光谱在羟基铝团簇形态及含量鉴定中的相对权威性，可在一定程度上说明本书所提铝谱解析方法的可行性。

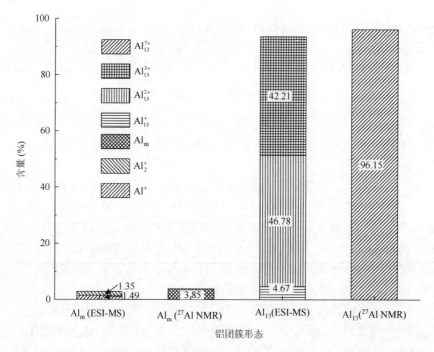

图 3-7　高纯 Al$_{13}$ 样品中铝团簇形态的电喷雾质谱及核磁共振定量结果对比图

3.4.3　羟基铝团簇形态的解析

　　基于上述研究，作者所在研究组提出 Al（III）气态离子簇形态、质荷比系列检索总表。尽管尚不完善，仍有较大的改进之处，但考虑到其目前仍具有较高的参考价值，故在此列出，如表 3-4 所示。

表 3-4 离子簇形态、质荷比系列检索表

缩写	溶液形态	基准化合态	m/z 系列式	m/z 分布
Al_1^+	$Al(OH)_2^+$	$Al(OH)_2^+$	$61\pm18n$	61, 79, 97, 115, 133, 151, 169
Al_2^+	$Al_2(OH)_4^{2+}$	$Al_2O(OH)_3^+$	$121\pm18n$	103, 121, 139, 157, 175, 193, 211, 229
Al_3^+	$Al_3(OH)_6^{3+}$	$Al_3O_2(OH)_4^+$	$181\pm18n$	163, 181, 199, 217, 235, 253, 271, 289
Al_4^+	$Al_4(OH)_8^{4+}$	$Al_4O_3(OH)_5^+$	$241\pm18n$	205, 223, 241, 259, 277, 295, 313, 331
Al_5^+	$Al_5(OH)_{10}^{5+}$	$Al_5O_4(OH)_6^+$	$301\pm18n$	265, 283, 301, 319, 337, 355, 373, 391
Al_6^+	$Al_6(OH)_{12}^{6+}$	$Al_6O_5(OH)_7^+$	$361\pm18n$	307, 325, 343, 361, 379, 397, 415, 433,
Al_7^+	$Al_7(OH)_{14}^{7+}$	$Al_7O_6(OH)_8^+$	$421\pm18n$	367, 385, 403, 421, 439, 457, 475, 493,
Al_8^+	$Al_8(OH)_{16}^{8+}$	$Al_8O_7(OH)_9^+$	$481\pm18n$	409, 427, 445, 463, 481, 499, 517, 535
Al_9^+	$Al_9(OH)_{18}^{9+}$	$Al_9O_8(OH)_{10}^+$	$541\pm18n$	469, 487, 505, 523, 541, 559, 577, 595
Al_{10}^+	$Al_{10}(OH)_{20}^{10+}$	$Al_{10}O_9(OH)_{11}^+$	$601\pm18n$	511, 529, 547, 565, 583, 601, 619, 637
Al_{11}^+	$Al_{11}(OH)_{24}^{9+}$	$Al_{11}O_{10}(OH)_{12}^+$	$661\pm18n$	571, 589, 607, 625, 643, 661, 679, 697
Al_{12}^+	$Al_{12}(OH)_{28}^{8+}$	$Al_{12}O_{11}(OH)_{13}^+$	$721\pm18n$	613, 631, 649, 667, 685, 703, 721, 739
	$Al_{13}O_4(OH)_{24}^{7+}$	$Al_{13}O_{16}(OH)_6^+$	$709\pm18n$	655, 673, 691, 709, 727
Al_{13}^+	$Al_{13}(OH)_{32}^{4+}$	$Al_{13}O_{12}(OH)_{14}^+$	$781\pm18n$	727, 745, 763, 781, 799
	$Al_{13}O_4(OH)_{24}^{7+}$	$Al_{13}O_8(OH)_{22}^+$	$853\pm18n$	799, 817, 835, 853, 871
Al_{14}^+	$Al_{14}(OH)_{36}^{6+}$	$Al_{14}O_{13}(OH)_{15}^+$	$841\pm18n$	733, 751, 769, 787, 805, 823, 841, 859
Al_{15}^+	$Al_{15}(OH)_{40}^{5+}$	$Al_{15}O_{14}(OH)_{16}^+$	$901\pm18n$	775, 793, 811, 829, 847, 865, 883, 901
Al_{16}^+	$Al_{16}(OH)_{44}^{4+}$	$Al_{16}O_{15}(OH)_{17}^+$	$961\pm18n$	835, 853, 871, 889, 907, 925, 943, 961
Al_{17}^+	$Al_{17}(OH)_{48}^{3+}$	$Al_{17}O_{16}(OH)_{18}^+$	$1021\pm18n$	859, 877, 895, 913, 931, 949, 967, 985
Al_{18}^+	$Al_{18}(OH)_{52}^{2+}$	$Al_{18}O_{17}(OH)_{19}^+$	$1081\pm18n$	919, 937, 955, 973, 991 1009, 1027
Al_1^{2+}	$Al(OH)^{2+}$	$Al(OH)^{2+}$	$22\pm9n$	22, 31. 40, 49, 58, 67, 76
Al_2^{2+}	$Al_2(OH)_4^{2+}$	$Al_2O(OH)_2^{2+}$	$52\pm9n$	52, 61, 70, 79, 88, 97, 106
Al_3^{2+}	$Al_3(OH)_6^{3+}$	$Al_3O_2(OH)_3^{2+}$	$82\pm9n$	82, 91, 100, 109, 118, 127, 136
Al_4^{2+}	$Al_4(OH)_8^{4+}$	$Al_4O_3(OH)_4^{2+}$	$112\pm9n$	103, 112, 121, 130, 139, 148, 157
Al_5^{2+}	$Al_5(OH)_{10}^{5+}$	$Al_5O_4(OH)_5^{2+}$	$142\pm9n$	133, 142, 151, 160, 169, 178, 187
Al_6^{2+}	$Al_6(OH)_{12}^{6+}$	$Al_6O_5(OH)_6^{2+}$	$172\pm9n$	163, 172, 181, 190, 199, 208, 217
Al_7^{2+}	$Al_7(OH)_{14}^{7+}$	$Al_7O_6(OH)_7^{2+}$	$202\pm9n$	184, 193, 202, 211, 220, 229, 238
Al_8^{2+}	$Al_8(OH)_{16}^{8+}$	$Al_8O_7(OH)_8^{2+}$	$232\pm9n$	214, 223, 232, 241, 250, 259, 268

续表

缩写	溶液形态	基准化合态	m/z 系列式	m/z 分布
Al_9^{2+}	$Al_9(OH)_{18}^{9+}$	$Al_9O_8(OH)_9^{2+}$	$262\pm9n$	244, 253, 262, 271, 280, 289, 298
Al_{10}^{2+}	$Al_{10}(OH)_{20}^{10+}$	$Al_{10}O_9(OH)_{10}^{2+}$	$292\pm9n$	265, 274, 283, 292, 301 310, 319
Al_{11}^{2+}	$Al_{11}(OH)_{24}^{9+}$	$Al_{11}O_{10}(OH)_{11}^{2+}$	$322\pm9n$	295, 304, 313, 322, 331, 340, 349
Al_{12}^{2+}	$Al_{12}(OH)_{28}^{8+}$	$Al_{12}O_{11}(OH)_{12}^{2+}$	$352\pm9n$	325, 334, 343, 352, 361, 370, 379
	$Al_{13}O_4(OH)_{24}^{7+}$	$Al_{13}O_{16}(OH)_5^{2+}$	$346\pm9n$	328, 337, 346, 355, 364
Al_{13}^{2+}	$Al_{13}(OH)_{32}^{7+}$	$Al_{13}O_{12}(OH)_{13}^{2+}$	$382\pm9n$	364, 373, 382 391, 400
	$Al_{13}O_4(OH)_{24}^{7+}$	$Al_{13}O_8(OH)_{21}^{2+}$	$418\pm9n$	400, 409, 418, 427, 436
Al_{14}^{2+}	$Al_{14}(OH)_{36}^{6+}$	$Al_{14}O_{13}(OH)_{14}^{2+}$	$412\pm9n$	376, 385, 394, 403, 412, 421, 430
Al_{15}^{2+}	$Al_{15}(OH)_{40}^{5+}$	$Al_{15}O_{14}(OH)_{15}^{2+}$	$442\pm9n$	406, 415, 424, 433, 442, 451, 460
Al_{16}^{2+}	$Al_{16}(OH)_{44}^{4+}$	$Al_{16}O_{15}(OH)_{16}^{2+}$	$472\pm9n$	418, 427, 436, 445, 454, 463, 472
Al_{17}^{2+}	$Al_{17}(OH)_{48}^{3+}$	$Al_{17}O_{16}(OH)_{17}^{2+}$	$502\pm9n$	448, 457, 466, 475, 484, 493, 502
Al_{18}^{2+}	$Al_{18}(OH)_{52}^{2+}$	$Al_{18}O_{17}(OH)_{18}^{2+}$	$532\pm9n$	478, 487, 496, 505, 514, 523, 532
Al_1^{3+}	$Al(OH)^{2+}$	Al^{3+}	$9\pm6n$	9, 15, 21, 27, 33, 39, 45, 51
Al_2^{3+}	$Al_2(OH)_4^{2+}$	$Al_2O(OH)^{3+}$	$29\pm6n$	29, 35, 41, 47, 53, 59, 65, 71
Al_3^{3+}	$Al_3(OH)_6^{3+}$	$Al_3O_2(OH)_2^{3+}$	$49\pm6n$	49, 55, 61, 67, 73, 79, 85, 91
Al_4^{3+}	$Al_4(OH)_8^{4+}$	$Al_4O_3(OH)_3^{3+}$	$69\pm6n$	69, 75, 81, 87, 93, 99, 105, 111
Al_5^{3+}	$Al_5(OH)_{10}^{5+}$	$Al_5O_4(OH)_4^{3+}$	$89\pm6n$	83, 89, 95, 101, 107, 113, 119
Al_6^{3+}	$Al_6(OH)_{12}^{6+}$	$Al_6O_5(OH)_5^{3+}$	$109\pm6n$	97, 103, 109, 115, 121, 127, 133
Al_7^{3+}	$Al_7(OH)_{14}^{7+}$	$Al_7O_6(OH)_6^{3+}$	$129\pm6n$	117, 123, 129, 135, 141, 147, 153
Al_8^{3+}	$Al_8(OH)_{16}^{8+}$	$Al_8O_7(OH)_7^{3+}$	$149\pm6n$	137, 143, 149, 155, 161, 167, 173,
Al_9^{3+}	$Al_9(OH)_{18}^{9+}$	$Al_9O_8(OH)_8^{3+}$	$169\pm6n$	157, 163, 169, 175, 181, 187, 193
Al_{10}^{3+}	$Al_{10}(OH)_{20}^{10+}$	$Al_{10}O_9(OH)_9^{3+}$	$189\pm6n$	171, 177, 183, 189, 195, 201, 207
Al_{11}^{3+}	$Al_{11}(OH)_{24}^{9+}$	$Al_{11}O_{10}(OH)_{10}^{3+}$	$209\pm6n$	191, 197, 203, 209, 215, 221, 227
Al_{12}^{3+}	$Al_{12}(OH)_{28}^{8+}$	$Al_{12}O_{11}(OH)_{11}^{3+}$	$229\pm6n$	211, 217, 223, 229, 235, 241, 247
	$Al_{13}O_4(OH)_{24}^{7+}$	$Al_{13}O_{16}(OH)_4^{3+}$	$225\pm6n$	213, 219, 225, 231
Al_{13}^{3+}	$Al_{13}(OH)_{32}^{7+}$	$Al_{13}O_{12}(OH)_{12}^{3+}$	$249\pm6n$	231, 237, 243, 249, 255, 261, 267
	$Al_{13}O_4(OH)_{24}^{7+}$	$Al_{13}O_8(OH)_{20}^{3+}$	$273\pm6n$	267, 273, 279, 285, 291, 297
Al_{14}^{3+}	$Al_{14}(OH)_{36}^{6+}$	$Al_{14}O_{13}(OH)_{13}^{3+}$	$269\pm6n$	251, 257, 263, 269, 275, 281, 287
Al_{15}^{3+}	$Al_{15}(OH)_{40}^{5+}$	$Al_{15}O_{14}(OH)_{14}^{3+}$	$289\pm6n$	271, 277, 283, 289, 295, 301, 307
Al_{16}^{3+}	$Al_{16}(OH)_{44}^{4+}$	$Al_{16}O_{15}(OH)_{15}^{3+}$	$309\pm9n$	279, 285, 291, 297, 303, 309, 315
Al_{17}^{3+}	$Al_{17}(OH)_{48}^{3+}$	$Al_{17}O_{16}(OH)_{16}^{3+}$	$329\pm9n$	299, 305, 311, 317, 323, 329, 335

续表

缩写	溶液形态	基准化合态	m/z 系列式	m/z 分布
Al_{18}^{3+}	$Al_{18}(OH)_{52}^{2+}$	$Al_{18}O_{17}(OH)_{17}^{3+}$	$349\pm9n$	313, 319, 325, 331, 337, 343, 349
Al_{19}^{3+}	$Al_{19}(OH)_{56}^{+}$	$Al_{19}O_{18}(OH)_{18}^{3+}$	$369\pm9n$	333, 339, 345, 351, 357, 363, 369
Al_{20}^{3+}	$Al_{20}(OH)_{60}^{0}$	$Al_{20}O_{19}(OH)_{19}^{3+}$	$389\pm9n$	353, 359, 365, 371, 377, 383, 389

这里需要说明的是，上述检索结果除遵循铝谱解析原则外，还考虑铝的水化学特征、质谱图中的高斯分布及铝团簇聚合度随 m/z 值增加逐渐增大的变化规律。其中，依据铝谱解析形态的水分子上限原则，特殊形态 K-Al_{13} 的配位水分子数上限应为 12，高于上述检索表中的 7，因此上述检索表中所有的 Al_{16} 系列以及部分 Al_{19} 实际应归于 K-Al_{13} 系列。因此，上述检索表并不与 Al_{13} 铝谱解析结果矛盾。

此检索总表具有很强的规律性，而且与现有测定图谱数据极其符合，有可能修订发展为一种规范表，可以提出以下特点：

（1）三种电荷的溶液化合态是相同的，代表溶液中原有可能的离子簇形态，它们随聚合度排列有序，呈全羟基结合。各 Al 原子以双羟基架桥结合，外配位点分布其余 OH 和 H_2O（从略）基团，符合结构组成形态。离子簇电荷随聚合度呈波形正态分布，最高电荷在 10 左右即降低，到高聚合度成为中性而趋于沉淀。这些形态虽然是虚拟的，但与溶液中未经碱化而随 pH 升高的自发水解反应过程所生成的形态有类似规律。

（2）三种电荷的基准化合态是经 ESI-MS 电荷消减、脱质子、氧桥化而初步形成的离子簇形态，可以作为质量数系列计算的起点，同系列各离子簇质量数的三种电荷分别按 $\pm18n$、$\pm9n$、$\pm6n$ 间隔分布。基准化合态质量数随聚合度升高则是分别按 60、30、20 的间隔分布，十分有序。

（3）气态离子簇质量数系列是按高斯分布方式排列的。随聚合度升高各系列相应质量数的差值也是按 60、30、20 增大，同样十分有序。同一系列中各离子簇是分别由脱质子氧桥化（m/z 降低）和气化后剩余结合水数目递增（m/z 升高）而形成系列。基准化合态在系列中的位置随聚合度升高而移向右方，说明高聚合度离子簇更多由脱质子氧桥化或脱羟基生成。ESI-MS 气态离子化过程与溶液中加碱聚合即强制水解脱质子羟基化的过程十分相似。

（4）Al_{13} 在 ESI-MS 图谱中的 m/z 系列范围较宽且分组，这可能是由于已生成的 Al 四面体 Keggin 结构比较稳固，而且有相互聚集的倾向。在表中以三种基准化合态处理，结果符合图谱所得质荷比系列分布状况。Al_{30} 是加热条件下由 Al_{13} 转化而成的，似乎也应作专门的研究处理。

整体上，ESI-MS 为研究 Al（III）的溶液形态分布提供了一种新的方法和新的契机，其在铝团簇形态分析研究中的最大进展在于为离子簇聚合度的连续分布作了进一步证明。本书提出的质荷比系列检索计算表对谱图识别规范化有所增进，但仍不能完全避免质量数的同位多离子簇形态的现象。图谱认定时要首先着眼于高斯分布系列，单个质量数的离子簇认定要谨慎考虑。

3.5　羟基聚合铝形态的质谱定量分析

在羟基铝团簇形态的定量分析技术中，^{27}Al NMR 和 Al-Ferron 络合动力学拟合计算两种方法均可提供定量的铝形态分布信息，而 ESI-MS 技术仅能得到各种谱峰的相对强度信息。为此，本书尝试建立 ESI-MS 定量计算方法，并使其定量计算结果与传统方法所得结果具有较好的可比性。

3.5.1　定量计算方法的提出

本节拟采用一系列碱化度逐渐增加的羟基聚合铝样品（PAC05、PAC10、PAC15、PAC20、PAC25）为研究对象，开展定量方法建立及验证工作。

ESI-TOF-MS 应用于铝形态的分析尽管已有不少文献报道和研究，但是整体上说还处于初步摸索阶段，分析方法还不太完善。文献中，有研究者主要采用该方法对不同条件下氯化铝溶液中的铝形态进行了分析，对聚合铝的研究还相对较少，而采用该方法对铝形态进行定量分析则少之又少。Rämö 等[16]分析了个别强度较大的峰信号强度，简单探讨了个别铝形态相对含量特征，并没有涉及这些铝形态在整个溶液中的含量。赵赫等[7, 8]以谱图中不同铝形态峰强度，初步探讨了不同形态铝之间的相对含量差异。

在本书中，拟基于铝团簇各峰的强度，提出一种 ESI-MS 的半定量分析方法，并以传统的 Ferron 法及核磁共振方法计算结果为参照进行验证。半定量分析过程拟采用以下几个步骤[25]：

第一步：根据铝谱解析方法系统分析溶液中铝形态；

第二步：明确各铝形态在谱图上的最强信号峰，将最强信号峰强度低于主导铝形态最强信号峰强度 5%，并且各信号峰分布不满足高斯定律的铝形态剔除（认为属于杂质或干扰信号）；

第三步：加和所有剩余的铝形态对应的各个信号峰强度作为该溶液中的总离子强度；

第四步：加和计算出各种铝形态对应信号峰强度作为该铝形态的总离子强度；

第五步：基于离子强度计算各形态铝的相对含量，作为各形态铝在整个溶液中的含量。

目前，该方法只能计算出各种信号较强的铝形态的相对含量；受分析方法的限制，可能有很多信号峰强度整体较弱的羟基铝没有计算在内，这可能对该含量分析方法有一定的影响，但是由于被忽略铝形态整体强度较低，所得各羟基铝的相对含量分布应该变化不大。此外，该方法还处于原始阶段，尽管可在一定程度上给出各形态铝的相对含量，但是计算过程较为烦琐，人工操作还比较多，今后在谱峰自动计算等方面的发展仍待开展。本书前述提出的铝谱理论解析方法，可为谱峰识别及强度自动计算提供必备条件，一旦实现，将极大推动 ESI-MS 在铝谱形态定量解析中的广泛应用。

3.5.2　气化铝团簇形态定量分布特征

从图 3-8 中可以看出，所有铝形态可依据电荷不同分成三组［图（a）、图（b）、图（c）］。每一组均有几个主导羟基铝形态，如 Al_1^+、Al_2^+、Al_3^+、Al_4^+ 为+1 电荷组主导形态；Al_{13}^{2+} 与 Al_{16}^{2+} 为+2 电荷组主导形态；Al_{13}^{3+} 与 Al_{16}^{3+} 为+3 电荷组主导形态。而这上述提及的几种形态构成了这些样品中的主要成分。当然，除这些形态

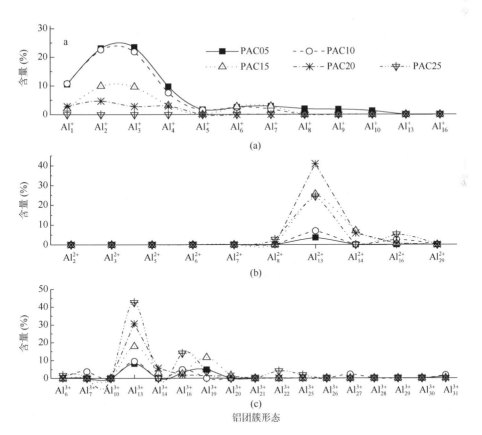

图 3-8　不同碱化度羟基聚合铝溶液（PAC05、PAC10、PAC15、PAC20、PAC25）中各铝团簇形态的 ESI-TOF-MS 定量计算结果

外，还存在其他形态，但这些形态含量较低，甚至可以忽略。从图中可以看出，以峰强度为指标计算所得的各形态铝相对含量特征与谱图 3-2 中峰的高斯分布趋势相一致，这也一定程度上说明上述定量计算方法的可行性。

从图 3-8 也可以看出，碱化度对不同聚合度铝的形态分布影响较大。低聚体铝（如 Al_1^+、Al_2^+、Al_3^+、Al_4^+）主要在低碱化度样品（如 PAC05、PAC10）中测出。中聚体（如 Al_{13}、Al_{16}）存在于所有不同碱化度聚合铝样品中，并且其含量随着碱化度的增加而显著增大［图 3-8（b）与图 3-8（c）］。当然，单体铝及低聚体含量则随着碱化度的增加呈现相反的变化趋势。

此外，该方法测定结果中，主导形态分布特征近似于 ^{27}Al NMR 的测定结果（图 3-9），即主要表现为几种主导形态；但是还存在的其他形态尤其是连续变化的

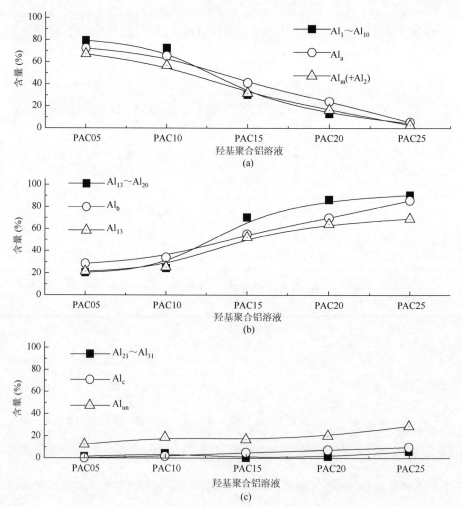

图 3-9　不同碱化度羟基聚合铝的 ^{27}Al NMR、Ferron 法与 ESI-TOF-MS 定量分析结果比较

形态分布，也接近于 Ferron 法的测定结果（图 3-9）。该方法在一定程度上可以弥补了两种传统方法的缺陷和不足。

3.5.3　铝团簇形态计算结果的验证

^{27}Al NMR 光谱和 Ferron 法可将铝形态分为三类（单体、低聚体和高聚体）。对于 ^{27}Al NMR 光谱而言，三类铝团簇形态主要表示为 Al_m、Al_{13} 及 Al_{un}；对于 Ferron 法而言，三类铝团簇形态主要表示为 Al_a、Al_b 及 Al_c。大量研究表明这两种方法的结果在数值上有一定对应性。为了增加 ESI-MS 和这两种方法的可比性，本节将铝形态同样分为三类：$Al_1 \sim Al_{10}$、$Al_{13} \sim Al_{20}$ 和 $Al_{21} \sim Al_{31}$。形态划分主要依据铝团簇形态的聚合度和结构特征。$Al_1 \sim Al_{10}$ 在溶液中具有低聚合度的核链式结构，这些形态可与 Ferron 试剂发生瞬时快速反应，因此可能与溶液中的 Al_a 相对应；$Al_{21} \sim Al_{31}$ 聚合度较高，这些形态解聚与 Ferron 试剂络合较为困难，因此可能与溶液 Al_c 对应；而 $Al_{13} \sim Al_{20}$ 中的部分形态较为稳定，在上述的分析中主要来自于溶液中的 Al_{13}，不容易受 ESI-MS 质谱过程的影响，对应溶液中的 K-Al_{13} 形态。

图 3-9 对比分析了不同碱化度羟基聚合铝的 ESI-MS、Ferron 拟合与 ^{27}Al NMR 定量分析结果。从图 3-9 可以看出，不同分析方法定量结果间有较好的对应性，这说明依据聚合度和结构特征对 ESI-MS 所认定不同聚合铝形态分类具有一定的合理性，同时也说明本书所提出的 ESI-TOF-MS 定量计算方法的可行性。总的来说，单体或低聚体的形态随着碱化度上升而降低，而中聚体或 Al_{13} 的含量随着碱化度上升而提高，并在碱化度为 2.5 时达到最大值。当然，三种方法对高聚态含量的分析存在一定差异，这可能是不同方法对高聚态的区分方法差异导致的。

从图 3-9 也可看出，通过 ^{27}Al NMR 所得到的 Al_{un} 形态的含量在大多数情况下高于其他分析方法。这是因为 ^{27}Al NMR 所提供的 Al_{un} 数值是通过差减法计算的，即将总铝看作 K-Al_{13} 和单体的含量，而将其他形态均归于 Al_{un}。因此 Al_{un} 实际包含了所有不可被核磁检测的形态，如高聚态和大量低聚六元环形态等，从而导致 Al_{un} 含量偏高。

对于单体铝，^{27}Al NMR 在三种分析方法中的解析结果最为可靠。这是因为 ^{27}Al NMR 是原位的分析方法，不会导致单体铝形态在分析过程中的转化。而通过 Ferron 法和 ESI-MS 得到的单体含量的可靠性则较 ^{27}Al NMR 方法差。Ferron 法在检测中需要改变溶液的 pH 和浓度，而 ESI-MS 检测则提升了温度，并将铝形态从液相转移到气相。因此，Ferron 法与 ESI-MS 所检测到的单体铝形态均是溶液中原位形态的间接反映，与实际的形态分布可能有所差别。然而，整体而言，仅有单体铝或部分低聚体可能发生进一步的水解聚合反应，后两种方法测定过程中对高聚体铝形态结构的影响不大。Ferron 法和 ESI-MS 与 ^{27}Al NMR 的分析结果有较好的吻合也可说明这一点。

此外，本节还以纯 $AlCl_3$ 溶液（分析纯试剂配制）及高纯 Al_{13}（Al_{13} 含量为 95%）溶液为两种典型羟基铝样品，对比分析上述三种方法对其铝形态的定量计算结果，如图 3-10 所示。由图 3-10 可知，三种方法的定量结果也具有较好的一致性，尤其是在高纯 Al_{13} 样品的计算结果上更为一致，这也在一定程度上说明电喷雾质谱所认定部分非 Al_{13} 聚合铝（如 Al_{16}、Al_{19} 等）来自于原始溶液中的 Keggin- Al_{13}^{7+}。

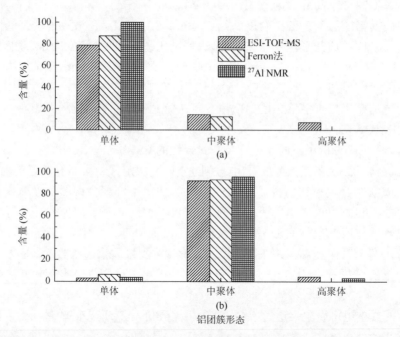

图 3-10　高纯 $AlCl_3$（a）及高纯 Al_{13}（b）中铝团簇形态的 ESI-TOF-MS、Ferron 法及 ^{27}Al NMR 光谱定量计算结果

3.5.4　铝团簇形态的多方法综合定量分析

基于三种方法对不同碱化度羟基聚合铝溶液的定量计算结果，本节拟对羟基聚合铝溶液中的铝团簇形态进行进一步的分析。研究过程除选择三种不同碱化度羟基聚合铝溶液（PAC05、PAC10、PAC25）外，还选择纯 $AlCl_3$ 溶液（PAC0）、高纯 Al_{13} 溶液（PAl13）以及 Al_{30} 含量在 30% 的 PAl30 为三种典型羟基铝样品，分析过程将所有铝形态分成低聚体、中聚体和高聚体三类，分别进行探讨。

　　从图 3-11 可以看出，在不同碱化度的羟基铝溶液中，三种分析方法测得的单体铝及低聚体铝形态分布具有较高的一致性，但测定结果仍存在明显的差异。在 $AlCl_3$ 溶液中，NMR 仅能测出单体铝形态，没有二聚体等其他聚合铝的存在，而其他两种方法（Ferron 法和 ESI-MS）测定结果中单体铝及低聚体铝含量均低于 NMR 测定结果，主要原因在于：Ferron 法分析时，受分析过程中稀释和混合待测液 pH 的影响，在测定过程中发生了部分单体铝的聚合反应，致使该方法测出的单体铝含量降低；在采用 ESI-MS 方法时，也可能受测定方法的影响，在电场离子化、溶剂挥发过程中部分单体铝发生了聚合反应生成聚合铝，使单体铝含量降低。在聚合体分析中有很多聚合铝形态存在，也可以解释这个原因。

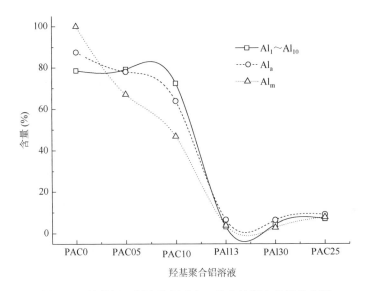

图 3-11　单体铝及低聚体铝形态三种方法测定结果分布图

　　在低碱化度溶液中（PAC05、PAC10），碱的加入使大量铝单体聚合成聚合体，单体铝含量降低。在 Ferron 法和 ESI-MS 两种方法测定结果中，除单体铝外，还有大量的低聚体存在，而在 NMR 法中仅能测出二聚体。因此，三种方法的差异主要在于除二聚体外的其他低聚体的存在。

　　在高碱化度溶液中（PAl13、PAC25、PAl30），单体及低聚体含量很低，甚至没有，因此，三种方法测定结果差异不明显，但总体分布趋势一致。这可以在一定程度上说明 ESI-MS 这种方法可适用于铝形态分析，对其中铝形态的划分也较为合理。

　　事实上，ESI-MS 测定方法中，铝单体及低聚体（$Al_1 \sim Al_{10}$）又可进一步划分成铝单体（Al_1）、初聚体（$Al_2 \sim Al_3$）和低聚体（$Al_4 \sim Al_{10}$），如图 3-12 所示。

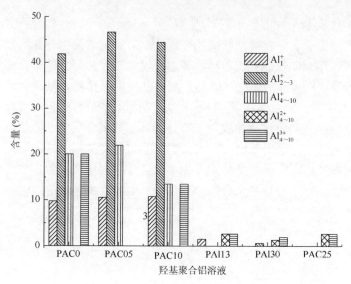

图 3-12　ESI-TOF-MS 测定结果中单体铝及低聚体铝形态分析

　　从图 3-12 可以看出，在低碱化度的溶液中，二聚体和三聚体占主导地位，其次是+1 和+3 的 $Al_4 \sim Al_{10}$，单体铝含量相对较低，没有二价形态聚合铝出现。而在高碱化度溶液中，单体铝及初聚体含量较低，二价和三价聚合铝是主要成分，单体铝以及其他一价铝含量很低，甚至没有测出。图 3-12 可以进一步证实上述论断，即电喷雾质谱测定过程中部分单体铝发生了聚合反应，而其测定所得部分低聚体应对应于原始溶液中的单体。

　　从图 3-13 可以看出，在 $AlCl_3$ 溶液中，NMR 测定结果中无中聚体的存在，铝离子主要是以单体的形态存在。其他两种方法测出的中聚体可以在一定程度上归因于测定方法的缺陷，测定过程中单体铝水解聚合生成中聚体铝。

　　对 PAC05、PAC10、PAl13 三个样品而言，三种测定方法所得结果具有很好的一致性。整体而言，NMR 和 Ferron 法测定结果均大于 ESI-MS 分析结果，主要原因在于 ESI-MS 测定过程中，没有将 Al_{20} 等部分可能认定为 Al_{13} 的聚合体形态计入。在图 3-13 中，PAl30、PAC25 两个样品的 ESI-MS 测定结果都远大于其他两种方法，这主要是由于这两个样品的高聚体或未测成分发生分解，生成了 Al_{13}、Al_{16} 等中聚体。其中，PAl30 样品中含有约 30%的 Al_{30} 形态，在 ESI-MS 分析中并没有测出 Al_{30}，反而测出大量的 Al_{13} 和 Al_{16}，以及 Al_{30} 形成过程中的中间铝形态 Al_{14}，这可在一定程度说明 PAC25 和 PAl30 中的高聚体铝属于亚稳态，可能属于 Al_{13} 的聚集体或者聚合体。为此，在图 3-14 高聚体铝的分析结果中，这两个样品中的 ESI-MS 分析结果均小于其他两种方法。

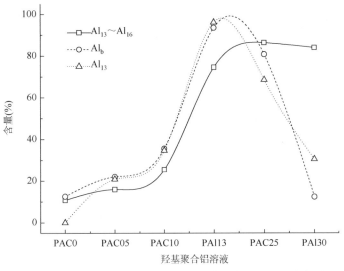

图 3-13　不同羟基铝溶液中中聚体三种方法测定结果分布图

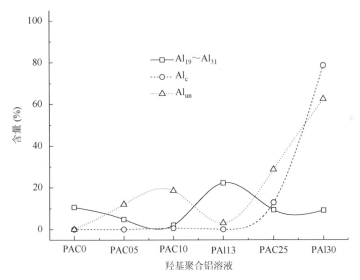

图 3-14　不同羟基铝溶液中高聚体铝形态三种方法测定结果

3.6　电喷雾质谱的应用展望

电喷雾质谱是近年逐步发展完善的质谱类技术，目前已有广泛应用，但主要是在生物大分子鉴定方面。用于鉴定 Al（Ⅲ）和 Fe（Ⅲ）溶液中的羟基聚合离子团簇（clusters）形态分布属于正在研究中的新领域。Sarpola 等于 2004 年最早提出应用与铝形态分析，并陆续发表系列论文详细论述，随后其他研究组也有若干论文在此领域发表。但总的说来，电喷雾质谱应用于铝团簇形态分析尚处于开拓评议阶段。

对于金属羟基聚合物，其溶液形态在电雾化过程中经过脱质子消减电荷、脱水去除 H_2O，转化为气相离子簇。虽然雾化过程较为温和，其基本结构变化较少，但其配位官能团及存在形态已不能保持溶液中的原貌。在雾化过程中将发生质子和水分子的迁移转化，势必会牵动形态中 OH 及 O 等基团的相应变化。原溶液中各羟基聚合物在雾化后其 m 及 z 都会发生相应变化，而只有所含金属原子数目即聚合度可以保持不变，但此点依然存在争议。对于相对稳定的 Keggin 结构，因其在溶液及较强的酸性环境中尚不容易解体，而在电喷雾质谱测定过程，其解体通常也认为需要较高的能量。为此，Keggin-Al_{13} 通常可以认为在质谱测定结果中依然保持原有聚合度或 Keggin 结构。对于单体铝，则存在一定的聚合反应，对于六元环结构聚合铝，虽有发生聚合反应的可能，但是更可能是反映溶液中的原始形态。

鉴于对电喷雾质谱图的解析可以推断溶液中羟基聚合物的系列形态，能够补充其他仪器的不足，ESI-MS 逐渐成为羟基聚合物研究中的新方法。不过，由于对羟基聚合物在电喷雾过程中的形态转化认识尚不一致，各研究者提出的谱图解析方法有所不同，直接影响了图谱解析结果的可比性。而基于本研究组提出的观点和方法发展的电喷雾质谱技术所表征的羟基铝形态与溶液原始形态具有较好的相关性及一致性，既可以表征出传统核磁共振技术所测定的几种典型主导形态，也可以完善 Ferron 法所给出的不同聚合度铝的详细形态信息，弥补了传统方法的不足，有较大的应用潜力，并可逐渐发展成为铝团簇形态分析的一个重要方法。目前的关键问题在于其质谱图的解析和溶液形态的认定，尽管本章已对此进行了深入的探讨，但其识别结果的可信度和定量化程度尚有待进一步考察及发展。此外，本书仅以高纯羟基铝团簇形态为主要研究对象，不涉及预期结合的其他有机、无机离子，而该方法对实际絮凝产品中共存的其他离子的测定还需后续进一步的工作。

参 考 文 献

[1]　Zhao H, Liu H, Qu J. Aluminum speciation of coagulants with low concentration: analysis by electrospray ionization mass spectrometry. Colloid Surf A, 2011, 379 (1-3): 43-50.

[2]　Casey W H, Olmstead M M, Phillips B L, et al. A new aluminum hydroxide octamer, $[Al_8(OH)_{14}(H_2O)_{18}]$ $(SO_4)_5$· $16H_2O$. Inorg Chem, 2005, 44 (14): 4888-4890.

[3]　Bi S P, Wang C Y, Cao Q, et al. Studies on the mechanism of hydrolysis and polymerization of aluminum salts in aqueous solution: correlations between the "core-links" model and "cage-like" Keggin-Al13 model. Coord Chem Rev, 2004 (5-6): 441-455.

[4]　Sun Z, Zhao H D, Tong H G E, et al, Formation and Structure of $[Al_{13}(\mu_3\text{-}OH)_6(\mu_2\text{-}OH)_{18}(H_2O)_{24}]Cl_{15}\cdot 13H_2O$. Chinese J Struc Chem, 2006, 25 (10): 1217-1227.

[5]　Seichter W，Mögel H J，Brand P，et al. Crystal structure and formation of the aluminium hydroxide chloride [Al$_{13}$(OH)$_{24}$(H$_2$O)$_{24}$]Cl$_{15}$· 13H$_2$O. Eur J Inorg Chem，1998，6：795-797.

[6]　Sarpola A，Hietapelto V，Jalonen J，et al. Identification of the hydrolysis products of AlCl$_3$ center dot 6H$_2$O by electrospray ionization mass spectrometry. J Mass Spectrom，2004，39（4）：423-430.

[7]　Zhao H，Hu C Z，Liu H J，et al. Role of aluminum speciation in the removal of disinfection byproduct precursors by a coagulation process. Environ Sci Technol，2008，42（15）：5752-5758.

[8]　Zhao H，Liu H，Hu C，et al. Effect of aluminum speciation and structure characterization on preferential removal of disinfection byproduct precursors by aluminum hydroxide coagulation. Environ Sci Technol，2009，43（13）：5067-72.

[9]　Stewart I I. Electrospray mass spectrometry：a tool for elemental speciation. Spectrochim Acta B，1999，54（12）：1649-1695.

[10]　Tang L，Kebarle P. Effect of the conductivity of the electrosprayed solution on the electrospray current. Factors determining analyte sensitivity in electrospray mass spectrometry. Anal Chem，1991，63（23）：2709-2715.

[11]　Urabe T，Tanaka M，Kumakura S，et al. Study on chemical speciation in aluminum chloride solution by ESI-Q-MS. J Mass Spectrom，2007，42（5）：591-597.

[12]　Urabe T，Tsugoshi T，Tanaka M. Electrospray ionization mass spectrometry investigation of the blocking effect of sulfate on the formation of aluminum tridecamer. J Mol Liq，2008，143（1）：70-74.

[13]　Sarpola A T，Saukkoriipi J J，Hietapelto V K，et al. Identification of hydrolysis products of AlCl$_3$· 6H$_2$O in the presence of sulfate byelectrospray ionization time-of-flight mass spectrometry and computational methods. Phys Chem Chem Phys，2007，9（3）：377-388.

[14]　冯利，栾兆坤，汤鸿霄. 铝的水解聚合形态分析方法研究. 环境化学，1993，（5）：373-378

[15]　Heikkinen M，Sarpola A，Hellman H，et al. Independent component analysis to mass spectra of aluminium sulphate//Proceedings of World Academy of Science，Engineering and Technology，2007，20：1307-6884.

[16]　Rämö J，Sarpola A，Hellman A，et al. Colloidal surfaces and oligomeric species generated by water treatment chemicals. Chem Speciation Bioavailability，2008，20（1）：13-22.

[17]　Kebarle P，Tang L. From ions in solution to ions in the gas phase. Anal Chem，1993，65（22）：972-986.

[18]　Casey W H. Large aqueous aluminum hydroxide molecules. Chem Rev，2006，106（1）：1-16.

[19]　汤鸿霄. 羟基聚合氯化铝的絮凝形态学. 环境科学学报，1998，1：3-12.

[20]　Lin Y F，Lee D J. Electrospray mass spectrometry studies of purified aluminum tridecamer in a 50：50 water/acetonitrile mixture. J Phys Chem A，2010，114：3503-3509.

[21]　Bertsch P M，Layton W J，Barnhisel R I. Speciation of hydroxy-aluminum solutions by wet chemical and aluminum-27 NMR methods. Soil Sci Soc Am J，1986，（6）：1449-1454.

[22]　Parker D R，Bertsch P M. Identification and quantification of the Al$_{13}$ tridecameric polycation using Ferron. Environ Sci Technol，1992，（5）：908-914.

[23]　Feng C H，Shi B Y，Wang D S，et al. Characteristics of simplified Ferron colorimetric solution and its application in hydroxyl-aluminum speciation. Colloid Surf A，2006，（287）：203-211.

[24]　Feng C H，Zhao S，Bi Z，et al. Speciation of prehydrolyzed Al salt coagulants with electrospray ionization time-of-flight mass spectrometry and ^{27}Al NMR spectroscopy. Colloid Surf A，2011，392：95-102.

[25]　Feng C H，Bi Z，Zhao S，et al. Quantification analysis of polymeric Al species in solutions with electrospray ionization time-of-flight mass spectrometry（ESI-TOF-MS）. Int J Mass Spectrom，2012，309：22-29.

第 4 章 Mögel-Al$_{13}$ 形态及转化机理

晶体具有形态单一和结构稳定的特点，适用于羟基聚合铝形态的结构分析。羟基铝聚合形态在结晶体中可长期保持稳定，因此其晶体的制备鉴定对于研究铝盐形态具有十分重要的意义。然而，特定形态的聚合铝晶体难以制备，这限制了采用晶体对聚合铝形态转化机理的研究。此外，以往研究大多关注聚合铝晶体自身结构的解析，而对其溶液形态与晶体形态的对应性问题关注较少，且现有研究对晶体形态与溶液形态是否一致尚存在争议。因此，研究结晶过程中溶液形态的变化规律，将会有利于对这些问题的进一步阐述。

羟基聚合铝单晶形态单一稳定，通过单晶衍射鉴定后具有较高的可信度，是当前形态结构研究的有力证据之一，但晶体的制备具有高度的不确定性，目前可制备的晶体结构只有极少数。其中，Al$_2$ 的硫酸盐结晶[1]可通过将铝箔溶解于一定量的浓硫酸中，放置自然蒸发，浓缩后可得到。Al$_8$ 硫酸盐孪晶（twin crystal）是按照 Al$_2$ 的制备方法，在形成 Al$_2$ 硫酸盐结晶的同时形成的[2]。Mögel-Al$_{13}$ 和 Keggin-Al$_{13}$ 作为两种典型的聚合铝，其不同形态的晶体均可从羟基聚合铝母液制得，但不同晶体结晶母液的制备和结晶条件均存在差异[3, 4]。

整体上，羟基铝结晶前的溶液是一个多分散体系，其形态分布高度多样化，若综合考虑铝形态结晶过程中的所有形态转化将十分复杂。此外，结晶还受到溶液 pH、碱度、温度、浓度，甚至振动等多种因素影响，聚合铝单晶体的制备具有一定的偶然性，操作可重复性较差。为此，本章拟以代表性的 Mögel-Al$_{13}$（M-Al$_{13}$）晶体形态为主要对象，建立一套稳定、可重复的制备方法，并对溶液和晶体形态转化的主要影响因素进行研究，最终基于羟基铝晶体这一特殊介质开展羟基铝团簇形态的转化研究。

4.1 Mögel-Al$_{13}$ 晶体的制备及生成机理

4.1.1 Mögel-Al$_{13}$ 结晶溶液的制备

实验采用的装置如图 4-1 所示。在定温下，称取一定量的 AlCl$_3$·6H$_2$O 溶解，用容量瓶定容后转移至三颈烧瓶中。将三颈烧瓶置于水浴中，升高至指定温度后开启搅拌装置。搅拌速度设为 350r/min，称量一定量的铝粉（纯度 99%，国药试剂）分多次加入三颈烧瓶中。每次加入适量，当铝粉全部添加至三颈烧瓶后，保温反应 24h 至溶液中不再产生气泡。将溶液自然冷却至室温，再用 0.15μm 的混合纤维膜过滤。制备好的样品置于高密度聚乙烯塑料瓶中于 4℃冷藏保存。此溶液称为"结晶溶液"，作为后续浓缩结晶实验的母液。

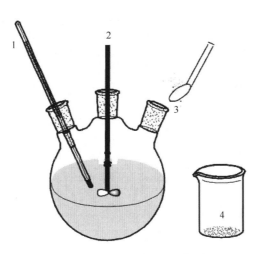

图 4-1 酸溶法制备聚铝装置

1. 温度计；2. 机械搅拌；3. 加药口；4. 高纯铝粉

金属酸溶法的机理实际是通过金属铝与溶液中的 H$^+$反应来提高碱度。由于 1mol 的金属铝可消耗溶液中 3mol H$^+$，每摩尔的金属铝可当量于 3mol 的 OH$^-$，因此，样品的碱化度可通过下式计算：

$$B=3n(Al_{粉})/[n(Al_{粉})+n(AlCl_3)]$$

式中，B 为样品碱化度；$n(Al_{粉})$为铝粉中的铝摩尔数*；$n(AlCl_3)$为氯化铝的摩尔数。

取上述羟基聚合铝溶液置于烧杯中，并在（45±1）℃的恒温水浴中控制蒸发速度浓缩结晶。蒸发时间应视溶液中晶体析出状态确定，当析出大量白色或黄色固体时，应停止蒸发并迅速保温抽滤。将过滤的固体重新悬浮分散于有 20mL 乙醇-丙酮溶剂（体积比为 1：4，下同）中，搅拌 5～10min，以清洗结晶中的 AlCl$_3$·6H$_2$O 成分。重复此操作 2～3 次，即可制得纯化的 M-Al$_{13}$晶体。

4.1.2 Mögel-Al$_{13}$ 的生成机理

Mögel-Al$_{13}$（M-Al$_{13}$）的中心为一个 AlO$_6$八面体，围绕着中心排列着六个 AlO$_6$

＊ 摩尔数为物质的量。

八面体，这六个 AlO_6 八面体之间以及它们与中心 AlO_6 八面体之间均是采用共边的连接方式。最外围的六个 AlO_6 八面体与内圈的 AlO_6 八面体以共角的方式连接。现有研究中，有文献已报道了有两个典型 M-Al_{13} 结构的有机羟基聚合铝：$Al_{13}(heidi)^{3+}$ 和 $Al_{15}(hpdta)$，纯无机 M-Al_{13} 可以通过上述 $AlCl_3·6H_2O$ 的热水解反应生成。

　　M-Al_{13} 的平面七元环晶体形态的发现仅有数十年的历史，其结晶溶液条件与 K-Al_{13} 的条件有较大差别。因此，对 M-Al_{13} 生成机理的研究是对羟基聚合铝形态转化规律的良好补充。但目前研究多关注于 M-Al_{13} 晶体的结构表征、母液溶液条件和有机物对结晶的影响等，对 M-Al_{13} 的溶液转化机理的研究较少。

　　综合文献资料，不同研究者提出的几种典型机理综述如下：

　　M-Al_{13} 的发现者 Seichter 等提出了低聚态缩合生成机理[3]。他们认为溶液中的低聚态 Al_2 和 Al_1 缩合生成一个 Al_3，然后 Al_3 与另外两个 Al_2 缩合，生成七元环结构 Al_7，Al_7 的外围结构再与六个 AlO_6 单元聚合生成 M-Al_{13}。

　　Goodwin 等在水解 Ga 体系中获得了 Mögel-Ga_{13}，结构如图 4-2 所示[4]。他们根据结晶过程中的晶体形态变化也提出了一种 Mögel 平面形态的生成机理（图 4-3）。在有机配位键 H_3heidi 和 py 与 $Ga(NO_3)_3$ 共存的溶液中，他们先后观察到 $Ga(heidi)(H_2O)_2$ 和 $Ga_8(heidi)_4(OH)_{10}(H_2O)_4(py)_2^{2+}$ 晶体的生成和再溶解，通过更长时间的陈化，溶液中最终生成 $Ga_{13}(heidi)_6(OH)_{18}(H_2O)_6^{3+}$。因此，他们认为单体 Ga_1 和聚合 Ga_8 是 Mögel-Ga_{13} 不可缺少的前驱物。

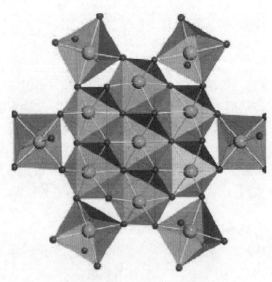

图 4-2　Mögel-Ga_{13} 的结构图[4]

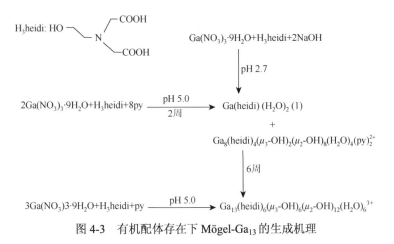

图 4-3　有机配体存在下 Mögel-Ga$_{13}$的生成机理

　　虽然此机理综合了晶体结构和溶液结构的依据，但由于有机配体结合提高了铝聚合物的溶液稳定性，而该机理未能阐明是否同样适用于无机体系，对于其适用范围仍有疑问。Gerasko 等进一步对有机配体在结晶过程中的作用进行了解释，他们认为这些有机配体并不进入晶核的第一配位层，而是通过氢键结合将晶体包裹起来[5]。有机配体置换了 OH 和 H_2O 配体，抑制了高聚合物的解体，保护了脆弱的晶核。

　　孙忠等[6]对 M-Al$_{13}$的结构进行了研究，并提出一种六元环补心生成机理，如下列反应式所示：

$$2Al(H_2O)_6^{3+} \xrightarrow{\text{去质子化，聚合}} Al_2(OH)_2(H_2O)_8^{4+} + 2H_3O^+$$

$$3Al_2(OH)_2(H_2O)_8^{4+} \xrightarrow{\text{去质子，成环}} Al_6(OH)_{12}(H_2O)_{12}^{6+} + 6H_3O^+$$

$$Al(H_2O)_6^{3+} + Al_6(OH)_{12}(H_2O)_{12}^{6+} \xrightarrow{\text{脱水，核心填充}} Al_7(OH)_{12}(H_2O)_{12}^{9+} + 6H_2O$$

$$6Al(H_2O)_6^{3+} + Al_7(OH)_{12}(H_2O)_{12}^{9+} \xrightarrow{\text{去质子，结晶}} Al_{13}(OH)_{24}(H_2O)_{24}^{15+} + 12H_3O^+$$

他们根据 M-Al$_{13}$的结构推测 M-Al$_{13}$可能是一种不稳定结构，其中心六元环与嵌入的核心 AlO$_6$结合力不强，且外围通过对角结合的 AlO$_6$也是不稳定结构，因此 M-Al$_{13}$在溶液中可能发生分解反应并通过翻转和去核进入六元环水解模式。

　　总的来说，M-Al$_{13}$类非中空的"七元环"结构只在少数晶体中被发现，其生成机理的基本理论构架仍是传统"核链六元环"。这些生成机理所包含的中间产物尚属于科学的猜测，缺乏有力、直接的实验证据支持。

4.2　Mögel-Al$_{13}$结晶过程中的形态转化

4.2.1　碱化度对溶液形态的影响

　　文献报道的 M-Al$_{13}$合成原料和反应条件均差异较大，影响结晶形态的因素也较为复杂。Seichter 等[3]认为 Al 和 Cl 的元素比例是控制 M-Al$_{13}$ 生成的重要因素,他们在 80℃下热解 AlCl$_3$·6H$_2$O 制得 n_{Al}:n_{Cl}=0.7 的聚合氯化铝溶液,并将此溶液放置于常温下自然挥发制得 M-Al$_{13}$ 单晶;Gatlin 等[7]以 Al(NO$_3$)$_3$ 的甲醇溶液和亚硝基苯为原料,在室温条件下挥发甲醇溶剂,获得产率为 17% 的 M-Al$_{13}$ 硝酸盐晶体;孙忠等[6]将铝箔溶于盐酸,使水解羟铝比达到 0.1~2.8,并在 0~100℃冷冻干燥或蒸发结晶,制备得到 M-Al$_{13}$ 结晶。总的来说,由于合成体系的复杂性,对 M-Al$_{13}$ 合成的主控因素仍然没有明确认识。另外,前人的研究更多地关注结晶晶体形态的解析,而对结晶前溶液铝形态分布的关注较少。从溶液化学的角度,碱化度是溶液铝形态的最主要影响因素,而浓度增加是铝形态达到饱和而凝结的前提,从而可能影响到结晶的形态。本节将主要研究这两种因素对溶液和晶体形态的影响。

用"金属 Al+AlCl$_3$ 酸溶法"制备碱化度为 0.5、1.0、1.5、2.0 和 2.5 的结晶溶液(1mol 金属铝相当于 3mol OH$^-$),并做 ESI-MS 测试,结果如图 4-4 所示。结晶液由酸溶法制备,浓度约为 1.5mol/L,样品测试前经过十倍稀释后立即测量。在不同碱化度下,PAC 均含有一些相同的铝形态系列,如 m/z 255 系列和 m/z 409 系列。其中,m/z 255 系列在碱化度大于 1.0 时是主要系列。当碱化度为 0.5~1.5

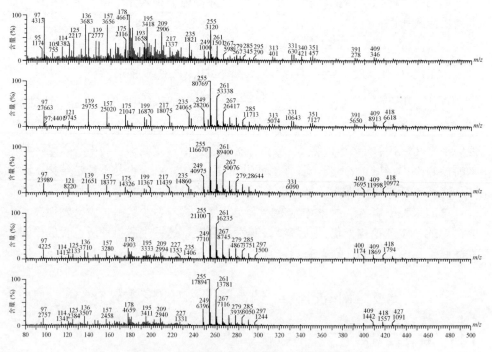

图 4-4 不同碱化度结晶液的电喷雾质谱图

(从上至下,样品碱化度依次为 0.5、1.0、1.5、2.0、2.5)

时，质谱峰均含有低 m/z 的系列，如 m/z 97 和 m/z 139，而这些系列在高碱化度下强度减弱。当碱化度为 2.0 和 2.5 时，质谱峰中主要含有两个系列，m/z 255 和 m/z 427 系列。随着碱化度上升，m/z 255 和 m/z 409 系列的强度逐渐上升。这些结果表明，铝谱的形态和强度均与结晶溶液的碱化度有密切关系。

　　对不同碱化度溶液中主要形态解析结果见表 4-1。对主要系列 m/z 255 和 409 的解析结果表明，这些系列对应形态分别为 Al$_{13}^{3+}$ 和 Al$_{13}^{2+}$，因此在各种碱化度下，结晶溶液均含有 Al$_{13}$。当碱化度高于 1.0 时，Al$_{13}^{3+}$ 为质谱图中的主要形态。Al$_{1}$、Al$_{2}$、Al$_{3}$ 和 Al$_{4}$ 这些低聚形态在碱化度为 0.5 时分布最为广泛，而随着碱化度升高，这些形态逐渐消失。所有铝形态在其更低碱化度图谱中均可找到，这说明提高碱化度会导致铝形态种类减少，部分特定铝形态含量增加，从而使铝形态的分布更加集中。同时这个现象也说明，碱化度对结晶母液的形态有重要影响。

表 4-1　各碱化度结晶液 ESI-MS 图谱中主要形态的解析

形态种类	主要形态	形态种类	主要形态
Al$_{1}^{+}$	97 Al(OH)$_{2}^{+}$·2H$_{2}$O 115 Al(OH)$_{2}^{+}$·3H$_{2}$O	Al$_{4}^{3+}$	153 Al$_{4}$(OH)$_{9}^{3+}$·H$_{2}$O 159 Al$_{4}$(OH)$_{9}^{3+}$·2H$_{2}$O 165 Al$_{4}$(OH)$_{9}^{3+}$·3H$_{2}$O
Al$_{2}^{+}$	121 Al$_{2}$O(OH)$_{3}^{+}$， 139 Al$_{2}$(OH)$_{5}^{+}$ 157 Al$_{2}$(OH)$_{5}^{+}$H$_{2}$O 175 Al$_{2}$(OH)$_{5}^{+}$·2H$_{2}$O 193 Al$_{2}$(OH)$_{5}^{+}$·3H$_{2}$O 211 Al$_{2}$(OH)$_{5}^{+}$·4H$_{2}$O	Al$_{13}^{2+}$	355 Al$_{13}$O$_{15}$(OH)$_{7}^{2+}$ 364 Al$_{13}$O$_{14}$(OH)$_{9}^{2+}$ 373 Al$_{13}$O$_{13}$(OH)$_{11}^{2+}$ 382 Al$_{13}$O$_{12}$(OH)$_{13}^{2+}$ 391 Al$_{13}$O$_{11}$(OH)$_{15}^{2+}$
Al$_{3}^{+}$	181 Al$_{3}$O$_{2}$(OH)$_{4}^{+}$ 199 Al$_{3}$O(OH)$_{6}^{+}$ 217 Al$_{3}$(OH)$_{8}^{+}$ 235 Al$_{3}$(OH)$_{8}^{+}$·H$_{2}$O 253 Al$_{3}$O(OH)$_{8}^{+}$·2H$_{2}$O	Al$_{13}^{3+}$	237 Al$_{13}$O$_{13}$(OH)$_{10}^{3+}$ 249 Al$_{13}$O$_{12}$(OH)$_{12}^{3+}$ 255 Al$_{13}$O$_{11}$(OH)$_{14}^{3+}$ 261 Al$_{13}$O$_{11}$(OH)$_{14}^{3+}$·H$_{2}$O 267 Al$_{13}$O$_{11}$(OH)$_{14}^{3+}$·2H$_{2}$O 273 Al$_{13}$O$_{11}$(OH)$_{14}^{3+}$·3H$_{2}$O 279 Al$_{13}$O$_{11}$(OH)$_{14}^{3+}$·4H$_{2}$O

　　比较上述酸溶法制备的结晶液铝形态（表 4-1）与前面章节（如第 2 章、第 3 章）慢速滴碱法制备的 PAC（表 4-1）中的铝形态可知，采用这两种方法制备的聚合铝溶液均含有相同的 Al$_{13}^{3+}$ 和 Al$_{13}^{2+}$ 群。慢速滴碱法制备的 PAC 中 Al$_{13}$ 主要来源于 K-Al$_{13}$，而结晶液中的 Al$_{13}^{3+}$ 和 Al$_{13}^{2+}$ 群可能来自 K-Al$_{13}$，也可能来自 M-Al$_{13}$。溶液中不同结构的 Al$_{13}$ 经过不同的喷雾转化过程，在质谱中可表现为相同的质荷比，

其在质谱上形态归属仍有待证实。此外，ESI-MS 检测前结晶液经过了稀释，因此 ESI-MS 的结果需要考虑稀释操作可能对铝形态造成影响。

4.2.2 碱化度对晶体形态的影响

以酸溶法制备碱化度为 0.24～1.85 的 PAC 溶液（总铝浓度 1.22mol/L），将此溶液置于敞口烧杯并在 45℃下恒温水浴蒸发，浓缩直至大量晶体析出。将析出晶体分离后置于干燥器自然干燥，并用 XRD 进行表征。从图 4-5 可知，当碱化度低于 1.0 时，XRD 特征峰显示产物为 AlCl$_3$·6H$_2$O 晶体，不含目标产物 M-Al$_{13}$。当碱

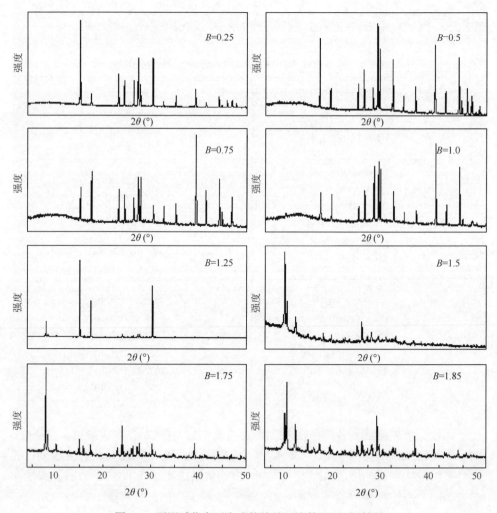

图 4-5　不同碱化度下生成的结晶沉淀的 XRD 衍射图

化度达到 1.25 时，XRD 可检测到位于 8°的 M-Al$_{13}$ 特征峰，此时 XRD 图谱中 AlCl$_3$·6H$_2$O 仍有较强的衍射，表明产物中仍然含有 AlCl$_3$·6H$_2$O。当碱化度为 1.5 时，M-Al$_{13}$ 的衍射强度较碱化度为 1.25 时高，但进一步提高碱化度至 1.75，M-Al$_{13}$ 特征峰的相对强度提高不明显。碱化度为 1.85 的结晶产品，其晶体特征峰数量和强度均减少，说明过高碱化度对 M-Al$_{13}$ 的晶体形成不利。进一步提高碱化度，溶液将生成黏稠的无定形 Al(OH)$_3$。

考察了碱化度对合成 M-Al$_{13}$ 纯度的影响，结果见表 4-2。M-Al$_{13}$ 的含量分析采用化学元素分析法，固体中总铝采用国家标准 GBT15892—2009（测定 Al$_2$O$_3$%），氯离子含量采用改进的莫尔法。通过质量守恒可计算 M-Al$_{13}$ 的含量（M-Al$_{13}$ 的 n_{Al}：n_{Cl}=15：13）。结果表明，当碱化度为 1.5 时，样品中 M-Al$_{13}$ 的含量最高，达到 84.7%。进一步提高初始母液总铝浓度，M-Al$_{13}$ 的纯度并无明显提高。这说明，浓度对 M-Al$_{13}$ 含量的影响不大，碱化度是其关键影响因素。碱化度为 1.5 的 PAC 母液是制备 M-Al$_{13}$ 的最佳条件。

表 4-2　碱化度、制备浓度和有机溶剂洗涤对 M-Al$_{13}$ 结晶纯度的影响

碱化度	总铝（mol/L）	Al$_2$O$_3$（%）	Cl（%）	n_{Al}：n_{Cl}	Al$_{13}$Cl$_{15}$（%）（质量比）
1.25	1.0	26.7	33.2	0.559	65.9
1.5	1.0	31.3	29.17	0.746	84.7
1.75	1.0	30.6	30.31	0.702	78.4
1.5	1.5	31.3	28.79	0.756	85.9
1.5[a]	1.5	32.46	26.37	0.856	98.7

a 表示经过有机溶剂洗涤。

碱化度为 1.5 的结晶液可结晶生成大量 M-Al$_{13}$ 晶体，说明 M-Al$_{13}$ 存在于此溶液中。但质谱中的 Al$_{13}^{2+/3+}$ 可能来自 M-Al$_{13}$ 或 K-Al$_{13}$，其归属判定既要考虑检测过程中喷雾反应的影响，也要考虑检测前样品稀释的影响。

根据图 4-6 的 XRD 分析可知，产物的杂质相主要是 AlCl$_3$·6H$_2$O。可考虑利用 M-Al$_{13}$ 与 AlCl$_3$·6H$_2$O 在有机溶剂中的溶解度差异，进一步提高 M-Al$_{13}$ 产物的纯度。有机溶剂采用 1：4 的丙酮：乙醇溶液，具体方法为：将 10g 样品悬浮于 100mL 有机溶液，搅拌 10min 后过 0.45μm 的滤膜，重复此操作 3～5 次后，置于干燥器内干燥。对洗涤后的样品粉末进行含量分析，结果表明化学清洗可有效地去除粉末晶体中的 AlCl$_3$·6H$_2$O 杂相，获得 M-Al$_{13}$ 纯度高达 98.7% 的样品（表 4-2）。

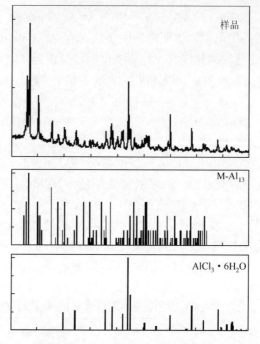

图 4-6　碱化度为 1.5 时结晶沉淀的 XRD 晶相检索

4.2.3　M-Al₁₃ 在结晶溶液中存在的碱化度范围

从上述分析可知，M-Al$_{13}$ 晶体析出仅发生于特定碱化度范围内。因此可推断，溶液中 M-Al$_{13}$ 的存在也有一定碱化度范围。M-Al$_{13}$ 结晶与沉淀析出将改变溶液碱化度，而晶体结晶持续进行，因此 M-Al$_{13}$ 在溶液中存在的碱化度条件，不仅要考虑结晶的初始碱化度，而且要考虑结晶的终点碱化度。

寻找 M-Al$_{13}$ 存在的碱化度范围需要测定结晶时溶液组成和变化趋势。结晶相图常用于研究溶液组成与结晶形态的关系，但目前主要用于金属合金领域，对于羟基聚合铝结晶过程的研究很少。PAC 可视为 Al$_2$O$_3$-AlCl$_3$-H$_2$O 三元化合物的共溶体系，如 M-Al$_{13}$[Al$_{13}$(OH)$_{24}$(H$_2$O)$_{24}$Cl$_{15}$]可视为三种化合物按照如下比例的共溶物 5AlCl$_3$·4Al$_2$O·49H$_2$O。通过绘制一定温度下该三元体系的相图，便可了解 M-Al$_{13}$ 结晶过程中溶液组成与结晶形态的变化。

相图的绘制采用湿渣法[8]。将制备的液体聚合氯化铝在 45℃下置于恒温水浴中蒸发，当出现结晶后取一定量上层清液过 0.22μm 的滤膜，得到这种固相对应的饱和液，采用化学分析方法测定其中的 Al 和 Cl 含量，以 Cl 含量来计算 AlCl$_3$ 组成相点，以总铝含量减去 AlCl$_3$ 所用 Al 后剩余 Al 的量来计算 Al$_2$O$_3$ 的组成相点，H$_2$O 组成相点由 1 减去 AlCl$_3$ 和 Al$_2$O$_3$ 的含量得到。然后再取适量的湿渣（含有固相结晶和部分液相的固液混合物），同样分析 Al 和 Cl 的含量，并将湿渣相点与饱和液相点在相图上标出，则结晶的组成点应该落在这两点的延长线上。

随着结晶的进行，继续监测湿渣相点与对应的饱和液相点，并画出它们的直线，可以发现有一些直线交于某一固相点，此点代表一种结晶的组成，若直线交于同一液相点，则该点为两相邻固相的共饱和点。将两相邻共饱和点之间对应于同一固相的液相点连起来就是该固相的饱和溶解曲线。分离出的固相采用 XRD 粉末衍射法和化学分析确定其组成。

相图 4-7 表明，随着碱化度升高，PAC 结晶产物可能为 M-Al₁₃、AlCl₃·6H₂O 或 Al(OH)₃。在低碱化度下制备的 M-Al₁₃ 可能含有 AlCl₃·6H₂O，而高碱化度下合成的 M-Al₁₃ 可能含有 Al(OH)₃，因此理想的 M-Al₁₃ 合成条件应使溶液组成落在相点组成的中间段。只要将溶液组成控制在 M-Al₁₃ 的饱和溶解度曲线范围内（相图中间的三角形区域），便能控制结晶产品是 M-Al₁₃ 晶体。事实上，结晶相图提供了一种可靠的控制 M-Al₁₃ 产品纯度的方法。

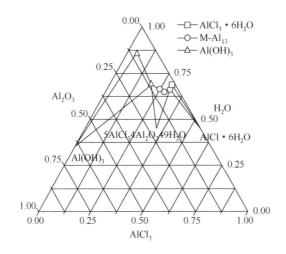

图 4-7　45℃下 AlCl₃-Al₂O₃-H₂O 三元体系固液平衡相图

从相图可明确 M-Al₁₃ 存在于溶液的碱化度条件。随着蒸发进行，溶液浓度逐渐增高，对于碱化度低于 1.25 的 PAC 溶液，其组分逐渐向 AlCl₃ 的饱和溶解度曲线靠拢，当溶液达到饱和结晶点时，AlCl₃·6H₂O 晶体形态最先析出；伴随着晶体析出，溶液碱化度逐渐升高，当溶液碱化度高于 1.25 时，M-Al₁₃ 晶体形态开始析出；溶液碱化度随着结晶过程持续上升，当碱化度高于 1.85 时，溶液最终将生成无定形 Al(OH)₃。因此，M-Al₁₃ 可能存在于碱化度为 1.25～1.85 的 PAC 溶液中。

4.2.4　M-Al$_{13}$ 在结晶溶液中存在的形态比例范围

结晶液中，M-Al$_{13}$ 与其他铝形态共同存在于溶液中，M-Al$_{13}$ 可分解为其他形态，其他形态也可聚合为 M-Al$_{13}$ 形态，这些形态构成的动态平衡是 M-Al$_{13}$ 存在的关键。晶体是 M-Al$_{13}$ 存在于结晶溶液中的直接证据。在晶体结晶过程中，溶液中必然已经存在饱和的 M-Al$_{13}$ 离子，否则结晶将生成其他形态而非 M-Al$_{13}$。当溶液的化学条件有利于 M-Al$_{13}$ 晶体生长时，溶液中的聚合铝离子彼此以对称性原则和能量最低原则堆垛成为晶体颗粒，晶体颗粒不断生长，并最终从溶液中析出。与其他晶体的生长过程一样，M-Al$_{13}$ 晶体形态相对于溶液形态具有一定的遗传性，即晶体中的形态具有一定来源并存在于溶液中。

然而，M-Al$_{13}$ 在结晶溶液中存在并不能由此说明 M-Al$_{13}$ 存在于各种溶液体系中。这是因为结晶溶液是高浓度溶液，其溶液浓度高而 pH 较低。此特殊的溶液化学环境可能是 M-Al$_{13}$ 存在的原因。而在结晶溶液稀释后，溶液化学环境将会有大幅度改变，M-Al$_{13}$ 晶体能否稳定存在仍有待证明。此外，M-Al$_{13}$ 离子晶体溶解后，进入溶液中的离子能否保持其在晶体中的形态和结构取决于离子的稳定性和对溶剂环境的适应性，受到热力学、动力学和酸碱度等复杂因素的影响，也需要进一步的鉴别和证明。

将晶体形态与结晶溶液形态的分析结果进行比较可知，碱化度的提高虽然使结晶形态发生改变，但并不改变溶液中铝形态的种类，即各种碱化度溶液中均包含 Al$_1^+$、Al$_2^+$、Al$_3^+$、Al$_4^{3+}$、Al$_{13}^{2+}$ 和 Al$_{13}^{3+}$ 五种形态（表 4-1）。因此，在各碱化度溶液中均存在铝形态的基本组成成分，碱化度改变其浓度分配可使结晶形态不同。

从图 4-5 可知，碱化度显著影响各种形态铝的离子强度，因此，晶体形态与溶液中各种形态的分配比例可能存在联系。为了方便描述不同碱化度下各种铝形态的比例，将 Al$_{13}^{2+/3+}$ 归为中聚体，其离子强度和与低聚体 Al$_1^+$、Al$_2^+$、Al$_3^+$ 和 Al$_4^{3+}$ 离子强度和进行比较。结果表明，当碱化度低于 1.0 时，溶液的中聚体/低聚体值为 2.92，结晶生成 AlCl$_3$·6H$_2$O；当碱化度为 1.5 时，溶液的中聚体/低聚体值为 4.86，结晶生成 M-Al$_{13}$；当碱化度为 2.0 时，溶液的中聚体/低聚体值为 5.0，结晶生成无定形 Al(OH)$_3$。因此，溶液中的中聚体/低聚体为 2.92～5.00 时，M-Al$_{13}$ 可存在于溶液中。

4.3　Mögel-Al$_{13}$ 转化为 Keggin-Al$_{13}$ 的机理

K-Al$_{13}$ 和 Al$_{30}$ 形态结构在晶体结晶和溶解时不发生变化，这已由 ^{27}Al NMR 等方法证明。M-Al$_{13}$ 的结构目前仅在晶体中发现，而这种结构尚未在溶液中获得证实。虽然 M-Al$_{13}$ 晶体是从溶液中析出，其形态必然存在于结晶的饱和溶液中，但相同的结构是否存在于低浓度的溶液中尚有疑问。同时，由于 M-Al$_{13}$ 具有独特的核链单元，与 K-Al$_{13}$ 的笼状结构存在很大不同，是否适用于传统的水解机理也不明确，因此，对 M-Al$_{13}$ 的溶液存在性和水解转化过程的研究显得尤为必要。本节从研究晶体—溶液—再结晶的过程出发，比较了两种 Al$_{13}$ 的稳定性差异，探讨了 M-Al$_{13}$ 在溶液中的转化方向与转化途径。

4.3.1　M-Al$_{13}$ 在晶体中的存在状态

以往文献对于 Al$_{13}$ 晶形的报道大多来自于单晶，而对多晶粉末 Al$_{13}$ 的研究较少。虽然 X 射线单晶衍射通常是形态鉴定的最强有力的证据，但其制备往往不可重复，且通常产量不足以支持晶体溶解的研究。本节尝试将 X 射线粉末衍射（XRD）的结果同 X 射线单晶衍射结果进行比较，并结合固态 ^{27}Al MAS NMR，对 Al$_{13}$ 在晶体中的存在状态进行分析。

实验采用了相同的衍射步调和衍射范围，对 M-Al$_{13}$ 和 K-Al$_{13}$ 的晶形进行比较。M-Al$_{13}$ 和 K-Al$_{13}$ 的 PDF 标准卡片来自于"无机晶体数据库"（inorganic crystal database，ICSD）。根据标准结构进行 XRD 的理论拟合采用的是 FindIt 1.4.4 软件。

由图 4-8 可知，两种样品均具有尖锐的衍射峰，这说明样品的晶粒粒径较大且衍射效应强烈，可满足实验的要求。其中，M-Al$_{13}$ 的 XRD 实验数据和拟合数据的吻合度较高，尤其在低衍射角 2θ 特有的 7.486°、7.887°和 8.335°三强峰完整，这说明本实验制备的 M-A$_{13}$ 结构与文献报道结构相符（ICSD#408095）。此外，M-Al$_{13}$ 的 XRD 衍射图谱中还发现有微弱的杂质衍射峰。检索结果表明，此杂质为结晶氯化铝。进一步的含量分析表明，结晶氯化铝的含量低于 0.2%，对后续的分析造成的影响可忽略。

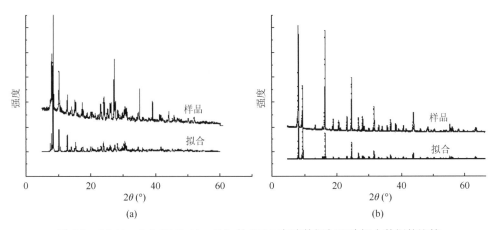

图 4-8　M-Al$_{13}$（a）和 K-Al$_{13}$（b）的 XRD 实验数据与理论拟合数据的比较

同样,样品 K-Al₁₃ 的衍射峰数和位置与标准卡片的结果也较为吻合[图 4-8(b)]。值得注意的是,K-Al₁₃ 的标准物质并未在 ICSD 中检索到,因此拟合数据的计算实际采用了另一种 Keggin 硫酸盐——Na[Al₁₂GaO₄(OH)₂₄][SO₄]₄·(H₂O)₃₂(ICSD#71319),但这并不影响结构的分析[9]。在实验中还观察到,样品的部分衍射峰约有 0.2~0.7° 的偏移,这可能是研磨制样过程中的应力未消除造成的,在 XRD 衍射可接受的误差范围内。

²⁷Al MAS NMR 对铝的配位环境的对称性极为灵敏,且可检测到无 XRD 衍射能力的无定形态的铝形态。图 4-9 表明,两种 Al₁₃ 样品图谱的化学位移存在明显差异。对于 M-Al₁₃,图谱包含一个 0ppm 处的尖锐的主峰和一个 8.5ppm 的宽峰。而对于 K-Al₁₃,图谱的主峰位置在 62.5ppm 处,另外有–4.4ppm、–38.4ppm 和 –65.5ppm 处的小宽峰互相堆叠在一起。两个样品均检测到了 ²⁷Al MAS NMR 中特有的旋转边带(side spinning band,SSB),不应计入核磁的形态分析,其位置已在图中标明。²⁷Al MAS NMR 的结果与 Al₁₃ 的理论结构较为相符。

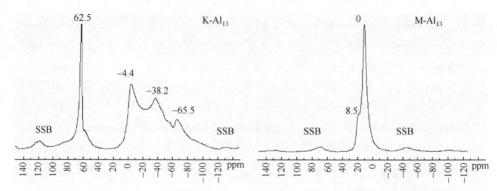

图 4-9　K-Al₁₃ 和 M-Al₁₃ 晶体粉末的 ²⁷Al MAS NMR 图谱（SSB 表示主峰的旋转边带）

铝核磁的化学位移反映了原子的配位状态和化学环境。M-Al₁₃ 仅具有 AlO₆ 的唯一配位方式,所以其图谱中的两种化学位移来源于分子结构中配位体所处化学环境的不同。K-Al₁₃ 结构中不仅有化学环境的差异,而且还有配位数的差异。K-Al₁₃ 中心为 AlO₄ 配体,处于对称化学环境中,因此有尖锐的 62.5ppm 信号峰,其周围包裹的 12 个 AlO₆ 的对称环境较差,因此形成宽大的拖尾峰。

铝原子所处的化学环境影响其在核磁中的化学位移,化学环境差异越大在核磁中表现的化学位移差就越大。从图 4-10 可知,K-Al₁₃ 和 M-Al₁₃ 的结构中铝原子种类分别为 3 种和 4 种,即理论上来说,这两种形态所对应的固态核磁的化学位移分别应该对应 3 个和 4 个峰。然而实际情况与此不同,K-Al₁₃ 图谱中出现了 4 个峰位,而 M-Al₁₃ 仅出现 2 个峰位。对于 M-Al₁₃ 峰位数变少,这可能是峰谱彼此的叠加造成的,小峰被掩盖在更宽的峰中。而对于 K-Al₁₃,图谱出峰的数量多于理论值,这可能是 AlO$_6$ 形态扭曲造成的。K-Al$_{13}$ 形态中的 AlO$_6$ 并非完美的正八面体,这个推论与 Allouche 等[9]通过 3Q-MAS 对不同铝原子所做的分峰观测现象一致。

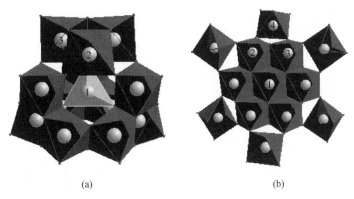

(a)　　　　　　　　　　　　　　(b)

图 4-10　K-Al$_{13}$(a)和 M-Al$_{13}$(b)的铝原子配位类型

XRD 和 ^{27}Al MAS NMR 均是通过谱图和理论结构计算的比对,对结构的反映较为抽象。从电镜照片上能更直观地看到两类 Al$_{13}$ 晶相组成的差别。图 4-11 表明,单颗 M-Al$_{13}$ 的晶粒呈现较为完整的平板正六面体,晶粒粒径约为 60μm。晶粒表面附着了一些碎片,从这些碎片的棱角来看,它们可能是研磨过程中部分晶体破碎所致。单颗 K-Al$_{13}$ 的晶粒呈正四面体,与文献报道相符[10]。

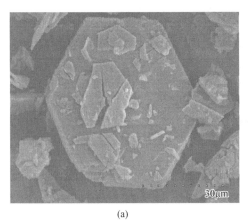

(a)　　　　　　　　　　　　　　(b)

图 4-11　M-Al$_{13}$(a)和 K-Al$_{13}$(b)的电镜形貌

4.3.2　稀溶液中 M-Al$_{13}$ 形态的转化与残留

1. M-Al$_{13}$ 在溶液中的转化

将一定量的 M-Al$_{13}$ 和 K-Al$_{13}$ 溶解于水溶液中,配制成两种"晶体溶解液",

经测定其总铝浓度分别为 0.13mol/L 和 0.093mol/L。两类 Al_{13} 的溶解液的质谱图如图 4-12 所示，形态分析的具体结果列于表 4-3。结果表明，$K\text{-}Al_{13}$ 的质谱图中几乎仅含有两个系列的 Al_{13} 质谱峰而不含其他铝形态，其中主峰为 Al_{13}^{2+}，第二高峰为 Al_{13}^{3+}，这说明其样品纯度较高，制样较为成功。值得注意的是，$M\text{-}Al_{13}$ 与 $K\text{-}Al_{13}$ 质谱图所包含的两个 Al_{13} 峰系列的 m/z 分布一样，这说明 $M\text{-}Al_{13}$ 的溶液中也含有 $K\text{-}Al_{13}$。由于 $K\text{-}Al_{13}$ 并不存在于 $M\text{-}Al_{13}$ 晶体样品中，因此推测 $K\text{-}Al_{13}$ 来自于溶解过程中 $M\text{-}Al_{13}$ 的转化。但 ESI-MS 并不能确切地鉴定溶液铝形态的结构，因此仍需其他形态表征手段的验证。

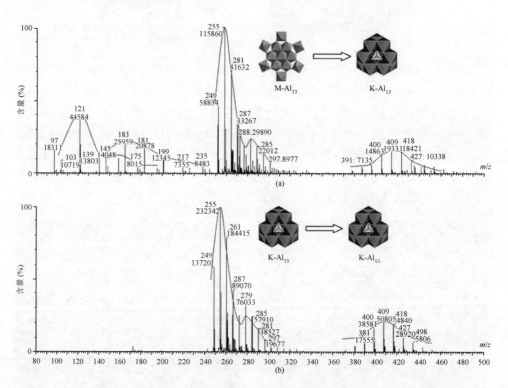

图 4-12　$M\text{-}Al_{13}$（a）和 $K\text{-}Al_{13}$（b）溶解液的电喷雾质谱图（高斯系列峰通过曲线标注）

　　除了具有相似的 $Al_{13}^{2+/3+}$ 系列，$M\text{-}Al_{13}$ 与 $K\text{-}Al_{13}$ 溶解液质谱图中的其他形态存在显著差别。从表 4-3 可以看出，$M\text{-}Al_{13}$ 溶液中包含了大量低聚合度的系列铝形态（Al_1^+、Al_2^+ 和 Al_3^+）。考虑到这些低聚态并没有出现在晶体 $M\text{-}Al_{13}$ 中，因此推测这些低聚形态是在 $M\text{-}Al_{13}$ 溶解后分解产生的。

表 4-3　电喷雾质谱图中 M-Al₁₃ 和 K-Al₁₃ 溶解液形态分析的主要结果比较

形态种类	M-Al₁₃		K-Al₁₃	
	m/z	可能的形态组成	m/z	可能的形态组成
Al_1^+	97	$Al(OH)_2^+ \cdot 2H_2O$	—	—
	133	$Al(OH)_2^+ \cdot 4H_2O$		
Al_2^+	103	$Al_2O_2(OH)^+$	—	—
	121	$Al_2O(OH)_3^+$		
	139	$Al_2(OH)_5^+$		
	157	$Al_2(OH)_5^+ \cdot H_2O$		
	175	$Al_2(OH)_5^+ \cdot 2H_2O$		
	193	$Al_2(OH)_5^+ \cdot 3H_2O$		
Al_3^+	145	$Al_3O_4^+$	—	—
	163	$Al_3O_3(OH)_2^+$		
	181	$Al_3O_2(OH)_4^+$		
	199	$Al_3O(OH)_6^+$		
	217	$Al_3(OH)_8^+$		
	235	$Al_3(OH)_8^+ \cdot H_2O$		
Al_{13}^{2+}	373	$Al_{13}O_{13}(OH)_{11}^{2+}$	373	$Al_{13}O_{13}(OH)_{11}^{2+}$
	382	$Al_{13}O_{12}(OH)_{13}^{2+}$	382	$Al_{13}O_{12}(OH)_{13}^{2+}$
	391	$Al_{13}O_{11}(OH)_{15}^{2+}$	391	$Al_{13}O_{11}(OH)_{15}^{2+}$
	400	$Al_{13}O_{10}(OH)_{17}^{2+}$	400	$Al_{13}O_{10}(OH)_{17}^{2+}$
	409	$Al_{13}O_9(OH)_{19}^{2+}$	409	$Al_{13}O_9(OH)_{19}^{2+}$
	418	$Al_{13}O_8(OH)_{21}^{2+}$	418	$Al_{13}O_8(OH)_{21}^{2+}$
	427	$Al_{13}O_7(OH)_{23}^{2+}$	427	$Al_{13}O_7(OH)_{23}^{2+}$
	436	$Al_{13}O_6(OH)_{25}^{2+}$	436	$Al_{13}O_6(OH)_{25}^{2+}$
	445	$Al_{13}O_5(OH)_{27}^{2+}$	445	$Al_{13}O_5(OH)_{27}^{2+}$
Al_{13}^{3+}	249 255	$Al_{13}O_{12}(OH)_{12}^{3+}$, $Al_{13}O_{11}(OH)_{14}^{3+}$	249	$Al_{13}O_{12}(OH)_{12}^{3+}$
	261 267	$Al_{13}O_{10}(OH)_{16}^{3+}$, $Al_{13}O_9(OH)_{18}^{3+}$	255	$Al_{13}O_{11}(OH)_{14}^{3+}$
	273 279	$Al_{13}O_8(OH)_{20}^{3+}$, $Al_{13}O_7(OH)_{22}^{3+}$	261	$Al_{13}O_{10}(OH)_{16}^{3+}$
	285 291	$Al_{13}O_6(OH)_{24}^{3+}$, $Al_{13}O_5(OH)_{26}^{3+}$	267 273	$Al_{13}O_9(OH)_{18}^{3+}$ $Al_{13}O_8(OH)_{20}^{3+}$
	297 303	$Al_{13}O_4(OH)_{28}^{3+}$, $Al_{13}O_3(OH)_{30}^{3+}$	279 285	$Al_{13}O_7(OH)_{22}^{3+}$ $Al_{13}O_6(OH)_{24}^{3+}$
	309 315	$Al_{13}O_2(OH)_{32}^{3+}$, $Al_{13}O(OH)_{34}^{3+}$	291 297	$Al_{13}O_5(OH)_{26}^{3+}$ $Al_{13}O_4(OH)_{28}^{3+}$
	321	$Al_{13}(OH)_{34}^{3+} \cdot H_2O$	303 309	$Al_{13}O_3(OH)_{30}^{3+}$ $Al_{13}O_2(OH)_{32}^{3+}$
	327	$Al_{13}(OH)_{34}^{3+} \cdot 2H_2O$	315	$Al_{13}O(OH)_{34}^{3+}$
	333	$Al_{13}(OH)_{34}^{3+} \cdot 3H_2O$	321	$Al_{13}(OH)_{34}^{3+} \cdot H_2O$
	339	$Al_{13}(OH)_{34}^{3+} \cdot 4H_2O$	327	$Al_{13}(OH)_{34}^{3+} \cdot 2H_2O$
			333	$Al_{13}(OH)_{34}^{3+} \cdot 3H_2O$
			339	$Al_{13}(OH)_{34}^{3+} \cdot 4H_2O$

2. M-Al$_{13}$ 在溶液中的残留

两种 Al$_{13}$ 晶体在溶解过程中的形态转化过程有显著的差别。溶液 ^{27}Al NMR 图谱（图 4-13）进一步定量地揭示了这种差别。对于 K-Al$_{13}$ 溶液，核磁图谱中仅检测到了 62.5ppm 处的峰，同时浓度分析表明 K-Al$_{13}$ 占到了总铝浓度的 93.2%，这说明大部分溶液的形态仍然保持了晶体中的原始 Keggin 结构。相反的，M-Al$_{13}$ 溶解液的核磁图谱并未检测到 M-Al$_{13}$ 自身的特征峰，而发现了另外两个不属于初始形态的峰，一个是 62.5ppm 处 K-Al$_{13}$ 的特征峰，另一个是 0ppm 处单体铝 Al$_m$ 的特征峰。浓度分析表明，K-Al$_{13}$ 含量占总铝浓度的 42.3%，Al$_m$ 占总铝浓度的 46.3%。

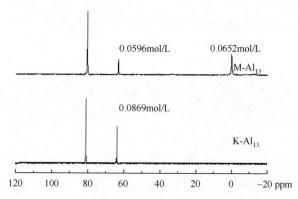

图 4-13　^{27}Al NMR 对 M-Al$_{13}$ 和 K-Al$_{13}$ 溶解液的形态分析

上述结果表明，M-Al$_{13}$ 在溶解过程中发生了水解反应，其晶体中的原始形态转化为新的铝形态，这个水解反应的机理将在本章后续内容中进行讨论。碱化度为 1.85 的溶液中可能仍有部分 M-Al$_{13}$ 原始形态残留，但浓度较低。M-Al$_{13}$ 四级矩变宽效应也使核磁检测较为困难。到目前为止，已知有机配体 heidi〔H$_2$heidi=N(CH$_2$CO$_2$H)$_2$(CH$_2$CH$_2$OH)〕存在时，M-Al$_{13}$ 可与配体形成较为稳定的配合物，在溶液中保持较高的浓度[11]。在没有有机配体存在的条件下，88.6% 的 M-Al$_{13}$ 在溶解过程中转化为其他形态。根据质量守恒定律，M-Al$_{13}$ 的残留浓度低于 11.4%。

3. M-Al$_{13}$ 残留形态的 Ferron 反应速率常数

根据不同形态铝团簇与 Ferron 反应动力学的差异，本研究进一步探讨了 M-Al$_{13}$ 与 K-Al$_{13}$ 溶解液与 Ferron 络合反应动力学过程（图 4-14）。

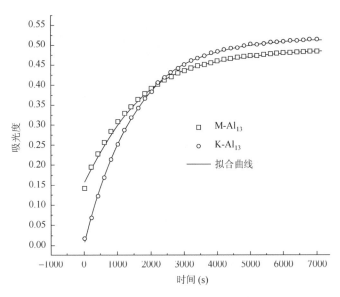

图 4-14　M-Al₁₃ 与 K-Al₁₃ 溶解液与 Ferron 络合反应动力学过程

由于 Al$_a$ 与 Ferron 试剂瞬时反应而 Al$_c$ 不与 Ferron 反应，因此动力学反应速率的决定步骤为 Al$_b$ 与 Ferron 的反应。Al$_b$ 的反应速率可通过一级反应动力学常数 k_b 表示。Ye 等[12]认为 K_b 数值的数量级在 10^{-4} 左右便可认为 Al$_b$ 是 K-Al₁₃。因此，k_b 的数量级可视为评价 Al$_b$ 组成的标准。数值拟合的结果见表 4-4。M-Al₁₃ 和 K-Al₁₃ 的拟合常数 R^2 均大于 0.999，这说明以两种形态为基础的动力学方程与实际实验结果有较好的模拟。M-Al₁₃ 溶解液的动力学反应常数 k_b 在 10^{-4} 数量级，与 K-Al₁₃ 反应常数相似，这进一步证明了 M-Al₁₃ 在溶液中大部分转化为 K-Al₁₃。两类 Al₁₃ 的 Al$_c$ 含量都很少，而 M-Al₁₃ 溶解液比 K-Al₁₃ 具有更高的 Al$_a$ 含量。

表 4-4　M-Al₁₃ 和 K-Al₁₃ 溶液铝形态的 Al-Ferron 络合动力学拟合计算分析

样品	[Al$_T$]（mol/L）	pH	Al$_a$(%)	Al$_b$(%)	Al$_c$(%)	k_b	R^2
M-Al₁₃	0.104 9	3.95	25.6	72.4	2.0	0.000 67	0.999 7
K-Al₁₃	0.093 2	4.51	1.4	94.4	4.2	0.000 61	0.999 6

Ferron 评价结果与 ESI-MS 分析结果有很好的对应。M-Al₁₃ 以快速反应的 AlO₆ 为基元结构，故部分 M-Al₁₃ 被归于 Al$_a$，而其聚合度较高又使部分被归于 Al$_b$。实验数据中的 Al$_a$ 可能包含了 M-Al₁₃ 溶解时产生的低聚态碎片，在 ESI-MS 图谱中被识别为 Al$_1^+$、Al$_2^+$ 和 Al$_3^+$。Al$_b$ 的速率常数与 K-Al₁₃ 处于同一数量级，这是大部分 M-Al₁₃ 发生转化的证明。

从晶体结构看，M-Al$_{13}$ 所带正电荷数量高达 15，高价电荷聚集在水解形态内可能是造成 M-Al$_{13}$ 不稳定、容易分解的原因。因此，溶液中 M-Al$_{13}$ 的分解伴随着低聚态 Al$_a$ 组分含量的升高。随着 M-Al$_{13}$ 的不断分解，Al$_a$ 组分进一步发生水解，组装为更稳定的 K-Al$_{13}$ 形态，在 Ferron 法检测中表现为 Al$_b$。这些形态转化途径显然受溶液 pH 影响较大，而形态转化的方向同铝形态结构稳定性有关。虽然 M-Al$_{13}$ 与 K-Al$_{13}$ 的聚合度相同，均有 13 个铝原子，但两类 Al$_{13}$ 分子水解度存在差异。M-Al$_{13}$ 水解度为 1.85，低于 K-Al$_{13}$ 的 2.46，所以 M-Al$_{13}$ 溶液更加偏向酸性。为此，更多低聚态 Al$_a$ 和较少量 Al$_b$ 也出现在 M-Al$_{13}$ 溶液中。

4.3.3　M-Al$_{13}$ 溶解液的再结晶

1. 硫酸根沉淀的结晶

硫酸根可将 K-Al$_{13}^{7+}$ 外围的 Cl 离子置换出来，并与 K-Al$_{13}^{7+}$ 结合生成硫酸盐沉淀，但一般硫酸根不与其他低聚形态反应。因此，研究沉淀前后的溶液形态变化特征可通过溶液中 K-Al$_{13}$ 在沉淀前后的含量差异进行表征。为此，本书探讨了硫酸根对两种 Al$_{13}$ 的沉淀结晶过程的影响，进而探讨 M-Al$_{13}$ 溶解液的再结晶行为。

对 M-Al$_{13}$ 溶解液和沉淀后滤液的 Ferron 法分析如图 4-15 所示，数值拟合结果见表 4-5，对于沉淀晶相组成也进行了 XRD 分析（图 4-16）。结果表明，沉淀前后 M-Al$_{13}$ 溶液的 k_b 值变化显著，沉淀后的 k_b 值约上升了一个数量级。这说明 M-Al$_{13}$ 溶液中 Al$_b$ 组分受硫酸根的影响十分明显，Al$_b$ 组成中的 K-Al$_{13}$ 可能已经完全沉淀，剩余的 Al$_b$ 成分中仅包含其他中聚形态。沉淀的晶相分析表明沉淀成分为 K-Al$_{13}$ 硫酸盐，这个结果与 ^{27}Al NMR 图谱的分析结果一致。

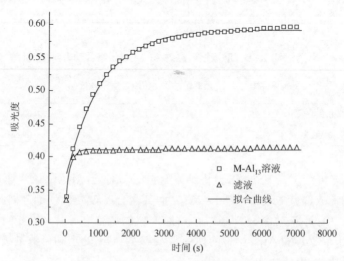

图 4-15　硫酸盐沉淀前后 M-Al$_{13}$ 溶解液的 Ferron 形态分析

表 4-5　硫酸根对 M-Al₁₃ 溶解液形态的影响

样品	$[Al_T]$（mol/L）	pH	$Al_a(\%)$	$Al_b(\%)$	$Al_c(\%)$	k_b	R^2
M-Al₁₃	0.576	3.48	63.2	39.6	none	0.000 95	0.999 8
滤液 [a]	0.382	3.94	79.1	18.8	2.1	0.009 21	0.996 1
沉淀贡献率 [b]	100%	—	31.9%	67.3%	—	—	—

a 滤液指经过硫酸根沉淀后过 0.45μm 滤膜的 M-Al₁₃溶解液；

b 沉淀贡献率指溶液中铝形态的消减量对沉淀形态的贡献比例。

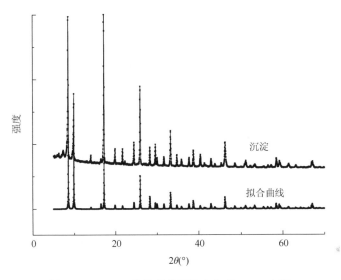

图 4-16　M-Al₁₃ 的硫酸盐沉淀产物的 XRD 分析

一般来说，Al_a 不与硫酸根反应，而 Al_b 和 Al_c 与硫酸根结合可生成沉淀从溶液中去除。从本实验中观察到的非常有意思的现象是 Al_a 同样也贡献了部分沉淀形态（表 4-5）。这可能是因为沉淀过程中，硫酸根降低了 K-Al₁₃ 的含量，打破了溶液中铝形态组分分布平衡，部分的 Al_a 形态转化为可被沉淀的 Al_b 形态。

2. 浓缩再结晶

为验证 M-Al₁₃ 溶解液中的形态能否再结晶，对稀释后的 M-Al₁₃ 溶解液进行了浓缩实验。图 4-17 表明，再浓缩溶液并不产生晶体沉淀，而是形成黏稠的凝胶类物质。对此凝胶干燥物的 XRD 检测结果表明再浓缩固体为 Al(OH)₃ 无定形态，不包含 M-Al₁₃ 晶体。然而，并不能由此证明 M-Al₁₃ 的"结晶—溶解—再结晶"是不可逆过程。这是因为 M-Al₁₃ 母液除了包含了 M-Al₁₃ 晶体还含有大量的单体铝，浓缩结晶条件的本身已经发生了改变。溶液的浓缩产品与高碱化度的聚合铝溶液浓缩产品极为类似，这说明单体铝对 M-Al$_{13}$ 的结晶析出极为重要。再结晶的证据表明 M-Al$_{13}$ 在溶解后转化为了 K-Al$_{13}$，浓缩 K-Al$_{13}$ 只能获得 Al(OH)$_3$ 无定形沉淀，而无法使 M-Al$_{13}$ 再次结晶。

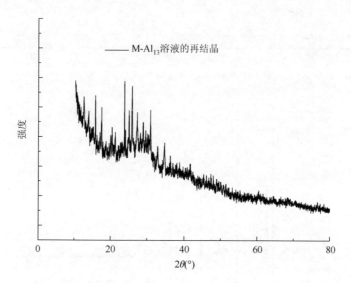

图 4-17　1.22mol/L M-Al$_{13}$ 溶液重结晶样品的 XRD 衍射图

4.3.4　不同 pH 对转化过程的影响

K-Al$_{13}$ 产生于部分中和的溶液中，中和试剂往往采用 NaOH、Na$_2$CO$_3$ 等强碱。Bertsch[13]据此提出了"微区强碱"理论，认为 K-Al$_{13}$ 生成的关键在于滴定时碱滴与溶液产生的 pH 梯度。碱滴首先在溶液局部形成较高 pH，使 Al(H$_2$O)$_6^{3+}$ 转化为 Al(OH)$_4^-$，为 K-Al$_{13}$ 的形成提供了四配体核心。该机理可解释为何 K-Al$_{13}$ 的产量取决于碱投加速度和搅拌等条件，但是对 K-Al$_{13}$ 生成所必需的 pH 梯度并未有明确的论述。此外，越来越多的研究发现 NH$_3$、NaHCO$_3$、CH$_3$COONa 和尿素等弱碱也可以产生 K-Al$_{13}$，微区强碱理论对这些部分中和溶液 pH 梯度较低条件下形成的 K-Al$_{13}$ 也无法作出解释。基于水溶液中 M-Al$_{13}$ 可自发转化 K-Al$_{13}$ 的实验现象，本实验研究了不同 pH 离子水滴定 M-Al$_{13}$ 溶解液对铝形态分布的影响；通过 MINTEQ 理论计算，讨论了 K-Al$_{13}$ 形成对滴定碱度的要求，并提出 M-Al$_{13}$ 溶解液转化为 K-Al$_{13}$ 的微观机理。

1. 滴定对 M-Al$_{13}$ 溶解液 pH 的影响

电位滴定是研究铝盐水解聚合过程机理的基本方法。电位滴定过程中，强碱向铝液中的缓慢滴定所引起的溶液 pH 变化通常可反映溶液中铝的水解聚合过程，并且可以在一定程度上间接给出铝的水解聚合产物即羟基络合物及聚合物的形态转换信息，因而以往的研究对此进行了广泛关注。但是，长期以来，对电位滴定过程中滴定液与溶液的 pH 梯度与铝形态分布关系了解甚少，进而无法清晰地分析 K-Al$_{13}$ 的生成条件。由此，本节利用电位滴定研究了不同 pH 的"离子水"滴定过程的 M-Al$_{13}$ 溶解液 pH 梯度变化，并结合 ^{27}Al NMR 和 ESI-MS 对电位滴定过程中羟基聚合铝形态的转化过程进行分析。

　　铝的水解聚合过程实质上是铝水解脱质子和羟基桥联聚合两类反应交错进行的过程，其反应受溶液中总铝浓度以及溶液 pH 的影响较大。M-Al$_{13}$ 在溶解液中水解为小分子单体铝然后聚合为 K-Al$_{13}$ 的转化过程受溶液 pH 的影响较大。本实验采用自动电位滴定仪，向浓度为 0.105mol/L 的 M-Al$_{13}$ 溶解液中滴加一定 pH 的"离子水"溶液。"离子水"包含 0.2mmol NaNO$_3$ 以提供必要的离子强度，并用 0.05mol/L NaOH 和 0.05mol/L HCl 调成不同 pH。期间随着离子水的滴入，溶液 pH 的变化如图 4-18 所示。

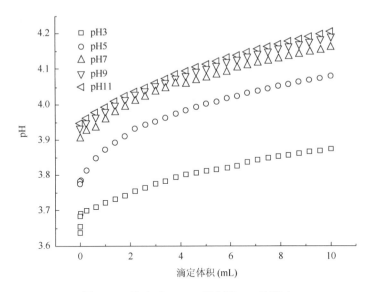

图 4-18　滴定对 M-Al$_{13}$ 溶解液 pH 的影响

　　从图 4-18 可见，在滴定初期溶液 pH 有一快速上升趋势，随后 pH 上升趋势减缓。这说明滴定的最初阶段水解聚合反应速率较快，而随后趋于缓和。滴定过程中溶液 pH 变化同溶液中铝形态的自发水解和聚合反应有关。滴定过程中，一方面，M-Al$_{13}$ 溶解液中不稳定的聚合形态分解为低聚体 Al$_1$、Al$_2$ 和 Al$_3$，此过程需要从溶液中吸收质子，从而导致溶液 pH 上升，为进一步组装生成新的 K-Al$_{13}$ 提供了材料；另一方面，M-Al$_{13}$ 溶解液中原有的低聚体聚合为 K-Al$_{13}$ 需要从溶液中吸收氢氧根，导致 pH 降低。pH 上升的总体趋势说明，在滴定过程中 M-Al$_{13}$ 溶解液中的反应以不稳定聚合形态的分解反应为主。pH 变化规律说明，M-Al$_{13}$ 溶解液中存在着某些不稳定的聚合形态，这些形态可能是少量尚未分解的残留 M-Al$_{13}$，也可能是其他中等聚合度的六元环形态。但目前，本书对溶解液中这些低浓度的形态尚无法通过实验方法证实，有待进一步的研究。

此外，滴定实验表明，不论离子水的 pH 为多少，滴定均导致溶液 pH 上升。当离子水 pH 为 3～11 时，滴定离子水的 pH 高于溶液初始 pH 3.44，因此滴定过程相当于向溶液中加碱，从而导致溶液 pH 上升；而当离子水 pH 为 3 时，滴定液 pH 低于溶液初始 pH，此时滴定相当于加酸，但仍发现溶液 pH 增加。这说明 M-Al$_{13}$ 溶解液吸收质子导致的 pH 升高效应要高于加酸造成的 pH 降低。

根据 Bertsch 的"微区强碱"理论[13]，K-Al$_{13}$ 的生成不仅与溶液 pH 有关，而且与微区强碱环境与溶液的 pH 差值（pH 梯度，ΔpH）有关。强碱滴定法制备 K-Al$_{13}$ 的 ΔpH 通常在 10 以上，而在本实验中 ΔpH 被控制在较低的范围，为–0.88～7.1（图 4-19）。在本实验中，ΔpH 为 M-Al$_{13}$ 溶解液与滴加液 pH 差值。本实验随后对不同 ΔpH 下 K-Al$_{13}$ 的生成量进行了研究。

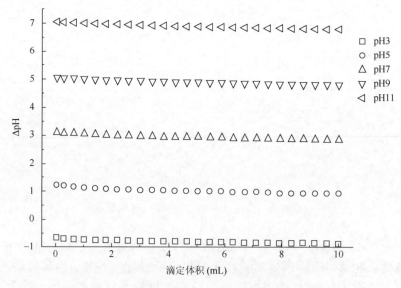

图 4-19　pH 梯度在 M-Al$_{13}$ 溶解液稀释过程中的变化

从图 4-19 可知，在整个滴定过程中，ΔpH 变化的幅度不大。这是因为铝形态具有一定的缓冲能力，吸收了溶液释放的氢氧根或质子，因此外加酸碱对溶液 pH 改变并不明显。这在强碱滴定过程中也较为常见，表现为在较大[OH]/[Al]范围内 pH 保持不变。

2. 滴定对 M-Al₁₃ 溶解液形态的影响

在电位滴定的终点取样，采用 ^{27}Al NMR 及 ESI-MS 对样品中羟基铝形态进行分析。从图 4-20 分析可知，不同 ΔpH 下，溶液中均可检测到 62.5ppm 和 0ppm 的核磁峰，这说明溶液的主要组成形态相似，均包含 K-Al₁₃ 和单体铝（Alₘ）。采用峰面积积分法对 K-Al₁₃ 和 Alₘ 这两种已知形态及不可检测形态（Alᵤₙ）的浓度变化趋势进行了研究，结果如图 4-21 所示。

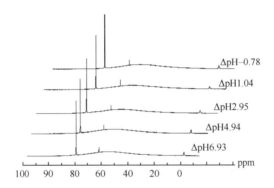

图 4-20　不同 pH 梯度稀释下 M-Al₁₃ 溶解液的 ^{27}Al NMR 图谱

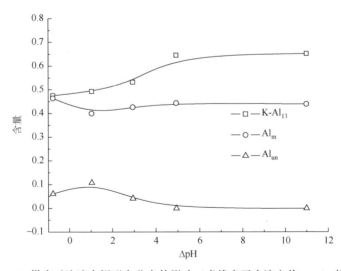

图 4-21　pH 梯度对溶液中铝形态分布的影响（虚线表示未滴定前 K-Al₁₃ 的含量）

随着滴定 pH 梯度的增加，K-Al$_{13}$ 含量也呈现增加趋势，表明 pH 梯度的增加有利于 M-Al$_{13}$ 溶解液转化为 K-Al$_{13}$。这与 Bertsch 的"微区强碱"对 K-Al$_{13}$ 生成量的预测相符合。他认为局部强碱和高 pH 梯度更利于形成 K-Al$_{13}$。但同时根据他的理论，当滴定采用的 pH 梯度为零或更低时，K-Al$_{13}$ 也无法生成，而实验在低 pH 梯度下的情况与此不符。从图 4-21 可看出，在采用不同 pH 梯度的滴定条件下，溶液中 K-Al$_{13}$ 含量均有提高。尤其是当 pH 梯度降低至–0.78 时，K-Al$_{13}$ 依然可从溶液中生成。在滴定时 Al$_m$ 和 Al$_{un}$ 含量减少，说明 Al$_m$ 和 Al$_{un}$ 转化为 K-Al$_{13}$。因此，"微区强碱"可能只是 K-Al$_{13}$ 生成的充分条件，而非必要条件，K-Al$_{13}$ 的生成还存在其他机理。

若采用 Bertsch 的"微区强碱"理论可对 pH 梯度高于 10 的 K-Al$_{13}$ 生成途径进行解释，而在本书中，使 K-Al$_{13}$ 含量升高的 pH 梯度可小于 6.93，显然不完全在 Bertsch 理论的范围内。因此，对于本书中 K-Al$_{13}$ 的生成原理或其水解的"推动力"仍需研究。

根据汤鸿霄提出的"双水解模式"[14]，本实验现象可得到很好的解释：当滴定溶液的 pH 梯度较高时（如用 pH 为 11 的离子水滴定），其水解的"推动力"来源于"强制水解"，此时 K-Al$_{13}$ 的生成来自外加碱的强制水解，生成过程遵循"微区强碱"理论；而当滴定溶液的 pH 梯度较低时（如用 pH 为 3 的离子水滴定），此时 K-Al$_{13}$ 的生成可能基于溶液中低聚体的自组装行为，其水解"推动力"来源于稀释导致的"自发水解"。双水解模式综合了传统的自组装理论以及"微区强碱"模式的优点，可以更好地解释不同 pH 梯度滴定过程中铝的水解聚合过程。在该模式中，M-Al$_{13}$ 溶解液的两种水解模式同时存在，在 pH 梯度不同的滴定过程中发挥不同程度的作用，但不同水解途径起点和终点保持一致。在 M-Al$_{13}$ 溶液转化为 K-Al$_{13}$ 的过程中，两种模式互相促进，自发水解产生的低聚体为 K-Al$_{13}$ 的生成提供组装的材料，而强制水解的发生导致溶液热力学不平衡进而导致自发水解的进一步发生。

从图 4-22 可以看出，采用不同 pH 梯度滴定的溶液铝形态分布相似。形态分析的具体结果列于表 4-6。结果表明，不同 pH 梯度滴定的溶液中仅含有两个系列的 Al$_{13}$ 质谱峰而不含其他铝形态，其中主峰为 Al$_{13}^{2+}$，第二高峰为 Al$_{13}^{3+}$，这与用去离子水滴定获得的主要铝形态一致。除了 Al$_{13}^{2+/3+}$ 系列，不同 pH 梯度条件下滴定的溶液中还检测到了 Al$_1^+$、Al$_2^+$ 和 Al$_3^+$。这些低聚形态也与 M-Al$_{13}$ 溶液中检测到的低聚合度铝形态系列一致。这表明 pH 梯度并不是溶液中铝形态种类的主要影响因素。

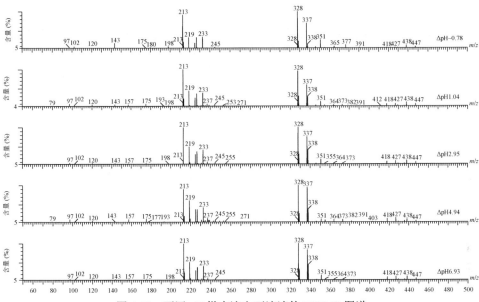

图 4-22　不同 pH 梯度滴定下溶液的 ESI-MS 图谱

表 4-6　不同 pH 梯度下 ESI-MS 对溶液铝形态的分析结果

形态类别	m/z	形态组成
Al_1^+	97	$Al(OH)_2^+ \cdot 2H_2O$
Al_2^+	157	$Al_2(OH)_5^+ \cdot H_2O$
	175	$Al_2(OH)_5^+ \cdot 2H_2O$
Al_3^+	199	$Al_3O(OH)_6^+$
	217	$Al_3(OH)_8^+$
	235	$Al_3(OH)_8^+ \cdot H_2O$
Al_{13}^{2+}	328	$Al_{13}O_{18}(OH)^{2+}$
	337	$Al_{13}O_{17}(OH)_3^{2+}$
	346	$Al_{13}O_{16}(OH)_5^{2+}$
	355	$Al_{13}O_{15}(OH)_7^{2+}$
	373	$Al_{13}O_{13}(OH)_{11}^{2+}$
	418	$Al_{13}O_{13}(OH)_{11}^{2+} \cdot 5H_2O$
	427	$Al_{13}O_{13}(OH)_{11}^{2+} \cdot 6H_2O$
	436	$Al_{13}O_{13}(OH)_{11}^{2+} \cdot 7H_2O$

形态类别	m/z	形态组成
Al_{13}^{3+}	213	$Al_{13}O_{18}^{3+}$
	219	$Al_{13}O_{17}(OH)_2^{3+}$
	225	$Al_{13}O_{16}(OH)_4^{3+}$
	231	$Al_{13}O_{15}(OH)_6^{3+}$
	237	$Al_{13}O_{14}(OH)_8^{3+}$
	255	$Al_{13}O_{11}(OH)_{14}^{3+}$

4.3.5　溶液中 Mögel-Al₁₃ 转化为 Keggin-Al₁₃ 的机理

对于 K-Al$_{13}$ 的生成机理存在多种机理假说,其中争议的核心问题是 AlO$_4$ 核心是如何生成的。目前大多数人接受的机理是 Bertsch[13]提出来的"微区强碱"理论。他假设在滴碱的过程,当碱滴尚未完全混匀时存在一个局部强碱区域,这个区域与液相主体存在较大的 pH 梯度,因此有利于 Al(OH)$_4^-$ 的生成。

这个机理能够解释为什么搅拌强度和滴定的酸碱强度会对 K-Al$_{13}$ 的产量有影响。但是这个机理是基于 KOH、NaOH 和 Na$_2$CO$_3$ 等强碱中和条件下 K-Al$_{13}$ 生成的研究而提出的。本实验中,在各种 pH 梯度条件下滴定 M-Al$_{13}$ 溶液均可产生K-Al$_{13}$,因此 M-Al$_{13}$ 转化为 K-Al$_{13}$ 是否只有单一途径值得怀疑。低 pH 离子水碱性非常弱,可能并不足以维持 Al(OH)$_4^-$ 生成的微区强碱环境。

图 4-23 表明,理论上 K-Al$_{13}$ 的前驱物 Al(OH)$_4^-$ 仅产生于 pH$\geqslant$4 的溶液中。因此,在低于此 pH 条件下,K-Al$_{13}$ 在非强碱中和体系的生成,可能需要其他 AlO$_4$ 生成方式的解释。由于 Al$_3$ 和 Al$_1$ 在 M-Al$_{13}$ 溶液中被检测到,一个可能的假设在此提出:AlO$_4$ 可通过 Al$_3$ 和 Al$_1$ 的缩合而生成,如图 4-24 所示。当 pH$<$4 时,M-Al$_{13}$ 首先在溶液中分解生成低聚体 Al$_1$ 和 Al$_3$ 等。然后,Al$_3$ 通过 μ_3-OH 与 Al$_1$ 的桥联结合生成 Al$_4$。桥联过程中,μ_3-OH 的质子被 Al$_1$ 的羟基夺走形成水分子脱落,生成了 μ_4-O 桥的 Al$_4$。Al$_4$ 再与 3 个 Al$_3$ 结合,发生类似的反应生成 K-Al$_{13}$;当 pH$>$4 时,M-Al$_{13}$ 首先在溶液中分解生成低聚体 Al$_1$,随后 Al$_1$ 在滴定过程中转化为 Al(OH)$_4^-$(μ_4-O),并与三个 Al$_3$ 结合,形成 K-Al$_{13}$。

在本机理中,AlO$_4$ 的生成条件取决于滴定的 pH 条件。当 pH$<$4 时,AlO$_4$是 μ_3-OH 与单体铝结合并脱质子形成。由于并不需要生成游离的 Al(OH)$_4^-$ 就可形成 K-Al$_{13}$,因此用本机理解释 M-Al$_{13}$ 转化为 K-Al$_{13}$ 的过程显得更为合理。Jolivet等[15]提出的"分电荷"理论(partial charge theory)也支持 OH 桥脱水可生成 O 桥

的假设，他们认为络合削弱了 O 对 H 的吸引力，因此羟基的氢离子更容易脱落。Michot 等[16]的 EXAFS 拟合结果也表明，Keggin-Ga$_{13}$ 的中间产物 Ga$_4$ 可能在溶液中存在。因此，K-Al$_{13}$ 的生成可能存在多种生成途径，而游离的 Al(OH)$_4^-$ 并非其生成的必要条件。由于 K-Al$_{13}$ 的生成焓低于 M-Al$_{13}$，因此 M-Al$_{13}$ 转化为 K-Al$_{13}$ 的水解推动力可能是热力学推动的结果。

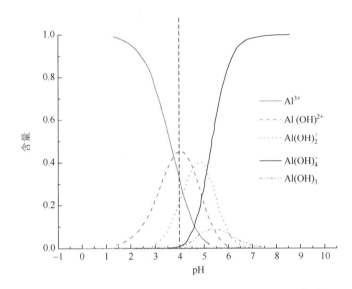

图 4-23　不同 pH 条件下单体铝形态分布的 MINTEQ 拟合

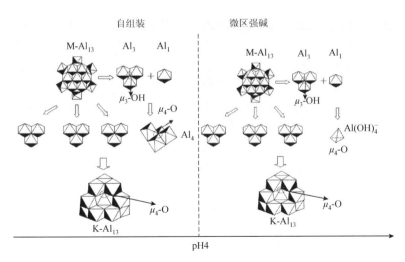

图 4-24　M-Al$_{13}$ 转化生成 K-Al$_{13}$ 的机理示意图

4.4　Mögel-Al$_{13}$晶体溶解过程中的形态转化

　　羟基聚合铝混凝剂往往制备成晶体粉末以便储存与运输。羟基聚合铝晶体在使用时先溶解为高浓度的母液，然后在投药过程中稀释。晶体的溶解和稀释对混凝剂的最终铝形态产生重要影响，因此研究此过程中铝形态的稳定性对于聚合铝混凝剂的优化使用有较大的现实意义。一般认为羟基聚合铝可在较大浓度范围内保持稳定，因此文献中大部分对铝形态的研究集中在 $10^{-4} \sim 10^{-1}$mol/L 的浓度范围内，而对高浓度形态的研究较少；另一方面，Keggin 结构羟基铝往往作为研究聚合铝结构稳定性的特征铝形态，但溶液中包含的另一类核链羟基铝的形态结构稳定性尚不清楚。因此，对核链形态羟基铝在较大浓度范围内的水解聚合过程进行研究显得尤为必要。本节选用 M-Al$_{13}$ 作为特征核链铝形态，从浓度、pH 和陈化时间等几个对羟基聚合铝絮凝剂研制、生产、储存和使用过程中形态转化的影响因素出发，分析核链羟基聚合铝形态结构的转化过程。

4.4.1　Mögel-Al$_{13}$晶体的溶解、稀释、陈化实验

　　称取一定量的 K-Al$_{13}$ 硫酸盐沉淀物，加入一定体积去离子水并搅拌（JTY 型搅拌器）形成悬浊液。再根据沉淀物中硫酸根含量（由沉淀物化学组分的测定计算得出），以预定的 n_{Ba} / n_{SO_4} 加入浓度为 0.306mol/L 的 BaCl$_2$ 溶液，搅拌 6h 后转移至容量瓶加水定容，并过 0.45μm 的滤膜。此溶液即为纯化的 K-Al$_{13}$ 溶液，置于塑料瓶中 4℃下保存。

　　将 M-Al$_{13}$ 晶体溶解于去离子水，即为其晶体的"溶解液"。M-Al$_{13}$ 的元素组成为氢、氧、铝和氯，不含硫酸盐，且易溶于水。由于晶体的溶解和稀释方式可能影响溶液形态分布，因此统一规范操作步骤。将晶体溶液置于烧杯中，搅拌速度不低于 300r/min，并以 $0.1 \sim 0.15$mL/min 的流速缓慢将去离子水滴入晶体溶液中。

　　M-Al$_{13}$ 溶解液的陈化实验在25℃下进行。先将溶液储存于具塞三角玻璃瓶中，置于室温下放置并每隔一定时间采样测其中的铝形态。

4.4.2　稀释过程对 M-Al$_{13}$ 形态的影响

　　1. 稀释过程的 ^{27}Al NMR 分析

　　将 M-Al$_{13}$ 晶体溶解于水配制成高浓度溶液，并逐步稀释至不同浓度，获得系列 ^{27}Al NMR 图谱（图 4-25）。从峰宽和化学位移随浓度的变化可知，M-Al$_{13}$ 溶液

的铝形态分布与稀释过程相关。在较宽泛的浓度 0.0215～1.22mol/L 内，K-Al₁₃ 均出现在 M-Al₁₃ 溶液中，而当稀释浓度高于 1.51mol/L 时，K-Al₁₃ 信号峰在 M-Al₁₃ 溶液中消失。因此可以推测 1.51mol/L 是 K-Al₁₃ 出现在溶液中的临界值，在此浓度以下继续稀释将提高 K-Al₁₃ 的浓度。

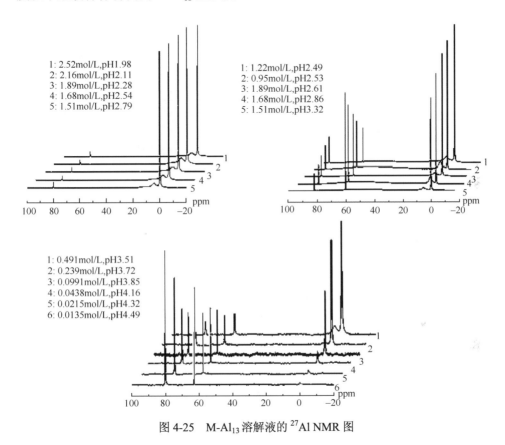

图 4-25　M-Al₁₃ 溶解液的 ^{27}Al NMR 图

化学位移位于 0ppm 的核磁峰出现在所有浓度范围，这说明单体铝形态 Al$_m$ 在所有浓度范围均存在。化学位移位于 2.1～7.7ppm 处的宽峰代表了 Al₂、Al₃ 及其他未知核链铝形态。这些峰仅出现在浓度高于 0.491mol/L 的溶液中，这说明 Al₂、Al₃ 等核链聚集态仅在较高浓度时大量存在。

高浓度的溶液条件与 M-Al₁₃ 结晶液的溶液条件极为相似，因此 M-Al₁₃ 可在高浓度的溶液中存在，其特征峰难以与 Al₂ 和 Al₃ 的核磁响应堆叠在一起。这是因为 M-Al₁₃ 类的核链形态在核磁的检测中受四级矩变宽效应的强烈干扰，其特征峰不尖锐而被掩盖于宽峰内（8.5ppm）。

当溶液浓度为 0.491～2.52mol/L 时，Al$_m$、Al₂ 和 Al₃ 是主要的可被检测形态；

当溶液浓度低于 0.491mol/L 时，K-Al$_{13}$ 成为主要形态。考虑到 M-Al$_{13}$ 晶体样品纯度较高，因此推断 Al$_m$、Al$_2$、Al$_3$ 和 K-Al$_{13}$ 等形态均产生于 M-Al$_{13}$ 的溶解和稀释过程，而不是外来杂质引入的。总的来说，从图 4-25 系列浓度的核磁图谱可知，高浓度下 M-Al$_{13}$ 可以离子形式存在，也可转化为 Al$_m$、Al$_2$ 和 Al$_3$，而在低浓度时主要转化为 K-Al$_{13}$。

羟基聚合铝形态的配位结构决定着其 NMR 峰的化学位移，而 NMR 的峰宽取决于铝形态内的结构对称度，因此对稀释过程中 NMR 峰宽的研究可进一步理解铝形态的细微结构变化。图 4-26 表明 Al$_m$ 的峰宽随着稀释而显著增加，而 K-Al$_{13}$ 核的 AlO$_4$ 峰宽几乎不发生改变。高浓度时，K-Al$_{13}$ 受稀释的影响无法确认，因为 K-Al$_{13}$ 无法在此浓度下被检测到。此外，pH 在整个稀释过程中逐渐升高。

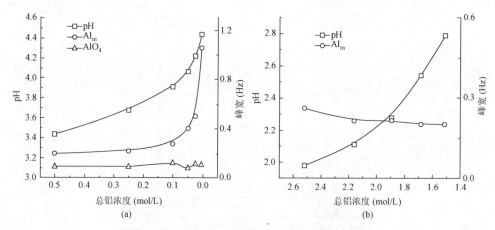

图 4-26　pH 与 NMR 峰宽随 M-Al$_{13}$ 浓度的变化

羟基交换反应是影响核磁峰宽的重要因素，羟基取代配位水进入羟基铝结构中加剧了其结构的不对称性，导致核磁的峰宽增大。Kloprogge 等[17]认为 Al$_m$ 峰宽的增加主要是发生了如下反应：

$$Al(H_2O)_6^{3+} + H_2O \longrightarrow Al(H_2O)_5(OH)^{2+} + H_3O^+$$

$$Al(H_2O)_5(OH)^{2+} + H_2O \longrightarrow Al(H_2O)_4(OH)_2^+ + H_3O^+$$

基于同样原因，稀释过程中 Al$_m$ 峰宽的上升说明有羟基进入了单体铝形态。这些羟基来源于溶液中自发的水解反应，而稀释促使溶液 pH 升高促进了这些水解反应的发生。相反，K-Al$_{13}$ 峰宽则几乎不受浓度影响，这表明 K-Al$_{13}$ 在稀释过程中可保持稳定状态。因此，峰宽研究表明 Al$_m$ 比 K-Al$_{13}$ 更容易受到稀释或浓度的影响。

当溶液浓度高于 1.51mol/L 时，核磁图谱中可检测到一个大于 1929Hz 的宽峰。

这个峰的分辨率太低以至无法确认其对应形态。Akitt 和 Elders 等[18]也曾获得相同宽度的峰，并认为其对应 Al$_2$、Al$_3$、Al$_4$ 和 Al$_5$ 等核链低聚体系列形态。在本研究中，可能还包含着 M-Al$_{13}$ 核链形态。但由于这些低聚体的峰信号彼此重叠，难以对其作出对应性判断。

铝形态分布的定量分析结果如图 4-27 所示。随着稀释进行，K-Al$_{13}$ 的含量逐渐上升，而 Al$_m$ 和 Al$_{un}$ 的含量逐渐下降。比较显著的是 M-Al$_{13}$ 在低浓度的时候大部分是分解状态的，因为在整个浓度范围内 Al$_m$ 和 K-Al$_{13}$ 占了总铝浓度的 80%以上。

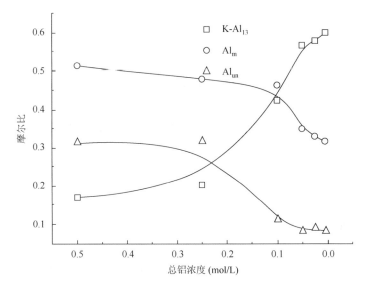

图 4-27　K-Al$_{13}$、Al$_m$ 和 Al$_{un}$ 随着总铝浓度变化的趋势

将 M-Al$_{13}$ 晶体溶解于水中，无需放置立刻就能检测到 K-Al$_{13}$ 的特征峰。这个现象使我们最初认为 M-Al$_{13}$ 转化为 K-Al$_{13}$ 是瞬时过程，不存在中间步骤。如果转化反应在溶解的瞬间已经完成，那么稀释将不改变 K-Al$_{13}$ 在总铝中所占有的比例。然而实验现象说明 K-Al$_{13}$ 的浓度随着稀释进行而逐渐上升，与此假设不符，这表明转化反应存在着中间步骤。转化过程可能是 M-Al$_{13}$ 先分解为 Al$_m$ 和 Al$_{un}$ 中的低聚核链形态，这些形态随后重新组装为 K-Al$_{13}$。通过 Al$_m$、Al$_{un}$ 和 K-Al$_{13}$ 含量的变化趋势，在稀释过程中可能发生如下的反应：

$$\text{M-Al}_{13} \longrightarrow \text{Al}_m + \text{Al}_{un}$$

$$\text{Al}_m + \text{Al}_{un} + \text{OH}^- \longrightarrow \text{K-Al}_{13}$$

OH⁻参与了 M-Al$_{13}$ 转化为 K-Al$_{13}$ 的反应。这是因为 K-Al$_{13}$ 的水解度为 2.46，要高于 M-Al$_{13}$ 的 1.85。在稀释过程没有外加碱的情况下，OH⁻只能来自于溶液中水的分解。

2. 稀释过程的 ESI-MS 分析

总的来说，^{27}Al NMR 可对溶液中的 Al$_m$ 和 K-Al$_{13}$ 形态进行研究，但还有一部分铝形态在核磁中被归于不可检测形态 Al$_{un}$，对于它们的转化过程尚不明确。这部分形态可被 ESI-MS 检测，因此 ESI-MS 的结果可作为对 ^{27}Al NMR 表征结果的补充。

不同浓度 M-Al$_{13}$ 质谱图如图 4-28 所示，其形态分析的结果见表 4-7。为了在不同样品中获得相互之间可比较的结果，具有相同聚合度的铝形态被归于同一类。结果表明，ESI-MS 共检测到 Al$_1^+$、Al$_2^+$、Al$_3^+$、Al$_{13}^{2+}$ 和 Al$_{13}^{3+}$ 五种形态。比较 ESI-MS 和 ^{27}Al NMR 的结果可知，Al$_1^+$ 同核磁形态 Al$_m$ 对应，Al$_{13}^{2+}$ 和 Al$_{13}^{3+}$ 与 K-Al$_{13}$ 对应，另外的 Al$_2^+$ 和 Al$_3^+$ 主要与 Al$_{un}$ 所包含的部分形态对应。在所有的谱图中，Al$_{13}$ 系列均是主要被检测到的形态，其中 Al$_{13}^{3+}$ 是主要的形态，Al$_{13}^{2+}$ 则排在第二位。

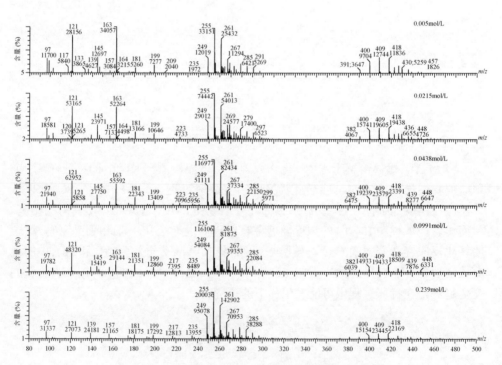

图 4-28　ESI-MS 对 M-Al$_{13}$ 稀释系列溶液的形态分析

表 4-7　ESI-MS 对不同浓度 M-Al$_{13}$ 溶液中铝形态的分析结果

形态 类别	m/z	形态组成	形态 类别	m/z	形态组成
Al$_1^+$	97	Al(OH)$_2^+$·2H$_2$O	Al$_{13}^{2+}$	373	Al$_{13}$O$_{13}$(OH)$_{11}^{2+}$
	133	Al(OH)$_2^+$·4H$_2$O		382	Al$_{13}$O$_{12}$(OH)$_{13}^{2+}$
				391	Al$_{13}$O$_{11}$(OH)$_{15}^{2+}$
				400	Al$_{13}$O$_{10}$(OH)$_{17}^{2+}$
				409	Al$_{13}$O$_9$(OH)$_{19}^{2+}$
				418	Al$_{13}$O$_8$(OH)$_{21}^{2+}$
				427	Al$_{13}$O$_7$(OH)$_{23}^{2+}$
				436	Al$_{13}$O$_6$(OH)$_{25}^{2+}$
				445	Al$_{13}$O$_5$(OH)$_{27}^{2+}$
Al$_2^+$	103	Al$_2$O$_2$(OH)$^+$	Al$_{13}^{3+}$	249	Al$_{13}$O$_{12}$(OH)$_{12}^{3+}$
	121	Al$_2$O(OH)$_3^+$		255	Al$_{13}$O$_{11}$(OH)$_{14}^{3+}$
	139	Al$_2$(OH)$_5^+$		261	Al$_{13}$O$_{10}$(OH)$_{16}^{3+}$
	157	Al$_2$(OH)$_5^+$·H$_2$O		267	Al$_{13}$O$_9$(OH)$_{18}^{3+}$
Al$_3^+$	145	Al$_3$O$_4^+$			
	163	Al$_3$O$_3$(OH)$_2^+$			
	181	Al$_3$O$_2$(OH)$_4^+$			
	199	Al$_3$O(OH)$_6^+$			
	217	Al$_3$(OH)$_8^+$			
	235	Al$_3$(OH)$_8^+$·H$_2$O			

在本实验浓度范围内，溶液中主要形态为 Al$_1^+$、Al$_2^+$、Al$_3^+$、Al$_{13}^{2+}$ 和 Al$_{13}^{3+}$。稀释过程中，ESI-MS 图谱中的相对峰强度随稀释浓度有所变化，但在任何浓度下图谱检测到的形态均相同。因此，稀释仅改变不同形态的分配比例，但并不产生新的形态。这与 Sarpola 等[19]对 AlCl$_3$ 稀释系列的研究结果不同，在他们的结果中浓度影响到了铝形态的种类数量。由于 K-Al$_{13}$ 在电喷雾过程中维持稳定，因此浓度影响的差异可通过样品中 K-Al$_{13}$ 含量的区别进行解释：M-Al$_{13}$ 溶液中含大量 K-Al$_{13}$，铝形态的分布对浓度变化不敏感，而 AlCl$_3$ 溶液中不含 K-Al$_{13}$，因此样品的形态分布更容易受到浓度的影响。

4.4.3　M-Al$_{13}$ 溶解后的陈化

陈化实验可进一步说明 M-Al$_{13}$ 溶解液转化为 K-Al$_{13}$ 的反应是否为瞬时反应。在陈化实验中，M-Al$_{13}$ 溶液被置于具塞三角瓶中于 25℃ 下自然放置，在不同时间段取样，并通过 Al-Ferron 络合动力学拟合计算方法对溶液中的铝形态进行分析。

Ferron 法实验表明，M-Al$_{13}$ 溶解液与 Ferron 反应动力学常数 k_b 处在 0.000 31～0.000 67，与 Ye 等[12]计算得到的 K-Al$_{13}$ 的反应动力学常数相似，因此本实验认为陈化过程中 Al$_b$ 的含量可等同于 K-Al$_{13}$ 的含量。陈化结束时溶液中未生成沉淀，这说明所有铝形态均保存于溶液中。

　　图 4-29 表明 M-Al$_{13}$ 溶解后可立刻检测到 Al$_b$ 即 K-Al$_{13}$ 存在，这说明 M-Al$_{13}$ 转化为 K-Al$_{13}$ 反应可在极短的时间内发生。但同时也发现随着陈化的进行，K-Al$_{13}$ 含量逐渐增高，说明溶解的瞬间转化反应并不完全，M-Al$_{13}$ 溶解液在陈化过程中可进一步转化成 K-Al$_{13}$。因此，一部分 M-Al$_{13}$ 在溶解后立刻转化，另一部分 M-Al$_{13}$ 在陈化过程中逐渐转化。陈化实验结果表明，M-Al$_{13}$ 溶解液完全转化为 K-Al$_{13}$ 需要反应时间。

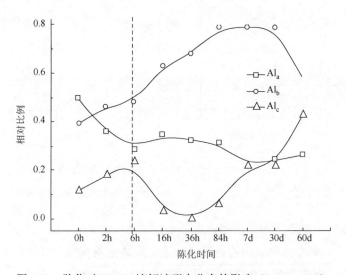

图 4-29　陈化对 M-Al$_{13}$ 溶解液形态分布的影响（0.491mol/L）

　　陈化阶段可根据低聚态 Al$_a$ 的转化速率分为两个阶段。第一阶段，Al$_a$ 含量迅速下降，中聚体 Al$_b$ 含量增加，而 Al$_c$ 含量略有上升，溶液中所有的铝形态朝着更高聚集度方向发展；第二阶段，Al$_a$ 含量下降速率减缓，Al$_b$ 含量进一步上升，而 Al$_c$ 含量下降。因此第一阶段，Al$_b$ 生成主要源于 Al$_a$ 的聚合，而第二阶段则主要源于 Al$_c$ 分解。Al$_b$ 在陈化 84h 后达到最高浓度，维持 1 个月的时间不变，随着陈化继续进行 Al$_b$ 转化为 Al$_c$。在转化过程中，溶液 pH 持续降低（图 4-30），因此溶液自发水解产生的 OH$^-$ 促进了铝形态的水解。

　　K-Al$_{13}$ 在陈化过程中可转化为更稳定或聚合度更高的形态，因此通常可观察到 Al$_a$ 含量减少，以及 Al$_b$ 和 Al$_c$ 含量的上升。但是 M-Al$_{13}$ 的转化行为与 K-Al$_{13}$ 转化有显著区别。M-Al$_{13}$ 溶液的形态在 36h 内就有明显改变，而 K-Al$_{13}$ 陈化 200h

也不发生改变[20]，这说明 M-Al$_{13}$ 转化速率远高于 K-Al$_{13}$。因此，虽然两种 Al$_{13}$ 具有相同的聚合度，但是 K-Al$_{13}$ 的结构比 M-Al$_{13}$ 更加稳定。

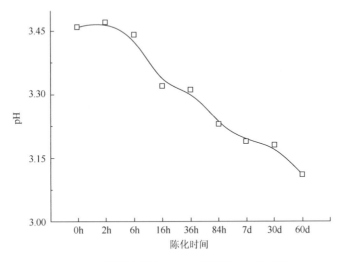

图 4-30　陈化过程中 M-Al$_{13}$ 溶解液 pH 的变化

4.4.4　M-Al$_{13}$ 晶体的溶解转化机理

M-Al$_{13}$ 在溶液中是一种不稳定的形态，在稀释和陈化过程中容易转化为其他铝形态。在浓度较高的溶液中，M-Al$_{13}$ 可在结晶溶液中存在，也可分解为 Al$_1$、Al$_2$ 和 Al$_3$ 等小分子低聚体；随着稀释进行，一部分低聚体立即组装生成 K-Al$_{13}$，另一部分小分子经过较长的陈化时间可进一步转化为 K-Al$_{13}$。因此 M-Al$_{13}$ 晶体溶解的转化方式与浓度有密切关系。

M-Al$_{13}$ 晶体易溶于水。在溶解过程中，由于传质速率的限制，M-Al$_{13}$ 晶体可在表面处形成浓度梯度。晶体溶解过程中浓度梯度的分布可解释 M-Al$_{13}$ 形态转化的微观机理，其浓度分布特征如图 4-31 所示。溶解过程中，晶体表面的溶液可为两个层面：第一层靠近晶核，称为"界面层"，在这个层内离晶核越近总铝浓度越高，因此在界面层浓度呈梯度分布；另一层称为"液相主体层"，该层面离晶核较远，其浓度分布与溶液主体的平均浓度一致。这种浓度梯度分布在其他晶体的溶解过程中也广泛存在[21]，因此假设 M-Al$_{13}$ 也存在这样的浓度分布。

由于浓度较高，界面层的 pH 较低，因此 M-Al$_{13}$ 首先分解为 Al$_1$、Al$_2$ 和 Al$_3$ 等小分子低聚体。随着这些小分子低聚体进入液相主体层，Al$_1$、Al$_2$ 和 Al$_3$ 在该层较低的浓度和高 pH 条件下发生自组装反应，最终生成 K-Al$_{13}$。陈化过程中更多的低聚体进入液相主体层，因此 K-Al$_{13}$ 的含量在此过程升高。依据浓度分布特征可解释 M-Al$_{13}$ 的陈化转化过程，并且可看出 M-Al$_{13}$ 并非直接转化为 K-Al$_{13}$，而是经历了一些中间步骤。虽然 K-Al$_{13}$ 的生成仍然受溶液 pH 变化的推动，但这个过程与传统"微区强碱"所设想的状况已有很大不同。

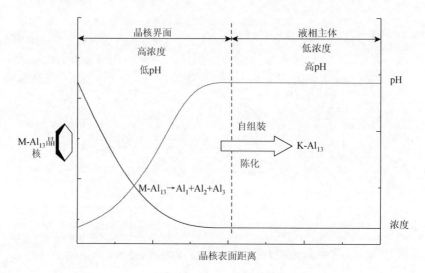

图 4-31　在溶解和陈化过程中 M-Al$_{13}$ 向 K-Al$_{13}$ 转化机理

4.5　展　　望

　　本章用酸溶法制备了系列碱化度 PAC，并在浓缩结晶条件下制备了高纯平面 M-Al$_{13}$ 晶体。在对羟基聚合铝溶液形态和晶体结构尤其是 ESI-MS 铝谱形态解析结果深入探讨的基础上，结合 Al-Ferron 络合反应动力学拟合计算和 ^{27}Al NMR 光谱对 M-Al$_{13}$ 在结晶、溶解和稀释过程中的形态结构进行了系统探讨，并分析了这些过程中晶体和溶液形态的对应关系。然而，本章仅对 M-Al$_{13}$ 在结晶、溶解和稀释过程中的晶体结构和溶液形态的转化进行了初步研究，仍有许多尚待完善之处。在本章研究基础之上，将来可以在以下方面深入开展研究工作[22]：

　　（1）M-Al$_{13}$ 存在于较高浓度的结晶溶液中，在低浓度时大部分分解或转化为其他铝形态。但是对于低浓度溶液中 M-Al$_{13}$ 是否存在或 M-Al$_{13}$ 存在的临界浓度条件等问题仍不明确。因此，低浓度条件下 M-Al$_{13}$ 结构稳定的可能性仍有待进一步理论或实验证实。

　　（2）M-Al$_{13}$ 结晶过程受很多因素的影响，如结晶液的陈化时间和蒸发温度均对 M-Al$_{13}$ 的生成速率和形态有重要影响，这在结晶溶液形态影响因素的分析上已有所体现，但由于时间和精力的限制，这部分工作还需要进一步的深入研究。

　　（3）天然有机物的存在一般引起羟基聚合铝形态的解聚和水解。但近来有研究表明，M-Al$_{13}$ 可与 heidi 等有机配体络合，并形成结构稳定的配合物。因此有机配体结构对 M-Al$_{13}$ 等羟基聚合铝溶液形态稳定的影响有待阐明。

（4）除了 M-Al$_{13}$ 和 K-Al$_{13}$ 等少数特殊形态之外，铝的水解聚合所生成的羟基铝尤其是处于介稳状态的活性羟基聚合铝形态多样。迄今为止所能直接仪器鉴定的铝形态还仅限于几类，而大量铝形态的直接鉴定还有待更为精确的先进仪器的出现。

参 考 文 献

[1]　Johansson G. The crystal structure of [Al$_2$(OH)$_2$(H$_2$O)$_8$](SO$_4$)$_2$·2H$_2$O，[Al$_2$(OH)$_2$(H$_2$O)$_8$](SeO$_4$)$_2$·2H$_2$O. Acta Chem Scandi，1962，16：403-420.

[2]　Casey W H，Olmstead M M，Phillips B L，et al. A new aluminum hydroxide octamer，[Al$_8$(OH)$_{14}$(H$_2$O)$_{18}$] (SO$_4$)$_5$· 16H$_2$O. Inorg Chem，2005，44（14）：4888-4890.

[3]　Seichter W，Mögel H J，Brand P，et al. Crystal structure and formation of the aluminium hydroxide chloride [Al$_{13}$(OH)$_{24}$(H$_2$O)$_{24}$]Cl$_{15}$·13H$_2$O. European J Inorg Chem，1998，6：795-797.

[4]　Goodwin J C，Teat S J，Heath S L. How do clusters grow? The synthesis and structure of polynuclear hydroxide gallium（Ⅲ）clusters. Angew Chem Int Ed，2004，116（31）：4129-4133.

[5]　Gerasko O A，Mainicheva E A，Naumov D Y，et al. Synthesis and crystal structure of unprecedented oxo/hydroxo-bridged polynuclear gallium（Ⅲ）aqua complexes. Inorg Chem，2005，44（12）：4133-4135.

[6]　Sun Z，Zhao H D，Tong H G E，et al. Formation and structure of [Al$_{13}$(μ_3-OH)$_6$(μ_2-OH)$_{18}$(H$_2$O)$_{24}$]Cl$_{15}$·13H$_2$O. Chin J struct Chem，2006，25（10）：1217-1227.

[7]　Gatlin J T，Mensinger Z L，Zakharov L N，et al. Facile synthesis of the tridecameric Al$_{13}$ nanocluster Al$_{13}$(μ(3)-OH)$_6$(μ(2)-OH)$_{18}$(H$_2$O)$_{24}$(NO$_3$)$_{15}$. Inorg Chem，2008，47（4）：1267-1269.

[8]　佟红格尔. 50℃下几种聚铝结晶的制备、表征及絮凝性能研究. 内蒙古大学硕士学位论文，2007：56-78.

[9]　Allouche L，Huguenard C，Taulelle F. 3QMAS of three aluminum polycations：space group consistency between NMR and XRD. J Phys Chem Solids，2001，62（8）：1525-1531.

[10]　杨发达. 多形貌不同组成的 Al$_{13}$ 基盐晶体的合成与表征. 暨南大学硕士学位论文，2005：11-30.

[11]　Heath S L，Jordan，P A，Johnson I D，et al. Comparative X-ray and ^{27}Al NMR spectroscopic studies of the speciation of aluminum in aqueous systems：Al（Ⅲ）complexes of N(CH$_2$CO$_2$H)$_2$(CH$_2$CH$_2$OH). J Inorg Biochem，1995，59（4）：785-794.

[12]　Ye C Q，Wang D S，Shi B Y，et al. Formation and transformation of Al$_{13}$ from freshly formed precipitate in partially neutralized Al（Ⅲ）solution. J Sol-Gel Sci Tech，2007，41（3）：257-265.

[13]　Bertsch P M. Conditions for Al$_{13}$ polymer formation in partially neutralized aluminum solutions1. Soil Sci Soc Am J，1987，51（3）：825-828.

[14]　汤鸿霄. 无机高分子絮凝理论与絮凝剂. 北京：中国建筑工业出版社，2006：101-102.

[15]　Jolivet J P，Henry M，Livage J. Metal Oxide Chemistry and Synthesis：from Solution to Solid State. Chichester：John Wiley and Sons，2000：1-351.

[16]　Michot L J，Montarges-Pelletier E，Lartiges B S，et al. Formation mechanism of the Ga-13 keggin ion：a combined EXAFS and NMR study. J Amer Chem Soc，2000，122（25）：6048-6056.

[17]　Kloprogge J T，Seykens D，Jansen J B H，et al. A ^{27}Al nuclear magnetic resonance study on the optimalization

of the development of the Al$_{13}$ polymer. J Non-Crystalline Solids，1992，142（1）：94-102.

[18] Akitt J W，Greenwood N N，Khandelwal B L，et al. ^{27}Al nuclear magnetic resonance studies of the hydrolysis and polymerisation of the hexa-aquo-aluminium（III）cation. J Chem Soc Dalton Trans，1972，5：604-610.

[19] Sarpola A，Hietapelto V，Jalonen J，et al. Identification and fragmentation of hydrolyzed aluminum species by electrospray ionization tandem mass spectrometry. J Mass Spec，2004，39（10）：1209-1218.

[20] Wang D S，Wang S，Huang C，et al. Hydrolyzed Al（III）clusters：speciation stability of nano-Al13. J Environ Sci，2011，23（5）：705-710.

[21] Zhang Y，Walker D，Lesher C E. Diffusive crystal dissolution. Contributions to Mineralogy and Petrology，1989，102（4）：492-513.

[22] 毕哲. Mögel-Al$_{13}$溶解转化机制及溶液形态水解途径. 中国科学院生态环境研究中心博士学位论文，2012：1-67.

第5章 羟基铝形态的水解聚合转化过程

羟基聚合铝絮凝剂形态结构的分析可为寻求絮凝剂中高效成分创造条件，同时也可为制备及其合理应用高效絮凝剂提供理论依据。然而，在高效絮凝剂的制备过程中，不同制备条件对絮凝产品中高效成分的含量产生很大的影响。此外，高有效成分含量的羟基聚合铝絮凝剂在储存过程中，必然会涉及其中铝形态的进一步转化。同时，在絮凝剂投加使用过程中，投加后的稀释过程必然会涉及絮凝剂形态的进一步转化，而这种转化对絮凝效果的影响有多大，转化后水体中的絮凝形态是否还依然保持高效成分，这都会对一种絮凝剂的使用效果产生很大的影响，因此，对羟基聚合铝絮凝剂的水解聚合过程进行研究显得尤为必要。本章主要是从稀释、熟化时间、温度、硫酸根、pH 等几个对羟基聚合铝絮凝剂研制、生产、储存和使用过程中形态转化的影响因素出发，在探讨典型羟基聚合铝溶液中铝形态的复合转化过程的基础上，重点论述两类典型结构羟基铝（六元环结构铝和 Keggin 结构铝）的存在及转化过程，进而阐述羟基铝形态结构的双水解转化模式。

5.1 羟基铝形态连续变化的定量分析

电位滴定是研究铝水解聚合过程中形态变化的一种基本方法。电位滴定过程中，强碱向铝液中的缓慢滴定所引起的溶液 pH 变化通常可反映溶液中铝的水解聚合过程，可以在一定程度上间接给出铝的水解聚合产物即羟基络合物及聚合物的形态转换信息，因而以往的研究对此进行了广泛关注。但是，长期以来，人们对电位滴定曲线的定量描述关注较少，进而无法清晰地分析铝的水解聚合过程。由此，本节利用羟基聚合铝形态研究的两种经典方法（Ferron 法及 ^{27}Al NMR）对电位滴定过程中羟基聚合铝形态的转化过程进行分析，试图定量描述铝的水解聚合过程。

铝的水解聚合过程实质上是铝水解脱质子和羟基桥联聚合两类反应交错进行的过程，其反应受溶液中总铝浓度及溶液 pH 的影响较大。在电位滴定过程中，加入的碱量和铝量的摩尔比可代表溶液碱化程度，并且可以近似地反映铝的水解或羟基化程度，是羟基聚合铝溶液的重要参数，一般称之为碱化度（B=[OH$^-$]/[Al]）[1]。采用自动电位滴定仪，向浓度为 0.27mol/L 的氯化铝溶液中滴加浓度为 0.5mol/L 的强碱氢氧化钠溶液，期间随着碱的滴入，溶液 pH 随碱化度的变化如图 5-1 所示。

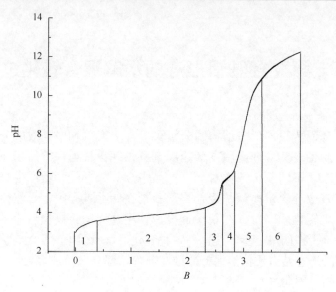

图 5-1　电位滴定仪制备 PAC 过程中的 pH-*B* 曲线

　　本节在电位滴定的不同时间点即溶液达到不同碱化度时取样，采用 Ferron 法及 ^{27}Al NMR 光谱对样品中羟基铝形态进行分析。过高碱化度样品中，大多数铝形态主要是以凝胶高聚体形态存在，这两种方法的分析结果产生的误差相对较大。因此，本节取样点均设在没有大量沉淀出现之前，即溶液的碱化度到达 2.65 之前。取样从零点开始，每隔碱化度大约为 0.25 时取一次样，样品的 Ferron 法和 ^{27}Al NMR 光谱分析结果如图 5-2 和图 5-3 所示。

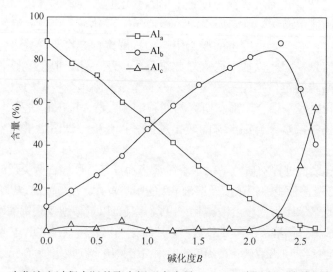

图 5-2　电位滴定过程中羟基聚合铝形态含量（Ferron 法测定）随碱化度的分布

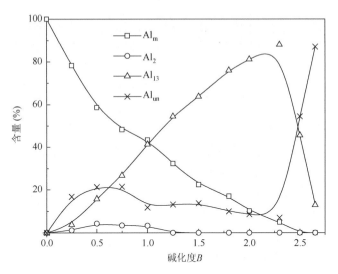

图 5-3　电位滴定过程中羟基聚合铝形态含量（^{27}Al NMR 光谱测定）随碱化度的分布

　　铝盐水解过程受溶液 pH 的变化影响很大，随着 OH 的滴加，铝液中尤其是碱液滴加点局部 pH 必然升高，促使羟基聚合铝产生。为了更直观地表现出滴碱过程中溶液 pH 随碱化度的变化情况，本节还对碱化度达到 2.5 前的曲线进行进一步的处理，给出了 d(pH)/d(B)随碱化度的变化情况，如图 5-4 所示。

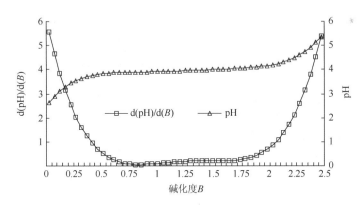

图 5-4　电位滴定仪制备 PAC（B=0～2.5）过程中溶液 pH 随碱化度 B 的变化曲线

　　根据图 5-1 中曲线形状的变化，将羟基聚合铝水解聚合过程分成六部分。在碱化度低于 2.5 的情况下，曲线在低碱化度（0～0.5）和高碱化度（2～2.5）条件下都有很大的突变，而中间部分变化相对平缓，不过也存在着稍微倾斜增加的趋势，直到高碱化度时突变的出现。在低碱化度条件下，特别是在碱化度为 0 时，溶液中仅存在自发水解产物铝单体 Al^{3+}和 Al(OH)$^{2+}$，在加碱后发生铝的强制水解，

致使 $Al(OH)^+$ 的出现。随着加碱量的增加，单体铝逐渐向初聚体（如二聚体和三聚体等）、低聚体和中聚体形态转变。Ferron 法及 ^{27}Al NMR 光谱分析结果表明当碱化度由 0 到 0.25 到 0.5 的过程中，两种方法测定的单体铝量（Al_a 和 Al_m）一直在直线下降，而中聚体铝（Al_b 和 Al_{13}）呈现直线增大趋势。由此可知，随着碱的滴入，除部分羟基没有与铝结合导致溶液 pH 的增大外，滴入的羟基大多结合溶液中的单体铝导致其快速的水解聚合，其含量必然会急剧下降。而从图 5-3 可以看出，溶液中低聚体（如 Al_2）以及 Al_{un} 含量也在增大。由本书第 2 章的分析结果可知，Al_{un} 也主要是由低聚体组成。由此可知，随着碱的滴加，单体铝会发生不同程度的水解聚合，强制水解会导致 Al_{13} 的生成，在 $B=0.25$ 的样品中就已经可以测到 Al_{13} 的生成。但是从图 5-2 和图 5-3 中的形态分布对比可以看出，尽管此时溶液中有 Al_{13} 的生成，但是 Al_b 含量远大于 Al_{13}，并且有大量的 Al_{un} 成分存在。这部分形态的存在表明，铝离子的强制水解促进了自发水解的发生，自发水解的发生则导致了 Al_{un} 以及 Al_b、Al_{13}（Al_{b1}）含量随碱化度的变化。在碱化度从 0 到 0.5 的转变过程中，pH 和 $d(pH)/d(B)$ 都发生的突变表明溶液中的铝由单体向聚合体转变的开始。

随着碱化度的升高，在其从 0.5 向 2.0 的转变过程中，加入的 OH^- 被溶液存在的单体消耗的同时，生成的部分低聚体会进一步发生水解聚合也在消耗加入的羟基。因此，在碱化度从 0.5 到 2 的转变过程中，pH 和 $d(pH)/d(B)$ 的曲线变化都比较水平，说明溶液中铝的水解聚合过程是连续快速的，加入的 OH^- 几乎全部用于低聚体向中聚体、高聚体的转变。从图 5-2 和图 5-3 可以看出，随着碱化度的增大，溶液中的单体铝继续直线减少而活性聚合铝也在持续增大。而在核磁共振测定结果中，Al_{un} 以及 Al_2 含量则出现下降趋势，这说明溶液中存在的这部分低聚体随羟基的加入还在进一步的发生水解聚合。然而，从 Al_b 和 Al_{13} 含量的对比情况可以看出（图 5-5），随着滴碱量的增大（碱化度的增加），溶液中测定的活性羟基聚合铝 Al_b 与 Al_{13} 的含量差异逐渐减少，从本书第 2 章的论述中可知这部分形态应该归于六元环结构。从图 5-2 中可以看出，此时凝胶高聚体 Al_c 依然很低，在误差范围之内几乎很难测定出来。随着单体铝含量的持续降低，这部分六元环结构铝的含量也在持续降低。可以推测，随着碱化度的增大，生成 Al_{13} 的速率要大于生成 Al_b 中六元环结构铝的速率。也就是说，部分在低碱化度下形成的低聚体在随着羟基加入的过程中有可能发生了分解，形成的二聚体或者三聚体成为 Al_{13} 生成的铝源。强制水解生成 AlO_4 进而生成 Al_{13} 需要更多二聚体、三聚体作为前驱物，遂驱使六元环结构铝又分解为二聚体、三聚体，这是自发水解的平衡过程逆转，补充强制水解生成 Al_{13} 对低聚体铝的需求。事实上，由六元环分解的二聚体、三聚体只是 Al_{13} 生成所需量的一部分，溶液中仍存在的 Al_a 聚合转化成的二聚体、三聚体为主要贡献者。同时，更多的六元环结构活性聚合铝继续发生聚集，生成物的聚合度持续增大，当碱化度超越一定范围即滴加的羟基量过大时逐渐转换成氢氧化铝。由此也可以分析出，在电位滴定的第二阶段，溶液中减少的单体量大多参与了强制水解过程，而加入的羟基在促进强制水解发生的同时，会促进部分六元环结构聚合铝进一步地聚集。但是，在整个第二阶段中，铝的水解聚合过程应该偏重于强制水解的发生，自发水解也会在强制水解的促进下发生。由于此阶段强制水解发生剧烈，也在一定程度上抑制了自发水解速率，导致此时自发水解速率要低于电位滴定过程的第一阶段。

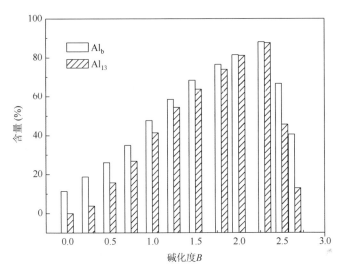

图 5-5　电位滴定过程中活性羟基聚合铝 Al_b 和 Al_{13} 含量随碱化度的分布

在电位滴定过程到达反应的第三阶段后，此时向溶液中滴加的羟基与铝的比值到达羟基聚合铝尤其是 Al_{13} 的极限值。此时，溶液中的低聚体以及单体含量已经很低，绝大部分铝以高聚体形式存在，羟基的继续加入必然会导致部分高聚体转化为沉淀，而 Al_{13} 在过量羟基的作用下会发生转化，形成羟基铝沉淀。从图 5-2 和图 5-3可以看出，在曲线第四阶段即曲线的第二次突变期，尽管 Al_b 和 Al_{13} 含量均在大幅下降转化成凝胶高聚体 Al_c 和 Al_{un}，但是其中的活性羟基聚合铝 Al_b 与 Al_{13} 含量差异在逐渐加大（图 5-5），这也进一步说明此时 Al_{13} 转化形成部分高聚度的六元环结构铝，导致了 Al_b 含量在这些样品中大于 Al_{13} 含量。在到达一定碱化度极限值后，溶液中原有的 Al_{13} 会发生转化，生成单体铝和部分六元环结构铝。文献中也有类似的报道[2]，但是本研究中并没有测到 Al_{13} 分解产生的单体铝含量相应的增加，原因可能是碱的加入快速地将这部分单体铝聚合成六元环结构聚合铝。

当反应进行到第四阶段时，溶液中的 Al_{13} 含量已经很低，但是仍有部分可与Ferron 络合反应的活性高聚体存在，大部分形态已经转化成凝胶沉淀 Al_c 和 Al_{un}

（图 5-2 和图 5-3）。此时持续加入的羟基大多继续第三阶段铝形态转化过程，溶液中剩余的活性羟基聚合铝将转化成三羟基铝沉淀，而多余的羟基会引起 pH 的逐渐缓慢上升。而对于高碱化度（2.5～4.2）时铝水解聚合形态演变过程，目前还没有发现很好的检测和表征手段。本节主要采用综合分析文献报道的方式，从铝形态转化的热力学角度推测铝水解聚合的连续变化过程。在第五阶段，溶液中的铝形态大多以凝胶高聚体、惰性铝形式存在，加入的羟基除部分参与同剩余部分聚合铝的络合过程外，其余的则导致 pH 快速增大。但是这一过程相对较短，很快进入到第六阶段。第六阶段内，生成的高聚体或者凝胶在加入的 OH^- 作用下溶解，逐渐生成 $Al(OH)_4^-$，溶液逐渐变澄清，曲线变化缓慢接近于水平。

在实际水处理过程中，尤其是传统的水处理工艺中，絮凝过程所表现的处理机理差异在一定程度上可归因于高效絮凝形态的差异。由此可知，电位滴定曲线所展示的羟基聚合铝在制备过程中羟基聚合铝形态结构的演变为制备出某一高含量的特征形态羟基聚合铝絮凝剂提供了理论依据，也可为不同 pH 水的处理机理分析提供依据。

5.2　典型因素影响下的聚合铝形态转化特征

5.2.1　温度对铝形态转化的影响

1. 制备温度的影响

为研究羟基聚合铝絮凝剂制备过程中，制备温度对其形态结构的影响，本节分别将反应液温度控制在 30℃和 80℃，制备不同碱化度、浓度为 0.1mol/L 的羟基聚合铝溶液。而后分别采用 Ferron 法经验模式和 ^{27}Al NMR 光谱进行形态分析。其中，常温下制备的不同碱化度样品中羟基铝形态在其表示符号前面加一个"c"，而高温下制备的则加一个"g"，以示区别，两组样品的形态分析测定结果分别如图 5-6 和图 5-7 所示。

从以上两图可以看出，不同温度下制备的羟基聚合铝形态存在着一定的差异。从图 5-6 可以看出，高温下制备的羟基聚合铝溶液在碱化度低于 2.0 的条件下，其溶液中的 Al_{13} 含量均低于常温下制备的羟基聚合铝溶液；单体铝 Al_m 含量则是稍高于常温条件下的样品。而在图 5-7 中也存在类似的趋势。高温下制备的样品中，活性羟基聚合铝含量远低于常温条件下的样品；单体铝 Al_a 含量在高温下的样品中远高于常温下的样品。这说明，制备温度从 30℃升高到 80℃并不有利于羟基铝的聚合反应，升高温度导致溶液中更多低聚体的存在。同时，从图 5-6 中核磁共振光谱的未测成分 Al_{un} 随碱化度的分布情况可知，升高制备温度导致溶液中低聚体含量增大。这部分低聚体的聚合结构小于 Al_{13}，它属于六元环结构且核磁共振光谱未能测出的聚体铝 Al_{un}，这些铝形态构成了 Ferron 法中两组样品中的 Al_a 及 Al_b 中低聚体的主要组成成分。

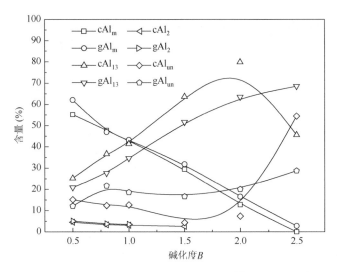

图 5-6　不同温度下制备的两组羟基聚合铝溶液的 ^{27}Al NMR 光谱分析结果

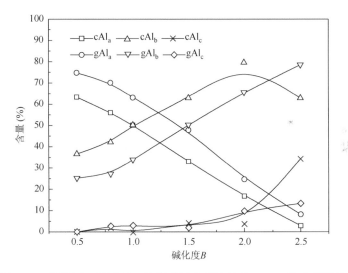

图 5-7　不同温度下制备的两组羟基聚合铝溶液的 Ferron 法分析结果

从以上两图也可以看出，制备温度对低聚体中二聚体 Al_2 含量的分布没有产生影响，对低碱化度（小于 2.0）条件下的溶液中凝胶高聚体 Al_c 含量也没有产生影响。这说明，低碱化度条件下，制备温度的差异对活性低聚体、中聚体形态结构的影响较大，这也进一步说明羟基聚合铝溶液中的铝形态结构复杂。

但是，当碱化度升高到 2.5 时，溶液中的铝形态分布趋势不同于低碱化度条件下的分析结果。在 $B=2.5$ 的样品中，高温下制备的溶液中活性聚合铝（Al_{13} 和 Al_b）含量均高于常温下制备的对应溶液。对于常温下的羟基聚合铝溶液，此时溶液中的单体铝及低聚体铝含量很低，碱的进一步滴入只会促进形成的活性聚合铝进一步向凝胶高聚体甚至沉淀铝转化。而对于高温下制备的羟基聚合铝溶液，由于温度高不利于铝的水解聚合反应，溶液仍然存在大量的铝单体及低聚体，当继续向溶液中滴加碱时，这部分单体铝及低聚体会进一步转化成活性聚合铝（Al_{13}和 Al_b），由此产生如以上两图中两组样品在 $B=2.5$ 时的形态分布。这也从另一个方面说明，升高温度减缓了溶液中铝的水解聚合过程。

同时，为了进一步分析制备温度的影响，本节还对制备好熟化 24h 后稳定的两组羟基聚合铝溶液的 pH 进行了测定分析，测定时保证两组样品均恢复到室温，测定分析结果见表 5-1。从表 5-1 可以看出，高温下制备的羟基聚合铝溶液的 pH 均高于常温下制备的羟基聚合铝溶液，这也进一步表明升高制备温度（从 30℃到 80℃）并不利于铝的水解聚合反应。铝的水解聚合程度低，铝的水解过程中络合的 OH^- 量相对较少，而释放的 H^+ 量也不多，因此溶液 pH 相对较高。

表 5-1　不同温度下制备的不同碱化度羟基聚合铝的 pH 分布情况

B	0.5	0.8	1.0	1.5	2	2.5
pH（常温样品）	3.71	3.75	3.79	3.88	4.00	4.33
pH（高温样品）	3.84	3.89	3.92	4.00	4.16	5.37

2. 熟化温度的影响

由上可知，制备温度对羟基聚合铝形态结构的影响较大，本节则是主要研究熟化温度对铝形态转化的影响。实验中首先制备一定量不同碱化度的羟基聚合铝溶液，平均分成三份，分别放在温度为 4℃、25℃和 60℃ 的条件下进行熟化，研究熟化前后及熟化温度对羟基聚合铝形态结构的影响。在不同的温度下熟化 180 天后对三组样品采用 Ferron 法及核磁共振光谱测定分析其中的铝形态，其结果分别列在图 5-8 和图 5-9 中。为作对比，原始样品中的各种铝形态分布也列在两图之中。

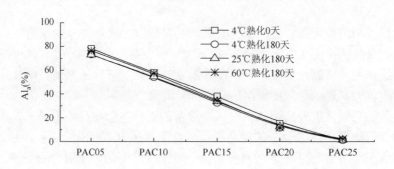

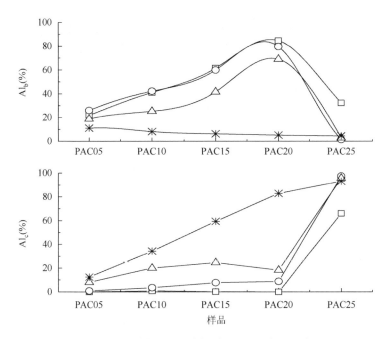

图 5-8 不同熟化工况下样品的 Ferron 法测定结果

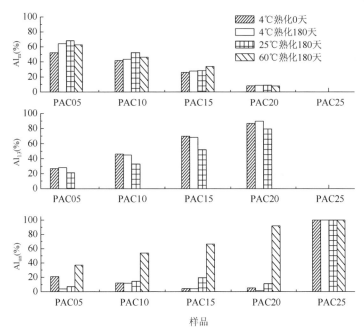

图 5-9 不同熟化工况下样品的核磁共振光谱测定分析结果图

从图 5-8 和图 5-9 可以看出，不同碱化度的样品中 Al_a 经熟化后其含量均表现出小幅度降低，但是后面的 NMR 结果表明，单体铝含量均增加。不同碱化度羟基聚合铝溶液在不同温度下熟化后，部分活性聚合铝尤其是低聚体发生了分解转化，其含量在熟化过程中减少。对中聚体而言，在 4℃条件下熟化后样品中的 Al_b 含量变化很小，只是在高碱化度尤其是在 2.5 处表现出较大幅度的降低。而经 25℃下熟化后，其含量的减少十分明显，这和后面 Al_{13} 含量的降低是一致的。继续升高熟化温度则导致 Al_b 含量大幅度减少，在不同样品中的含量均很低。当熟化温度增加到 60℃时，Al_{13} 在 180 天时难以测定出来。

不同碱化度样品中，Al_{13} 含量在熟化前后的变化可从图 5-10 中 62.5ppm 峰的面积强度的变化获得。图 5-10（4）中，62.5ppm 化学位移处已经无法测定出 Al_{13} 的信号。由上可知，活性羟基聚合铝尤其是 Al_{13} 在不同熟化温度下会发生分解转化，而此过程中分解出的部分铝单体造成核磁共振测定分析结果中单体铝 Al_m 的含量不同程度的增大。

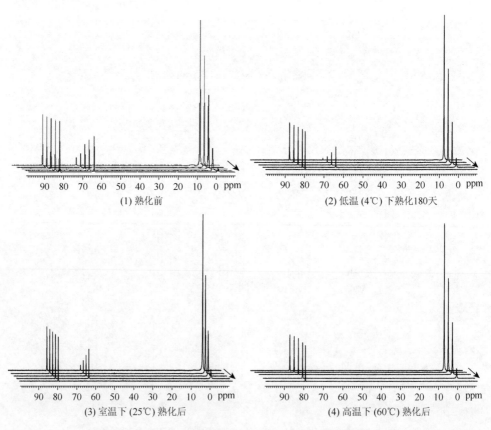

(1) 熟化前　　　　　　　　　　　　　(2) 低温 (4℃) 下熟化180天

(3) 室温下 (25℃) 熟化后　　　　　　　(4) 高温下 (60℃) 熟化后

图 5-10　不同熟化条件下的四组羟基聚合铝样品的 ^{27}Al NMR 光谱分析测定结果（依箭头所示方向样品的碱化度依次增大，即 0.5、1.0、1.5、2.0、2.5）

而对于凝胶高聚体 Al_c 而言，三组样品在不同条件下熟化后含量均有明显上升，对于 60℃ 条件下熟化的样品，其变化最为明显。此样品熟化后生成的沉淀均应由六元环结构的三水铝石组成[3]。这也进一步说明，无论溶液中存在何种铝形态，经不同温度熟化后均转化成三羟基铝沉淀物。核磁共振光谱分析结果中，60℃ 下熟化的样品中 Al_{un} 在低碱化度的样品中含量较大，这部分形态应该归于六元环结构铝，是属于三羟基铝沉淀而非低聚体，原因可以由表 5-2 看出。表 5-2 给出了四组样品的浊度测定分析结果，浊度测定时首先保证样品均恢复到室温状态，摇匀后采用浊度仪（2100N Turbidimeter，HACH）进行测定。从表中可以看出，60℃ 条件下熟化的样品其浊度均相对较高，并在溶液中已经出现了胶体沉淀。但是与其余三组的样品浊度对比而言，在低碱化度（$B \leqslant 2.0$）的样品中，其浊度随熟化温度的升高呈现降低趋势。此原因可以从图 5-8 和图 5-9 中推测出，就是尽管熟化过程中活性中聚体含量发生了明显地降低，凝胶高聚体含量也发生了增大，但是 NMR 光谱测定结果中未测铝成分变化并不明显。这说明活性聚合铝的在熟化过程中发生了进一步聚合，但是没有大量的转化为沉淀，而是以分解成的低聚体、单体以及聚合成 Ferron 法在特定的测定时间内不能测定的高聚体为主。但是，在高碱化度样品中，其本身就处于以凝胶沉淀物为主体的状态，在不同温度下的熟化过程中，由于溶液中原有沉淀物的存在，活性聚合铝尤其是 Al_{13} 发生分解生成单体铝和 Al_{13} 的缺陷结构（如 Al_{p1}、Al_{p2} 和 Al_{p3}）并沉积在这些沉淀上，而这部分沉淀物可以作为沉积核，因此导致了沉淀颗粒的粒径越来越大，浓度也相应增大，浊度也相应增加。对于低碱化度的样品，其中沉淀物的浓度相对较低，溶液中缺乏沉淀进一步生成的核，在活性聚合铝尤其是 Al_{13} 发生分解生成单体铝和其他低聚体后而不能沉积，进而与原有的活性聚合铝尤其是 Al_{13} 聚合生成聚合度更大的聚合体，而一部分铝单体和低聚体则发生进一步水解聚合反应，生成具有一定聚合度的活性聚合铝，抵消部分减少的 Al_b。但是在缺乏高浓度羟基存在的前提下，不会再有 Al_{13} 生成。

表 5-2　熟化前后不同碱化度羟基聚合铝的浊度（NTU）变化

熟化温度	熟化时间	PAC05	PAC10	PAC15	PAC20	PAC25
4℃	0 天	0.168	0.251	0.277	0.518	59.5
4℃	180 天	0.103	0.161	0.252	0.379	38.3
25℃	180 天	0.107	0.139	0.151	0.182	54
60℃	180 天	0.301	0.377	0.407	0.302	174

表 5-3 给出了熟化前后四组样品 pH 的分布情况。由表中不同温度对 pH 的影响可以看出，不同温度下的熟化过程中，尽管各形态铝含量发生了很大变化，但

是溶液 pH 并没有发生大的改变，这说明溶液中的铝形态结构没有发生太多变化，也说明其中的 Al_{13} 发生了结构重组，但是没有涉及大量的单体或者其他铝离子的进一步水解聚合反应。图 5-8 和图 5-9 中单体铝（Al_a 和 Al_m）的含量并没有发生大的改变，而发生明显变化的是溶液中的活性聚合铝以及凝胶高聚体铝、沉淀铝的量。这也进一步说明，熟化过程主要是介稳态的羟基聚合铝发生了结构重组，或者转化成三羟基铝沉淀，没有进一步发生大量的水解聚合反应。这也在一定程度上说明介稳态羟基聚合铝转化过程中可能涉及两种途径，一种是原有六元环结构聚合铝结合低聚体进一步发生聚合最终生成三羟基铝沉淀；而另外一种则是 Al_{13} 发生转化分解，生成 Al_{13} 的衍生聚合物（如 Al_{p1}、Al_{p2} 即 Al_{30}、Al_{p3}）和铝单体。而这部分 Al_{13} 的衍生聚合物在熟化过程中经熟化温度的促进可能会发生进一步地扭曲变形，从而转化成氢氧化铝。

表 5-3　熟化前后不同碱化度羟基聚合铝的 pH 变化

熟化温度	熟化时间	PAC05	PAC10	PAC15	PAC20	PAC25
4℃	0 天	3.70	3.76	3.85	4.1	6.17
4℃	180 天	3.78	3.85	3.97	4.22	6.05
25℃	180 天	3.78	3.88	3.98	4.20	5.80
60℃	180 天	3.73	3.79	3.92	4.11	5.39

为进一步研究不同熟化温度对羟基聚合铝形态结构的影响，本节采用原子力显微镜（AFM）对熟化前后的羟基聚合铝形貌进行观测分析。不同碱化度的羟基聚合铝溶液的形貌观测结果分别如图 5-11、图 5-12、图 5-13、图 5-14 和图 5-15 所示。

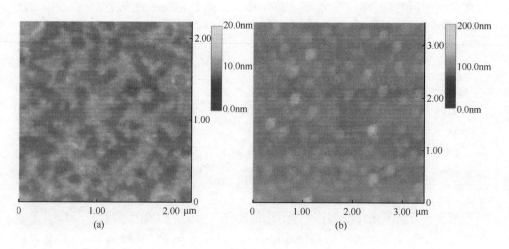
(a)　　　　　　　　　　　　　　(b)

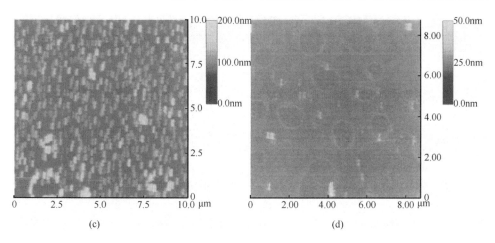

图 5-11　B=0.5 的羟基聚合铝在 4℃下熟化 0 天（a），4℃下熟化 180 天（b），25℃下熟化 180
天（c），60℃下熟化 180 天（d）的 AFM 观测结果

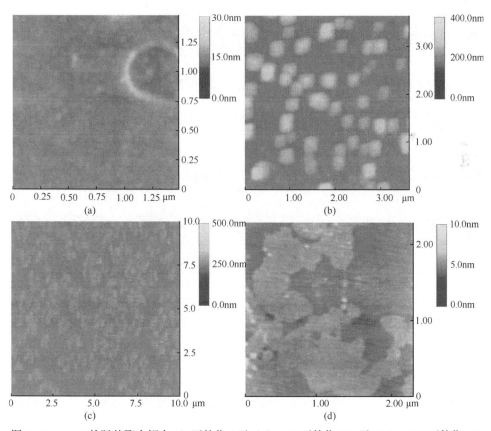

图 5-12　B=1.0 的羟基聚合铝在 4℃下熟化 0 天（a），4℃下熟化 180 天（b），25℃下熟化 180
天（c），60℃下熟化 180 天（d）的 AFM 观测结果

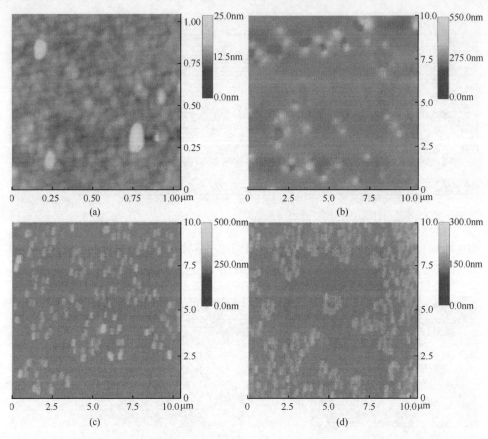

图 5-13　*B*=1.5 的羟基聚合铝在 4℃下熟化 0 天（a），4℃下熟化 180 天（b），25℃下熟化 180
天（c），60℃下熟化 180 天（d）的 AFM 观测结果

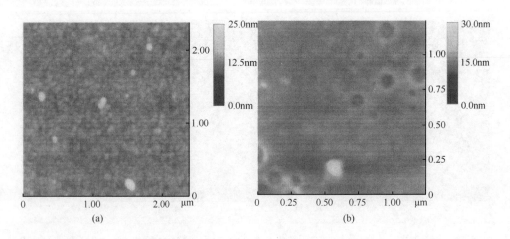

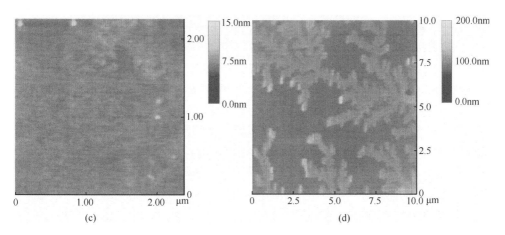

图 5-14　B=2.0 的羟基聚合铝在 4℃下熟化 0 天（a），4℃下熟化 180 天（b），25℃下熟化 180
天（c），60℃下熟化 180 天（d）的 AFM 观测结果

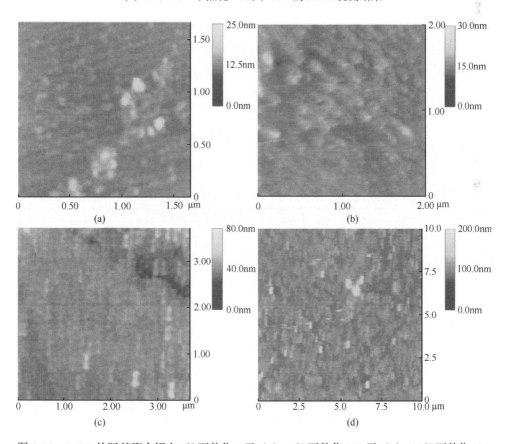

图 5-15　B=2.5 的羟基聚合铝在 4℃下熟化 0 天（a），4℃下熟化 180 天（b），25℃下熟化 180
天（c），60℃下熟化 180 天（d）的 AFM 观测结果

　　扫描电镜（SEM）从宏观上对羟基聚合铝形貌进行观测，但是样品是经冷冻干燥以后的。冷冻缩水过程难免会导致铝形态的变化。因此，为了从微观上分析羟基聚合铝的形貌，本节采用观测级别在纳米级、更为精密的原子力显微镜对羟基聚合铝形貌进行观测。该方法在使用时将羟基聚合铝溶液滴加到平整的云母片上进行分析，尽管也涉及铝液的干燥和羟基聚合铝向云母片上的沉积过程。但是，其沉淀时间较短，几乎是在羟基聚合铝处于胶体状态下对其形貌进行观测，在一定程度上更能反映羟基聚合铝的原始形貌。

　　从以上五图可以看出，不同羟基聚合铝形态占主体的羟基聚合铝溶液的形貌存在很大差异。对于同一个溶液，经不同熟化条件熟化后其形貌也发生很大变化。但是，不同中也存在一定的相类之处，如在 25℃ 下熟化的各样品除 B=2.0 的样品外其他的几乎都是由棒状结构组成。其原因可能是 B=2.0 的样品中 Al_{13} 含量较高，在熟化过程中依然保持其颗粒状的结构。从图 5-14 可以看出，即使 Al_{13} 发生聚集也是不同颗粒组成的类似丝状的聚集体，其基本单元还是以颗粒状的形态为主。因此，AFM 观测的羟基聚合铝形貌应该是溶液中所有铝形态所表现出来的，主要反映的应该是在溶液中某种含量占主导地位的铝形貌图，所以 AFM 图可以在一定程度上分析出不同碱化度的羟基聚合铝溶液的形态差异。本节不再对每一个图所反映的羟基聚合铝在熟化过程中的形态差异进行一一分析。总之，无论是制备温度还是熟化温度对羟基聚合铝的形貌结构都影响较大，对羟基聚合铝絮凝剂产品的储存方式的选择有着重要的影响。

5.2.2　羟基铝形态的熟化过程演变

　　羟基聚合铝絮凝剂尤其是液态絮凝产品在储存过程中，介稳态铝形态必然会发生进一步转化，熟化过程对其高效成分是否产生影响对絮凝产品能否发挥其高效特性必然会有一定影响。在恒定熟化温度的条件下，本节将制备的一系列不同碱化度的羟基聚合铝溶液放在冰箱内进行熟化，在熟化不同时间后取出分析其形态变化情况。Ferron 法及 ^{27}Al NMR 光谱的分析测定结果如图 5-16 所示。

　　从图 5-16 可以看出，熟化过程中两种方法所表征的铝形态变化趋势与 5.2.1 中不同熟化温度下的变化趋势相似。熟化过程中，活性羟基聚合铝尤其是 Al_{13} 会发生分解，凝胶高聚体铝及沉淀铝的含量会随熟化时间的延长持续增大。单体铝 Al_a 的含量在熟化 60 天后的不同碱化度的样品中减少，同时在 NMR 光谱分析结果中，单体铝 Al_m 在不同碱化度羟基聚合铝溶液中的含量在熟化 150 天后也减少。这说明在熟化过程中尽管溶液中没有羟基加入，但是溶液中单体铝依然发生自发水解，部分单体铝进一步聚合成活性聚合铝或者氢氧化铝。其转化过程中所涉及的铝形态应该都是以六元环为基本组成单元，但是这种转化速率相对于活性羟基聚合铝的速率较慢，因此整体上呈现出图 5-16 中的趋势。

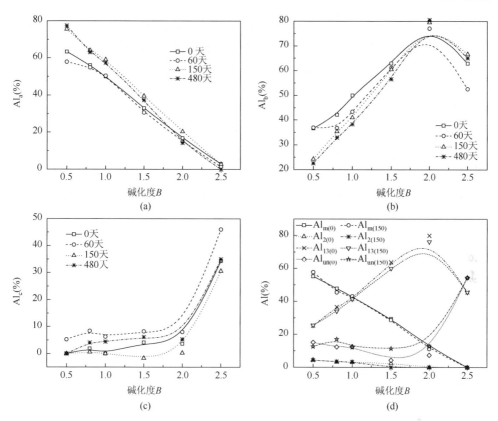

图 5-16　不同碱化度羟基聚合铝溶液经不同熟化时间后 Ferron 法测定结果（a、b 和 c）
及 ^{27}Al NMR 光谱分析结果（d）

表 5-4 为不同熟化时间内溶液 pH 随时间的变化情况，从该表可以看出熟化过程中溶液 pH 相对变化不大，但是经 150 天熟化后溶液 pH 还是呈现出一定的降低趋势。这可能也在一定程度上说明溶液中的羟基铝尤其是单体铝发生了水解聚合反应。

表 5-4　不同碱化度的羟基聚合铝溶液在熟化过程中溶液 pH 的变化

B	0.5	0.8	1	1.5	2	2.5
pH（0 天）	3.84	3.89	3.92	4	4.16	5.37
pH（60 天）	3.85	3.89	3.9	4.01	4.15	5.34
pH（150 天）	3.73	3.8	3.81	3.9	4.06	5.21

5.2.3　稀释对铝形态转化的影响

无论是羟基聚合铝絮凝剂还是传统的硫酸铝絮凝剂在使用过程中均涉及稀释

问题，这包括投加前加水稀释或者溶解稀释，以及投加到处理水中所涉及的稀释问题。但是，稀释是否会对铝的形态产生影响，稀释对絮凝剂絮凝效果的影响到底有多少，这对于絮凝工艺的强化有着十分重要的意义。

羟基聚合铝絮凝剂以及传统的硫酸铝絮凝剂在投加到水体后一段时间内的形态变化在以往的研究中涉及很多[4]。其结论是羟基聚合铝絮凝剂由于其聚合形态含量较高而具有稳定性，加入到处理水中形态变化不明显，而对于含单体铝较多的硫酸铝絮凝剂，其稀释后形态变化较大。对此，本节仅是从铝水解聚合反应的化学角度对羟基聚合铝稀释后的形态转化进行分析。

本节主要考虑稀释后一定时间内，在没有强碱加入时羟基聚合铝絮凝剂形态的演变过程，为羟基聚合铝絮凝剂的使用提供一定的理论支持。实验时首先采用 Na_2CO_3 制备高浓度、不同碱化度的羟基聚合铝溶液，分别稀释到 0.1mol/L 和 0.01mol/L 后，置于 25℃和 60℃条件下熟化，观察稀释后铝形态的变化。由于羟基聚合铝溶液主要是以聚合形态为主，稀释后很短一段时间内（如 0~60min）溶液中的聚合铝形态变化很小，但是对于单体铝形态而言则变化较大[3, 4]。该研究结果对于羟基聚合铝絮凝剂的应用过程以及对于分析羟基聚合铝的高效絮凝成分和发展高效絮凝产品具有很高的研究意义。本节主要考察稀释后不同碱化度样品在稀释后 5 天、20 天和 40 天的形态变化情况，以便更好地讨论稀释过程中铝形态的转化途径。形态的测定采用 Ferron 法经验模式。不同放置时间后铝形态的分布情况如图 5-17、图 5-18、图 5-19 和图 5-20 所示。

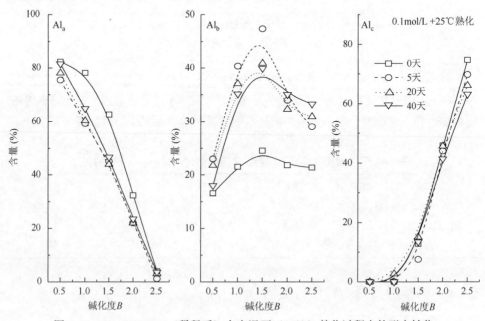

图 5-17　0.1mol/L PAC（稀释后）在室温下（25℃）熟化过程中的形态转化

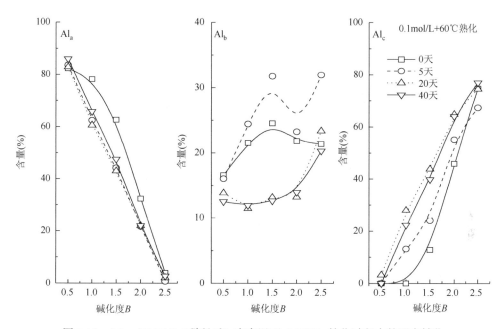

图 5-18 0.1mol/L PAC（稀释后）在高温下（60℃）熟化过程中的形态转化

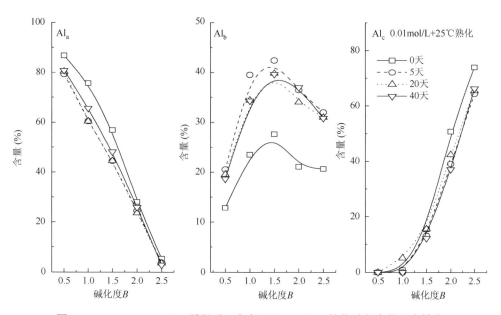

图 5-19 0.01mol/L PAC（稀释后）在室温下（25℃）熟化过程中的形态转化

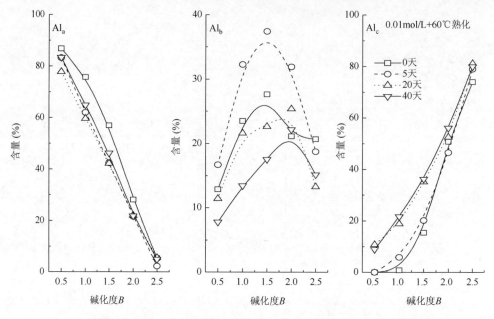

图 5-20　0.01mol/L PAC（稀释后）在高温下（60℃）熟化过程中的形态转化

从以上四图可以看出，无论在哪种条件下，稀释后的羟基聚合铝溶液中单体铝含量在熟化 5 天后都大大降低，而中聚体含量则都呈现上升趋势。这说明稀释后单体铝会发生进一步的水解聚合反应，此时溶液中并无强碱加入，单体铝的水解聚合过程可视为自发水解过程。但是，随着稀释后熟化时间的延长，溶液中活性聚合铝发生分解、聚合及形态转化，活性羟基聚合铝含量在不同碱化度溶液中均呈现下降趋势，分解产生的铝单体导致其含量增大。在稀释后的熟化过程中，温度对铝形态结构转化有着很大的影响。在室温下的样品中，稀释后活性羟基聚合铝及凝胶态沉淀铝均呈现一定量的降低趋势。这说明稀释过程中羟基聚合铝中的大分子有分解转化成小聚合度分子的倾向，而升高熟化温度则成为上述转化过程的促进因素。

5.2.4　硫酸根对羟基铝形态结构转化的影响

预处理水中往往存在着各种阴、阳离子，而这些离子可能影响 PAC 的形态，从而影响 PAC 的絮凝效果。传统的絮凝剂大多是采用硫酸铝，因此硫酸根（SO_4^{2-}）是水中常见的一种阴离子。相对于溶液中存在的 Cl^- 而言，SO_4^{2-} 对铝离子的络合能力相对较强，远大于 Cl^-。研究 SO_4^{2-} 对 PAC 形态稳定性及其聚集行为的影响对于研究 PAC 尤其是聚合硫酸铝的絮凝机理有着十分重要的意义[2, 5]。

　　本节采用电位滴定法向 50mL 铝浓度为 0.25mol/L 的溶液中滴加强碱，其中 AlCl₃ 溶液可以认为是 [SO_4^{2-}] 为 0 的溶液，而硫酸铝溶液可以作为[Al]：[SO_4^{2-}]=1：1.5 的溶液。同时，实验中还分别向 AlCl₃ 溶液中投加 SO_4^{2-}，使溶液中的[Al]：[SO_4^{2-}]=2：1、10：1 及 20：1。然后，分别向这些溶液中滴加浓度为 0.027mol/L 的 NaOH 溶液，滴加速度为 0.05mL/min。SO_4^{2-} 的存在对铝形态结构转化的影响可以从电位滴定曲线更为清晰地得出，不同含量SO_4^{2-} 的存在对铝的水解聚合反应的影响如图 5-21 所示。

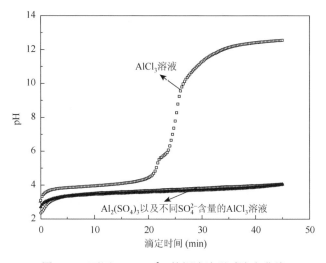

图 5-21　不同[Al]/[SO_4^{2-}]的铝溶液强碱滴定曲线

　　从图 5-21 可以看出，含与不含 SO_4^{2-} 的氯化铝溶液电位滴定曲线差异很大。含有不同 SO_4^{2-} 量的铝溶液其电位滴定曲线变化趋势极其相近,这说明 SO_4^{2-} 的存在对铝的水解聚合过程影响较大。与溶液中的铝浓度相比， SO_4^{2-} 含量为 5%时，铝的水解聚合过程与硫酸铝溶液的变化趋势相同。但是，从几条曲线变化趋势对比可以看出，含有 SO_4^{2-} 的滴定曲线在开始阶段出现急剧升高外，其他阶段的变化趋势较为平缓，几乎观测不到 pH 随羟基的加入而升高的过程。初始阶段的升高可以认为羟基的加入导致溶液中铝发生水解聚合，与氯化铝溶液相似的是单体铝向低聚体的转化过程。而后续的曲线相对平缓过程尽管有 pH 的缓缓上升趋势，但是变化趋势较小。原因可能是 SO_4^{2-} 的存在对铝的水解聚合过程产生较大影响，SO_4^{2-} 的存在阻碍了铝进一步的水解聚合反应。向溶液中滴加的羟基快速地被溶液中单体铝络合生成低聚体铝。这部分低聚体铝再继续结合羟基生成中聚体，相对于无 SO_4^{2-} 存在的铝溶液此过程更为缓慢。当形成的聚合铝形态结构发展到一定程度后转化成三羟基铝沉淀。

　　为进一步分析 SO_4^{2-} 存在的情况下，电位滴定过程中对铝的水解聚合反应过程的影响，本节还在滴定过程中到达不同碱化度时取样，并采用 Ferron 法和 NMR 光谱两种测定方法对其形态进行分析。其分析结果如图 5-22（a）所示。

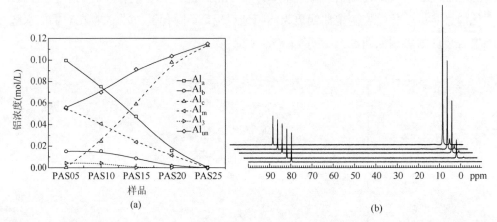

（a）　　　　　　　　　　　　　　　　　　（b）

图 5-22　硫酸铝溶液电位滴定不同时间点所取样品的 Ferron 法与 ^{27}Al NMR 分析测定结果对比（a）以及核磁共振光谱（b）

　　从图 5-22（a）可以看出，随着碱化度的增大，单体铝（Al_a 和 Al_m）及活性聚合铝均呈下降趋势。但是，Ferron 法测定的 Al_a 含量在不同碱化度的样品中均大于 NMR 测定的单体铝（Al_m），这说明电位滴定过程中产生了大量六元环结构的低聚体。而 NMR 光谱测定结果表明，在不同碱化度尤其是低碱化度溶液中，三聚体 Al_3 含量很低，这也进一步说明 Al_a 与 Al_m 含量差值中所包含的低聚体将不仅是三聚体，还应该有大量其他低聚体的存在，这一结论与本书第 3 章的电喷雾质谱测定结果相吻合。而对于活性中聚体铝，在不同碱化度样品中，Ferron 法测得的 Al_b 含量也相对较低，同时在 62.5ppm 化学位移处并没有观测到 Al_{13} 峰的存在，这说明溶液测出的活性聚合铝中并不含有 Al_{13}，也就是说在活性聚合铝形态中存在一定量的除 Al_{13} 以外的活性聚合铝，而这部分聚合铝在传统的 Keggin-Al_{13} 笼状水解聚合模式以及强制水解过程中是没有存在的，也就无法解释。在这种背景下，传统的六元环模式的存在显得尤为重要。这些实验结果在一定程度上可为双水解模式的存在以及验证提供有力的证据。

　　以上实验结果表明，滴定过程中，SO_4^{2-} 的存在阻碍了铝水解过程的发生。传统观念认为，SO_4^{2-} 使羟基铝聚合物尤其是 Al_{13} 迅速生成沉淀，或者破坏了 Al_{13} 结构的对称性而不能呈现 Al_{13} 的谱峰[6]。但是，本书后续尿素水解制备羟基聚合铝的实验中，对硫酸铝水解过程中产生的沉淀经冷冻干燥后采用固体 NMR 光谱进行分析，结果证明有 Al$_{13}$ 的存在，如图 5-23 所示。

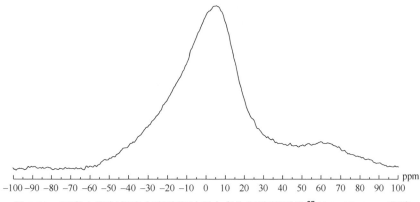

图 5-23 尿素水解制备聚合硫酸铝过程中产生沉淀的固体 ^{27}Al MAS NMR 光谱

图 5-23 中，0ppm 处的峰代表八面体铝，由于此时铝单体存在的可能性已经很小，所以该处的峰应该代表氢氧化铝 [文献中报道为 α-Al(OH)$_3$]。而在 60～63ppm 附近出现的隆起，可以认为沉淀中有部分 Al$_{13}$—SO$_4$ 的存在。这说明在硫酸铝的水解聚合过程中，随着强碱的滴入，在溶液的特定区域依然可以形成 Al$_{13}$，只是其形成后马上与溶液中存在的硫酸根离子结合沉淀下来。这个实验结果与 Exall 和 Vanloon 报道的相似，对生成的沉淀采用钡离子将硫酸根置换出来后，剩余溶液中仍然观测到 Al$_{13}$ 的存在[7]。这说明，硫酸根的存在一方面阻碍了铝的水解聚合反应，另一方面将生成的少量 Al$_{13}$ 沉淀从溶液中去除。

5.3 六元环结构或平面结构羟基铝形态及转化过程

5.3.1 六元环结构或平面结构铝的存在

传统六元环核链模式中涉及的羟基聚合铝形态都是以六元环结构铝为基本组成单元由低聚体向高聚体甚至片层状的 Al(OH)$_3$ 发展的。尽管该模式可以很好地解释铝的水解聚合反应过程，但是该模式以及其中存在的各种铝形态是由很多实验结果综合而来的。这种转化模式中六元环结构铝的存在，长期以来都缺乏直接的证据，^{27}Al NMR 对 Al$_{13}$ 的证明对该模式产生了很大的冲击。然而，在近一二十年，这种形式发生了改变。

Singhal 和 Keefer 在 1994 年对配制的强碱聚合铝溶液中的羟基铝形态应用小角度 X 射线散射（SAXS）测定，并进一步针对 SAXS 的实验结果进行了平衡模式计算[8]。结合 NMR 光谱技术，实验及计算结果除证明了 Keggin-Al$_{13}$ 形态存在外，还证明了羟基聚合铝溶液中存在六元环结构化合态。虽然他们是以 SAXS 做的粒径测定并以非线性回归拟合确定，但结果是比较可信的，把溶液中六元环聚合铝的研究向前推进一步。在 2004 年，Pophristic 等应用 Car Parrinello 分子动态学（CPMD）和 ab initio 计算方法确切地证明 Keggin-Al_{13} 形态和六元环结构铝的存在[9]。这些证据的出现在很大程度上扭转了六元环模式合理性的被动局面。此外，在本书第 3 章对不同碱化度羟基聚合铝溶液的分析结果中，电喷雾质谱与 Ferron 法、^{27}Al NMR 的综合分析指出，溶液中除 Keggin-Al_{13} 外，也存在不同聚合度的羟基铝团簇形态。即使同一聚合度的 Al_{13} 形态，也存在 Keggin 结构及平面结构（见第 3 章及第 4 章相关讨论）。综上可知，羟基聚合铝溶液中应同时存在六元环结构铝及 Keggin-Al_{13} 形态。

在无强碱加入的前提下，铝离子可自发水解，必然要结合溶液原有的 OH^-，因此，此过程受溶液 pH 的影响尤为明显。为此，本节主要是在考虑 pH 变化的情况下，探讨铝的水解聚合过程，进一步分析这种非 Keggin 结构羟基铝形态的存在。

5.3.2　恒定溶液 pH 条件下铝形态及转化过程

实验过程中，首先向氯化铝溶液中滴加酸碱调节 pH 进而控制铝液最终 pH 的方法研究 pH 对铝形态转化的影响。向 $10^{-2}mol/L$ 的 $AlCl_3$ 溶液中采用蠕动泵滴加 NaAc 溶液（0.5mol/L），在快速搅拌的条件下，最终溶液的 pH 分别控制在 5.14 和 6.15。此外，滴加高浓度 NaAc（4mol/L）溶液，控制最终 pH 为 7.14。所得三组溶液分别标识为①、②和③。同时考虑硫酸根离子的影响，采用同样的方法向硫酸铝溶液中滴加醋酸钠溶液，最终铝液 pH 分别控制在 5.16、6.13 和 7.14，其对应的编号则分别为④、⑤和⑥。实验中还分析了保持溶液 pH 向其中滴加铝液分析铝形态的转化过程。具体实验过程如下：

（1）配制 pH=4.36 的去离子水，向其中滴加浓度为 $10^{-2}mol/L$ 的 $AlCl_3$ 溶液，滴加过程中采用 HCl（0.5mol/L）控制 pH 的变化在±0.1 的范围内。

（2）配制 pH=7.6 的去离子水，向其中滴加浓度为 $10^{-2}mol/L$ 的 $AlCl_3$ 溶液，滴加过程中采用 NaAc 固体粉末控制 pH 的变化在±0.1 的范围内。

（3）配制 pH=11.65 的去离子水，向其中滴加浓度为 $10^{-2}mol/L$ 的 $AlCl_3$ 溶液，滴加过程中采用 NaOH（0.5mol/L）控制 pH 的变化在±0.1 的范围内。

实验所得的三组样品分别标识为⑦、⑧和⑨。

本节首先对这九组样品中的铝形态采用 Ferron 法进行分析，采用 ICP-OES 对溶液总铝浓度进行测定分析，各样品的分析情况分别见表 5-5、表 5-6 和表 5-7。

表 5-5 控制终点 pH 的 AlCl₃ 溶液水解聚合后形态的 Ferron 法测定分析结果

编号	①	②	③
最终 pH	5.13	6.14	7.14
Al_a(%)	39.47	37.59	9.31
Al_b(%)	39.67	59.82	62.29
Al_c(%)	20.86	2.59	28.40
$[Al_T]$ (mol/L)	0.008 098	0.006 225	0.003 146
现象	无色透明	浑浊	浑浊沉淀

表 5-6 控制终点 pH 的 Al₂(SO₄)₃ 溶液水解后形态的 Ferron 法测定分析结果

编号	④	⑤	⑥
最终 pH	5.17	6.13	7.14
Al_a(%)	72.89	23.16	23.56
Al_b(%)	12.79	72.42	63.79
Al_c(%)	14.32	4.42	12.64
$[Al_T]$ (mol/L)	0.001 273	0.002 207	0.000 566
现象	浑浊沉淀	浑浊沉淀	浑浊沉淀,上清液透明

表 5-7 恒定 pH 环境中铝盐的水解聚合变化形态 Ferron 分析结果

编号	⑦	⑧	⑨
控制中间 pH	4.36	7.14	11.36
Al_a(%)	90.67	9.28	83.15
Al_b(%)	8.21	37.79	16.79
Al_c(%)	1.12	52.93	0.06
$[Al_T]$ (mol/L)	0.005 23	0.002 946	0.005 409
现象	无色透明	浑浊沉淀,黏度高	无色透明

从表 5-5 中可以看出,在三个不同溶液 pH 的条件下,各溶液中均测出了 Al_a、Al_b 和 Al_c 三种形态。并且,随着终点 pH 的增大,溶液中单体铝含量逐渐减少,活性聚合铝含量呈现出上升趋势,并且在 pH=6.14 后成为溶液中的主导形态。在 pH 为 5.13 的溶液中,出现了大量凝胶高聚体 Al_c,但是整个溶液依然呈现出澄清现象,这可以在一定程度上说明,在此 pH 溶液中,羟基铝并不是以氢氧化铝的形态存在于溶液中,而是以与 Ferron 在特定时间内呈惰性反应的高聚体存在。在 pH=6.13 的溶液中凝胶高聚体含量大大减少,但是其中的少量惰性聚合铝很可能是以氢氧化铝的形式存在于溶液中,原因是此时的溶液呈现出浑浊状态。而 pH

继续增大，凝胶高聚体含量也在增大，溶液浑浊程度更大。

对于硫酸铝溶液（表 5-6），整体上不同形态的羟基聚合铝分布类似于氯化铝溶液。随着 pH 的增大，溶液中的活性聚合铝形态含量增大。但是，该溶液中铝的水解聚合过程受硫酸根离子的影响较大，溶液很快变浑浊。硫酸根离子对 pH=7.14 的溶液中铝形态的影响最为明显。生成的凝胶高聚体铝沉淀速度快，溶液呈现出分层现象。

从表 5-7 中可以看出，控制水溶液的 pH=4.36 时，向其中滴加铝液的过程中，铝的水解聚合反应强度不大，溶液中的铝形态主要是以单体铝为主，水解产生的中聚体和凝胶高聚体含量很低。但是当溶液 pH=7.14 时，溶液中的单体铝含量已经很低，而绝大部分铝已经参与水解聚合反应。但是，此时溶液中并无强碱的加入，铝主要是以自发水解为主，而生成的中聚体和凝胶高聚体含量都非常高。如果再增大溶液的 pH，如样品⑨的分析结果所示，溶液中的单体铝含量又重新返回主导地位，并且含有一定量的活性中聚体。此时溶液中的铝主要是以 $Al(OH)_4^-$ 的形式存在，并构成单体铝的主导成分。

从以上分析可以看出，固定溶液 pH，在不加入强碱的条件下溶液中铝的自发水解相对剧烈，在很多条件下均测到大量的活性中聚体以及凝胶高聚体和氢氧化铝沉淀的存在。为了进一步分析这些铝形态的结构，本节还对上述九个样品进行了液体 NMR 光谱分析，结果如图 5-24 所示。

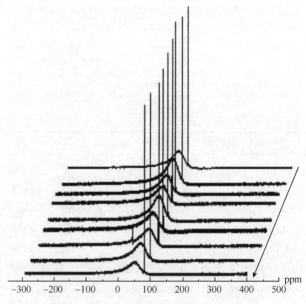

图 5-24　不同溶液 pH 控制条件下铝的水解聚合形态的 NMR 光谱分析结果（沿箭头方向依次是①～⑨样品的 NMR 图谱）

从图 5-24 可以看出，九组样品中尽管有大量的活性中聚体存在，但是 NMR 光谱测定分析结果中并没有 Al_{13} 信号的存在。然而，从图中可以看出，在 0~80ppm 处出现了隆起，这部分隆起在 Al_{13} 存在的前提下通常认为是 Al_{13} 外围的 12 个八面体结构铝产生的。在本节没有测出 Al_{13} 存在的情况下，此信号可以归因于溶液中铝自发水解产生的活性中聚体的信号，这在一定程度上可以间接证明溶液中的活性中聚体是由八面体结构铝组成的，而这部分铝可能是以六元环为基本组成单元组成。

以上分析可知，在没有 Al_{13} 衍生聚合物（如 Al_{p1}、Al_{p2} 和 Al_{p3}）生成条件的前提下，NMR 光谱在分析测定时积分 10000 次的条件下也没有出现这些形态的信号时，那么可知溶液中出现的凝胶高聚体及沉淀铝应该是以氢氧化铝沉淀及六元环结构铝为主导成分。

5.3.3　不同溶液初始 pH 下的铝形态及转化过程

为进一步分析 pH 变化时羟基铝形态结构的转化情况，本节采取改变不同铝盐溶液最终 pH 的方法，分析不同形态结构铝的形态分布。实验时，向 2L 去离子水中加入 $NaHCO_3$ 和 $NaNO_3$ 使其最终浓度均为 $10^{-3}mol/L$。分别取出约 100mL 水，采用不同浓度的稀盐酸和碱溶液（0.5mol/L、2mol/L、0.05mol/L 的 NaOH 溶液和 0.5mol/L 的 HCl 溶液）进行 pH 调节，调到预定数值后，在磁力搅拌器快速搅拌的条件下加入 100μL 0.5mol/L 的 $AlCl_3$ 溶液（或者 0.25mol/L 的硫酸铝溶液），使最终溶液铝浓度约为 0.005mol/L。图 5-25 为加入铝盐后溶液中不同铝形态分布随 pH 变化的 Ferron 比色法测定分析结果，而图 5-26 为不同溶液的时间扫描曲线图。

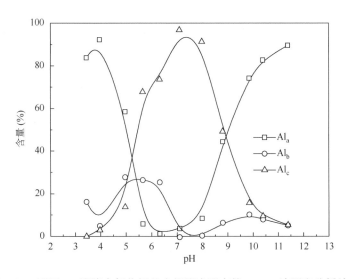

图 5-25　不同 pH 溶液中氯化铝盐水解聚合形态的 Ferron 法测定分析结果

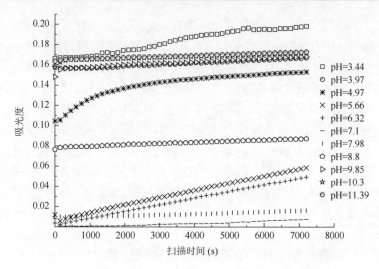

图 5-26　不同 pH 溶液中氯化铝盐-Ferron 逐时络合反应过程时间扫描曲线

从图 5-25 可以看出，当溶液最终 pH=3.44 时，Ferron 法测定分析结果中没有测出 Al_c，但是已经有一定量的 Al_b 出现。但是，在 pH=3.97 时，Al_b 的含量很低。这说明，在较低的 pH 环境中（pH=3.44）铝都是以单体的形式存在（NMR 光谱分析结果已证实），与 Ferron 比色液（pH=5.00～5.20）混合后，pH 的突然增大，导致单体铝盐在 Ferron 比色液中进一步发生自发水解聚合，逐渐形成的低聚物导致图 5-26 中对应的扫描曲线一直呈上升趋势。而当 pH=3.97 时，此时的铝盐溶液 pH 更接近于比色液的 pH，混合后对铝的水解聚合反应影响不大。尽管此时溶液中测出少量的 Al_b，但是其含量相对于低 pH 的溶液（pH=3.44）则大大减少。以上这两组样品的铝形态测定分析结果表明，在使用 Ferron 逐时络合比色法对羟基铝尤其是单体铝的形态进行分析时，羟基铝溶液的 pH 对铝形态的测定分析有一定的影响。但是对于有一定聚合度的羟基聚合铝的形态分析则影响不大，一方面原因是聚合铝的结构相对稳定，另一方面的原因是聚合铝溶液的 pH 接近于 Ferron 比色液。当羟基铝溶液与 Ferron 比色液混合后，羟基聚合铝不会发生进一步的水解聚合反应。以上实验结果尤其是 pH=3.44 的样品时间扫描曲线说明，铝盐的自发水解过程受溶液 pH 的影响较大，加入到 pH 相对较高的 Ferron 比色液中后，其单体铝形态会进行自发水解，并且扫描曲线逐渐上升的趋势也表明自发水解产生了一定量的活性聚合铝。从其扫描曲线的上升趋势（也就是曲线变化斜率）可以看出，自发水解生成的羟基聚合铝应该具有相同的结构，在与 Ferron 络合反应时表现出相同的反应动力学。

图 5-26 中溶液 pH=3.97 对应的时间扫描曲线在 7200s 的扫描时间内，除初始阶段由于溶液中原有的部分低聚体铝与 Ferron 络合反应导致吸光度上升外，在绝

大部分扫描时间内混合液的吸光度变化很小或几乎没有什么变化。该曲线结合羟基铝的形态分布结果进一步分析可知，尽管单体铝在该 pH 溶液中含量很高，但是混合液很快达到吸光度恒定。这说明单体铝与 Ferron 络合反应速率较快，几乎是瞬间完成的。

随着 pH 的继续增大（pH=4.97～6.32），Al_a 的含量逐渐减少，而 Al_b 的含量在溶液 pH=4.97 的样品中达到最大值而随后逐渐减少，此时 Al_c 的含量也在增大。这些样品中存在的活性羟基聚合铝 Al_b 应该是铝盐溶液在制备时水解聚合过程中生成的，而不是 Ferron 比色液与铝溶液的 pH 差距引起的。这几组样品的 pH 接近于 Ferron 比色液，测定条件对铝形态的影响相对较小。从图 5-26 可以看出，对于溶液 pH=4.97 的样品，溶液中 Al_b 含量较高，并逐渐与 Ferron 发生络合，吸光度曲线呈现快速上升趋势，而其他两组曲线则呈现出直线倾斜缓慢上升的趋势，这说明溶液 pH=4.97 的样品中活性聚合铝与 Ferron 络合反应速率相对其他两组较快。由此可知，尽管这四组溶液中均存在一定量的活性羟基聚合铝，但是从三组样品的时间扫描曲线可以看出，在溶液 pH=4.97 的样品中存在的活性羟基聚合铝 Al_b 的聚合度相对较小，而其他两组样品中聚合铝的聚合度较大，结构较为复杂，与 Ferron 络合反应速率较低，应该属于凝胶高聚体。并且，从图 5-25 可以看出，这两组溶液中单体铝的含量已大大降低，甚至很难测出。尽管有一定量的活性羟基聚合铝的存在，但是此时凝胶高聚体 Al_c 已成为溶液中的主导形态。当这两组溶液与 Ferron 比色液混合后，铝液中存在的少量活性羟基聚合铝和凝胶高聚体与 Ferron 络合反应所共同表现出来的吸光度变化曲线的变化趋势缓慢，但是从图 5-26 可以看出，此两组溶液中存在的高聚体铝与 Ferron 络合反应过程中表现出相同的反应动力学斜率，因此可以推知这两组溶液中的主导铝形态（高聚体铝）具有相同的结构组成。但是，如前所述，这部分形态无法用 NMR 测定出来，可以推测这部分形态也应该属于六元环结构，这也可以成为六元环结构的新证据。并且，由上可知，随着 pH 的增大，这种六元环结构的羟基聚合铝的聚合度逐渐增大，含量逐渐减少，直至最后生成氢氧化铝沉淀。

当铝盐溶液的 pH 达到 7.10～7.98 时，溶液已经很难测出单体铝及活性羟基聚合铝，铝盐主要是以与 Ferron 在特定时间内不发生络合反应的凝胶高聚体 Al_c 存在于溶液中（图 5-25）。图 5-26 中所测得的这些溶液对应的时间扫描曲线变化很小。尽管溶液中有可能还存在很少量的活性聚合铝，但是其含量很低，几乎在测定的误差范围之内。

当溶液 pH 达到 8.80～11.90 后，溶液中的凝胶高聚体开始发生转化，转化后的形态主要是以 $Al(OH)_4^-$ 结构存在，这种铝形态结构简单，与 Ferron 络合反应速率较快，并且随着 pH 的增大，生成量逐渐增大。因此，在图 5-25 中，随着 pH 的增大，溶液中的单体铝含量一直在增加，而溶液中凝胶高聚体沉淀铝 Al_c 含量则直线下降。在此转化过程中，由于溶液中存在一定量的羟基，生成单体 $Al(OH)_4^-$ 有可能继续水解聚合反应并生成一定量的活性羟基聚合铝 Al_b。在图 5-26 中，随着溶液 pH 的增大，扫描曲线的初始值也在逐渐增大，并且在能够测出 Al_b 的溶液中，初始阶段扫描曲线的吸光度有小幅度增大。

　　总之，以上实验结果表明，在向不同 pH 的水中投加氯化铝盐时，在一定 pH 范围内，铝离子会发生自发水解以及聚合反应，并且有一定量的活性聚合铝存在。而这部分活性聚合铝的存在及形态转化在其时间扫描曲线上可以有很好地反映。

　　对于相同浓度硫酸铝而言，羟基铝形态随 pH 的变化规律类似于氯化铝（图 5-27）。但是，在不同 pH 硫酸铝样品中，几乎所有的溶液中（pH 小于 10.11）都不存在 Al_b。不同 pH 的溶液中，单体铝 Al_a 含量在低 pH 的变化范围内急剧下降，而凝胶高聚体沉淀铝 Al_c 含量则快速增大，在没有活性羟基聚合铝存在的情况下，减少的单体铝均应该转化成 Al_c。相对于氯化铝溶液，硫酸根的存在阻碍了活性聚合铝 Al_b 的产生，在 Ferron 比色法的测定结果中归入 Al_c。

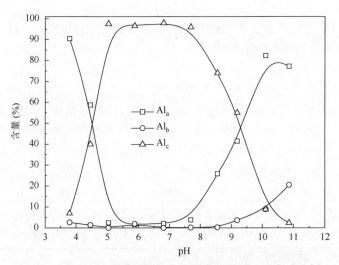

图 5-27　不同 pH 硫酸铝溶液中铝形态的 Ferron 比色法分析

　　当溶液 pH 增大到大于 10.11 时，溶液中的 Al_c 含量急剧降低，与氯化铝溶液的铝形态变化趋势相似，转化成 $Al(OH)_4^-$。随着单体铝 Al_a 含量的增大，溶液中的活性羟基聚合铝含量也在逐渐增大。但是，从图 5-28 可以看出，单体铝 Al_a 增加的幅度远大于活性羟基聚合铝 Al_b 增加的幅度。这表明，溶液中的凝胶高聚体 Al_c 在过量羟基存在的情况下首先转化成 $Al(OH)_4^-$，而后继续水解聚合转化成活性聚合铝。当溶液中的凝胶高聚体沉淀铝溶解完毕后，溶液中的单体铝含量重新占据主导地位。但是，溶液 pH 的继续增大，则导致溶液中的 Al_a 含量下降，部分单体铝转化成活性聚合铝。

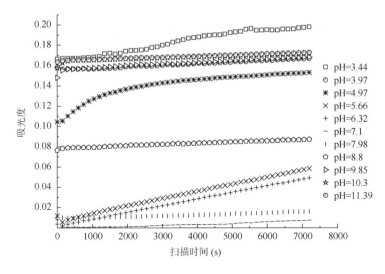

图 5-28　不同 pH 硫酸铝溶液的时间扫描曲线

从图 5-28 可以更清楚地看到，随着溶液 pH 的增大，吸光度扫描曲线的起点对应的吸光度在逐渐减小。由于此时溶液中几乎没有活性羟基聚合铝的存在，因此扫描曲线很快达到水平，吸光度的变化很小趋于稳定。但是当 pH 继续增大后，对应的曲线起点的吸光度则越来越大，但是由于初始阶段对应的 Al_b 含量较少，吸光度的增加也相对较小，整个曲线也很快趋于平衡稳定。当溶液中出现一定量的 Al_b（如 pH=10.86）后，曲线的初始阶段呈现出快速增大趋势。但由于溶液中的铝主要是以单体铝和少量活性羟基聚合铝形态存在，这些形态铝很快与 Ferron 络合反应完毕，并达到吸光度稳定。

溶液中 H^+ 或 OH^- 影响着 Al（Ⅲ）的水解进程和水解平衡，但当溶液中有 SO_4^{2-} 存在时，由于配位竞争而改变水解进程，会打破原有的平衡。SO_4^{2-} 与 OH^- 的络合竞争对 Al（Ⅲ）的水解聚合动力学产生显著影响。Al（Ⅲ）与 OH^- 的络合能力较强，而与 SO_4^{2-} 的络合作用则相对较弱。当溶液 pH 相对较低时，溶液中存在少量羟基，SO_4^{2-} 易于与羟基铝发生络合反应。在此实验条件下，SO_4^{2-} 对 Al_c 形态的影响很大，使其快速聚集。在快速聚集过程中可能吸附或卷扫部分 Al_b 形态，由此导致 Ferron 形态分析中 Al_b 迅速减少，甚至很难测出，而 Al_c 迅速增大。而当 pH 增大到碱性的范围内时，溶液中的羟基含量增大，由于 Al（Ⅲ）与 OH^- 的络合能力较强，溶液中必然会生成一定量的活性羟基聚合铝，因此导致在高 pH 环境中出现了一定量的 Al_b。而从图 5-28 可以看出，尽管溶液中存在一定量的硫酸根离子，但是仍然有一定量的单体铝 Al_a 和活性羟基聚合铝 Al_b 存在。已有文献报道，SO_4^{2-} 易于络合溶液中的 Al_{13}，在不同条件下形成不同结晶形貌的结晶体，同时也易于络合溶液中的凝胶高聚体 Al_c。但是，上述实验表明，SO_4^{2-} 的存在对这部分活性羟基聚合铝影响不大，这也在一定程度上表明，此时溶液中存在的活性羟基聚合铝 Al_b 不应该是以 Al_{13} 的形式存在，很可能是由六元环结构的羟基铝组成。

5.4 铝的强制水解聚合形态结构及转化

传统的 Keggin-Al_{13} 笼状模式以及强制水解转化模式的提出得益于 ^{27}Al NMR 光谱对部分铝形态结构的直接鉴定。该方法是一种快速、直接、对样品无破坏性的测定手段，但是该方法仅能检测到四类高度对称的铝形态，它们分别是单体铝、初聚体（二聚体铝、三聚体铝）、Al_{13} 及 $Al(OH)_4^-$ [6, 10]。但是，实验条件及操作条件的差异所导致的其他具有类似结构的铝形态也可以被测定出来，这些形态的出现对强制水解模式的验证也是至关重要的。由此，本节分别对各种条件下产生的各种铝形态及 Keggin-Al_{13} 的形态转化进行一一描述分析。

5.4.1 强制水解铝形态的 ^{27}Al NMR 鉴定

1. 单体铝

实验中制备的不同碱化度（0.25、0.5、0.75）、浓度为 0.1mol/L 的羟基聚合氯化铝溶液的核磁共振光谱如图 5-29 所示，图中不同化学位移处所测出的峰分别代表一种典型的羟基铝形态。

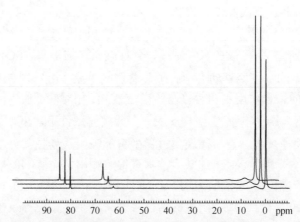

图 5-29 不同碱化度（从前至后分别为 0.25、0.5、0.75）
羟基聚合铝溶液的核磁共振光谱图

如图 5-29 所示，单体铝通常在核磁共振光谱中 0ppm 附近出峰。$AlCl_3$ 溶液由于其 pH 相对较小（pH=3.0 附近），铝主要是以 $Al(H_2O)_6^{3+}$ 的形式存在于溶液中。铝离子很容易自发水解，$Al(H_2O)_6^{3+}$ 中的一个水分子会被 OH^- 取代从而生成 $Al(H_2O)_5(OH)^{2+}$，其形成常数（pK 值）通常是 4.90～5.33。然而，当向 $AlCl_3$ 溶液中滴加碱液制备羟基聚合铝时，碱的加入促进了铝离子强制水解的发生，$Al(H_2O)_5(OH)^{2+}$ 会进一步自发水解，其中的水分子进一步被 OH^- 取代从而生成 $Al(H_2O)_4(OH)_2^+$，其形成常数通常为 8.71～10.91。这三种单体形态均是在 0ppm 处出峰，但是后两种形态由于它们的质子交换速率过快，核磁共振光谱无法直接测定出来，然而这两种形态的生成会对光谱中单体峰的宽度产生影响。Kloprogge 等经实验及理论计算后认为，在碱化度为 0 到 2.2 的羟基聚合硝酸铝溶液的核磁共振光谱中，单体铝峰的线宽随碱化度的增加可从 7.82Hz 增大到 89.40Hz，主要原因在于这两种形态铝的含量也随之增大[10]。

尿素水解制备羟基聚合铝时，在尿素和铝未发生水解前，尿素可取代 $Al(H_2O)_6^{3+}$ 中的一个和两个水分子，分别生成 $Al(H_2O)_5(urea)^{3+}$ 和 $Al(H_2O)_4(urea)_2^{3+}$ 两种物质，而这两种结构则可以被核磁共振直接测定出来。图 5-30 分别为尿素和 $AlCl_3$ 溶液（a）及硫酸铝溶液（b）混合后的核磁共振光谱图。图中 80ppm 处的峰均是测定时的内标 $Al(OH)_4^-$ 峰。图 5-30（a）中，除 0ppm 处代表 $Al(H_2O)_6^{3+}$ 的峰外，在 −2.95ppm 处出现的峰可归因于 $Al(H_2O)_5(urea)^{3+}$。而图 5-30（b）中，除硫酸根离子在 −3.61ppm 处表现的峰外，其余的两个在 0ppm 和 −5.86ppm 处的峰则分别代表 $Al(H_2O)_6^{3+}$ 和 $Al(H_2O)_4(urea)_2^{3+}$ 两种结构。由此可知，核磁共振所测定的单体铝含量不能仅包括 $Al(H_2O)_6^{3+}$，但是该形态是单体的主体形态。

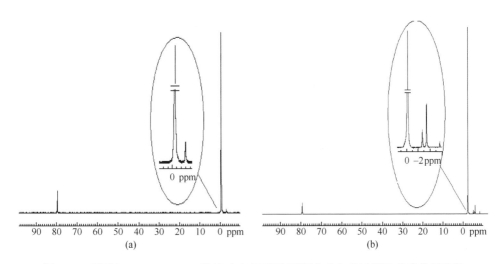

图 5-30　尿素与 0.1mol/L $AlCl_3$ 溶液（a）及硫酸铝溶液（b）混合液的核磁共振光谱

2. 初、低聚体铝

羟基聚合铝溶液中存在的初聚体或低聚体在核磁共振光谱中反映的是在化学位移为 3~5ppm 处的小峰（图 5-29）。最初，研究者将这个铝形态归为二聚体（Al_2）。二聚体是最初形成的聚合铝形态，它是低碱化度条件下存在的一种稳定的多核铝形态，其结构可视为由两个八面体通过双羟基桥键连接形成的，比较稳定[11]。Akitt 等通过核磁共振方法报道二聚体的共振吸收峰化学位移在 3.8ppm 处[12, 13]。事实上，也有很多文献将初聚体归为三聚体[8]。也是根据 ^{27}Al NMR 测定分析技术，Akitt 等在 1989 年又提出了初聚体应该为三聚体，并给出两种相应的结构式 $Al_3(OH)_7^{2+}$ 和 $Al_3(OH)_8^+$。三聚体的空间结构可能有两种，其中一种为链状聚合体，呈现出半个六元环结构，而另外一种则是三个八面体通过双羟基桥键相互共边形成的结构[13]。

尽管这部分初聚体形态在 NMR 光谱中可以直接测定分析出来，但是该形态的形成不应全部归因于强制水解。自发水解对这种形态形成的贡献率应该大于强制水解。强制水解过程中加入的羟基应该主要用于生成 $Al(OH)_4^-$，因这种形态铝的生成消耗大量的羟基，并且由 5.3 节的论述可知这种形态铝更易生成。

3. Keggin-Al_{13} 及其聚集体

^{27}Al NMR 鉴定的聚十三铝化学式是 $AlO_4Al_{12}(OH)_{24}^{7+}$。近年来，由于 Al_{13} 具有较高的相对分子质量和正电荷，成为聚合氯化铝絮凝剂中最有效成分而得到广泛研究。在核磁共振光谱中，该形态对应于化学位移为 62.5ppm 的峰（图 5-29）。之所以能够将该化学位移处的共振峰定义为 Al_{13} 的特征峰，其论据主要有以下三个方面：一是此化学位移居于四面体配位 Al 的特征区内；二是其尖锐的共振峰表明有很对称的环境和相应较弱的电场梯度，并且没有同其他化合态 Al 的交换；第三个方面是，把 Al_{13}—SO_4 晶体溶解在 $BaCl_2$ 溶液中进行交换反应可以用来制备纯 Al_{13} 溶液，而且 62.5ppm 共振峰代表的 Al 平衡质量与 $AlO_4Al_{12}(OH)_{24}(H_2O)_{12}^{7+}$ 化合态的组成是一致的[1]。

实际上，62.5ppm 处的峰仅是 Al_{13} 这种结构中心的四面体铝产生的，而这部分铝含量只是整个 Al_{13} 中铝含量的 1/13。其结构中外围的 12 个八面体通常被认为是在光谱中 10ppm 附近隆起的部分，然而这部分宽峰只在加温和高场强时才能观测到，原因是这部分八面体 Al 处于扭曲的环境中而有很大的电场梯度。对于外围的 12 个八面体结构，文献中也有不同的报道，这部分内容随后进行描述。

本书中所涉及的 Al_{13} 均是最常见的、讨论最多的 ε-Al_{13}，它的其余四种同素异构体在此不再讨论。对于更高浓度（＞0.1mol/L）及高温度下制备的溶液，其

^{27}Al NMR 光谱中也都可以在 64.5ppm、70ppm、76ppm 处观测到四面体 Al。这些聚合物中的八面体共振峰与 Al$_{13}$ 八面体配位 Al 的化学位移在一般鉴定条件下都不能分辨。这三种共振峰通常分别被定义为 Al$_{p1}$、Al$_{p2}$ 和 Al$_{p3}$。Al$_{p1}$ 结构是有缺陷的 Al$_{13}$ 结构，其基本结构中失去一个八面体 Al 而成为 Al$_{12}$O$_{39}$ 单元。Al$_{p2}$ 则是由两个 Al$_{p1}$ 单元组成的 Al$_{24}$O$_{72}$，而 Al$_{p3}$ 包含两个或更多个单元。在不是人工配制或未加温熟化的溶液中没有测到这些化合态。事实上，在低温（如小于 80℃）条件下都很难测出该类形态铝，同时该类铝形态的测出对核磁共振仪器的要求也相对较高。在本书中所采用的 500Hz 的仪器对不同温度（25℃、40℃、60℃和 80℃）下制备的浓度为 0.1mol/L 的羟基聚合铝溶液进行分析时，均没有测出该形态。但是，在 80℃条件下的尿素水解制备羟基聚合铝的实验中，冷冻干燥后羟基聚合铝固体粉末采用固体 NMR，在 64.5ppm 化学位移处测出了类似 Al$_{p1}$ 结构的铝形态（图5-31）。尽管这些 Al$_{13}$ 的缺陷结构或者聚集体无法在常规的条件下制备和测定出来，但是这些形态的存在可以为强制水解过程中 Al$_{13}$ 转化为固相过程中的结构重组状况提供一些说明。

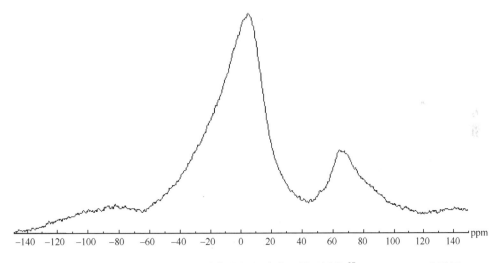

图 5-31　尿素水解制备的羟基聚合氯化铝经冷冻干燥后固体 ^{27}Al MAS NMR 光谱图

5.4.2　Keggin-Al$_{13}$ 的生成及转化

在各种 NMR 测定的形态中，Keggin-Al$_{13}$ 是强制水解过程中的核心形态，其生成和转化过程构成了强制水解的主体。对其生成及转化机理的探讨对于双水解模式的验证将起到至关重要的作用。

Keggin-Al$_{13}$ 的生成机理一般有两种，一种是基于热力学，是达到铝浓度和 pH

限定的过饱和临界值时自然发生的结果，而另外一种则是认为酸性铝盐溶液加入强碱后在分界面上形成局部高 pH 的结果。其中，最为研究者认可的是第二种[14]。在该机理中，Al_{13} 通常是铝溶液加碱过程中形成的人为产物。在酸性铝盐溶液的强碱加入点或者是固体铝盐溶解时的界面处，或者金属铝的溶出氧化处，都会形成局部高 pH，导致 $Al(OH)_4^-$ 的产生，而这种铝形态通常被认为是 Al_{13} 形成的前驱物。在羟基聚合铝溶液的制备过程中，铝酸根 $Al(OH)_4^-$ 在剧烈搅拌的作用下可分布到溶液中，易于同溶液中的八面体相结合形成 Al_{13}。

因此，一个 Al_{13} 分子可以分解为两部分，外围的八面体铝和中心四面体铝。其中心的 AlO_4 结构已经被 NMR 光谱证明，为大多数研究者所接受，但其外围八面体结构至今仍存在争议。Akitt 和 Farthing 通过 NMR 分析技术[15, 16]，提出 Al_{13} 的生成是由 6 个二聚体化合态围绕 $Al(OH)_4^-$ 成核。他们认为 Al_{13} 的结构可以看作是 6 个二聚体单元与中间的四面体各边共氧结合而成。不过，这种结构形态至今尚未得到严格的实验或理论证实。还有人提出四个三聚体在周围结核或其他小的多核物在周围组合而成。这些争议的存在是由于在 NMR 光谱中 3～5ppm 化学位移处所形成的峰对应的初聚体到底是二聚体（Al_2）还是三聚体（Al_3）或者是其他形式的低聚体尚存在争议。解决这个争议是解决 Al_{13} 结构外围八面体铝形态结构的前提。尽管 Al_{13} 外围铝形态至今尚无定论，但是这并没有影响人们对 Al_{13} 整体结构及其应用的研究。

尽管铝酸根 $Al(OH)_4^-$ 是 Al_{13} 形成的前驱物，但是只有这种形态而缺乏外围的八面体形态则无法生成高 Al_{13} 含量的羟基聚合铝溶液[2]。向偏铝酸钠溶液中滴加单体铝溶液并剧烈搅拌制备羟基聚合铝的实验结果表明，在溶液中偏铝酸根离子含量充足的条件下仍无法生成高 Al_{13} 的羟基聚合铝溶液。这说明 Al_{13} 的生成受分子结构中两部分铝的比例影响，任何一部分的缺失都将不利于 Al_{13} 的生成。这个实验结果也在一定程度上说明，Al_{13} 的外围八面体不应该由 12 个八面体单体铝组成，而更有可能的是由二聚体或三聚体这种初聚体组成。

传统观点认为，铝盐溶液的局部 pH 变化是生成 Al_{13} 的必要条件，但是尿素水解制备羟基聚合铝的实验结果证明，这种观点是不全面的。尿素在高温下能够进行水解，但是尿素水解受温度和尿素浓度的影响较大。通常在低温下尿素很难水解，只有在催化剂存在时低温下才可以进行水解，而在高温下（90℃以上）可以进行较快地水解[17-20]。

实验时，将一定量的尿素与铝盐溶液混合，加入反应器中。当反应器中混合溶液温度升高到 70℃以上时，均匀分布在混合溶液中的尿素会逐渐分解，致使其水解产生的羟基均匀分布于整个溶液。尿素水解反应过程为

$$CO(NH_2)_2 + 3H_2O \longrightarrow 2OH^- + 2NH_4^+ + CO_2$$

　　由于铝盐的加入导致生成的氨根离子和二氧化碳从溶液中挥发出去，而产生的羟基则与铝离子络合生成羟基铝聚合物。水解过程中溶液 pH 的变化如图 5-32 所示。

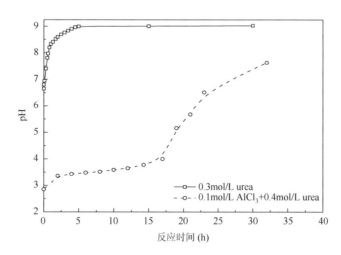

图 5-32　尿素水解制备羟基聚合铝过程中混合液 pH 随反应时间的变化

　　从图 5-32 可以看出，尿素溶液在没有铝加入的情况下，溶液 pH 上升速度很快，但是加入铝后上升速度变慢。在混合反应初期，快速水解的尿素产生的羟基，除了部分用于铝的聚合反应外，其余的则促进了混合液 pH 的升高。但是，随着反应的继续，尿素水解产生的大量羟基主要被溶液中铝盐的水解聚合反应所消耗，致使溶液中剩余的羟基量较少，混合液 pH 上升速度也相对较小。但是，当溶液中羟基聚合铝的聚合度上升到一定程度后，尿素水解产生的羟基则出现剩余必然就促进了混合液 pH 的急剧增大。如 5.1 节所述，反应混合溶液 pH 随反应时间的变化曲线在一定程度上可以反映出溶液中羟基聚合铝形态结构的变化。由此，在不同反应时间点分别取样，并采用 Ferron 法及 NMR 光谱法对各样品中的铝形态进行分析，分析结果如图 5-33 和图 5-34 所示。

　　从图 5-34 中可以看出，尽管尿素水解产生的羟基均匀地分布于整个铝盐溶液中，但并没有出现 Al_{13} 形成的传统观点中所要求的局部碱过量的条件，不同反应时间内所取样品依然可以测到 Al_{13} 的存在，并且与缓慢滴碱法制备的羟基聚合铝溶液中的 Al_{13} 形态分布规律相似。在图 5-33 中，^{27}Al NMR 光谱的 62.5ppm 化学位移处峰强度随反应时间的增加而增大，当达到一定程度后则呈现下降趋势。为什么在没有局部碱过量的情况下依然有 Al_{13} 的生成，这个问题的解决必然会丰富强制水解模式的内涵。

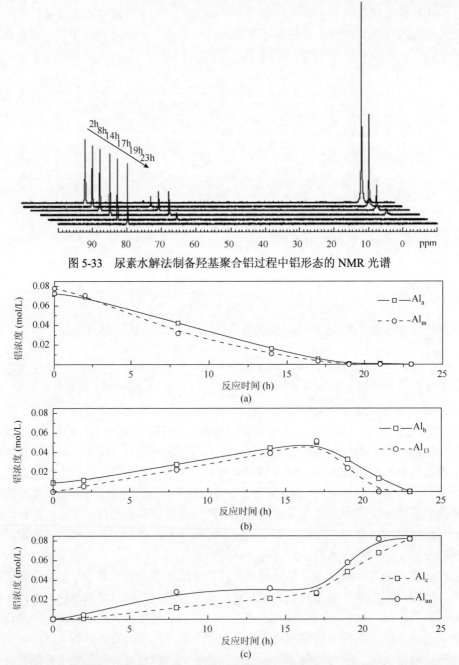

图 5-33　尿素水解法制备羟基聚合铝过程中铝形态的 NMR 光谱

图 5-34　尿素水解法制备羟基聚合过程中铝形态的 Ferron 以及 ^{27}Al NMR 光谱分析

混合液中尿素浓度相对较高，在适宜温度下水解速率较快，产生大量羟基必然会导致大量凝胶高聚体或者氢氧化铝沉淀的产生（Al_c 或 Al_{un}）。而生成的氢氧化铝沉淀易于同尿素水解产生的羟基络合生成 $Al(OH)_4^-$，这就为 Al_{13} 的生成创造了条件。在溶液中存在初聚体的前提下，溶液中必然会有一定量的 Al_{13} 生成。初聚体的生成主要归因于单体铝的自发水解过程，是溶液化学热力学平衡的结果。

事实上，从图 5-33 中可以看出，在尿素水解过程中，释放的羟基与单体铝络合也必然会产生部分初聚体（如三聚体），这部分初聚体的存在保证了溶液中存在的 $Al(OH)_4^-$ 迅速地转化成 Al_{13}。而生成的 Al_{13} 在高温以及羟基继续进入溶液的条件下会继续转化。当溶液中很难测出溶解性羟基铝时，从生成的凝胶沉淀的固体 ^{27}Al MAS NMR 分析结果（图 5-31）中发现，凝胶沉淀中除 Al_{p1}（Al_{13} 的缺陷结构）外仅在 0ppm 出现一个较强烈峰，该峰代表氢氧化铝。同时，羟基聚合铝溶液经熟化后所有铝形态均会转化成不同结构的氢氧化铝。因此，综合以上分析，尿素水解法制备羟基聚合铝过程中 Al_{13} 生成及转化模式如图 5-35 所示。

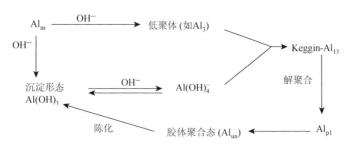

图 5-35　尿素水解制备羟基聚合铝法中 Al_{13} 的生成转化示意图

在反应初期，溶液中已经测到一定量的凝胶高聚体铝，并且其含量随反应时间的增加呈现逐渐增大趋势，但是仍有部分生成的氢氧化铝快速转化成 $Al(OH)_4^-$，进而有 Al_{13} 的生成。然而，在初始阶段生成的 Al_c 形态尽管在特定的时间内不能与 Ferron 络合反应完毕，其形态应该属于高聚体铝，并没有转化成惰性沉淀铝。原因是在反应的初始阶段，溶液中总铝浓度并没有发生变化（图 5-36），这部分凝胶高聚体铝依然存在于溶液中，并且浊度测定结果表明初始阶段的浊度并没有发生大的变化，这也进一步说明这部分 Al_c 属于能溶于水的高聚体。而硫酸铝与尿素的混合液则从开始阶段就出现沉淀，并且混合液浊度逐渐增大，这可以归因于溶液中硫酸根离子与羟基聚合铝尤其是凝胶高聚体铝络合生成沉淀。

图 5-35 中给出了 Al_{13} 向稳定的沉淀羟基铝转化的过程。事实上，受制备条件的影响，Al_{13} 向 $Al(OH)_3$ 转化过程中出现的过渡形态很可能不仅是 Al_{p1}，因为活性羟基聚合铝形态随熟化时间增大也在发生一定程度的转化，也会有 Al_{p2} 和 Al_{p3} 这种过渡形态的出现。当然，很多研究者也曾提出不同的 Al_{13} 分解转化模式。Kloprogge 等[10]认为，熟化过程中，羟基聚合铝溶液中的 Keggin-Al_{13} 在向具有六元环结构的更高聚体转化的过程中，Keggin-Al_{13} 结构中的四面体配位铝在熟化过

程中挤压变形成为一个非常扭曲的六配位铝，进而形成的聚合物呈现出延长的板状结构，经红外光谱（IR）方法测定分析其为拜尔石结构，这也可能在一定程度上为六元环结构铝的存在提供证据[21, 22]。

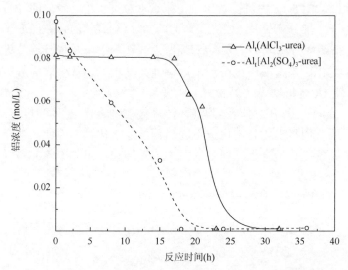

图 5-36　尿素水解法制备羟基聚合铝溶液过程中混合液总铝浓度随时间的变化

整体上看，图 5-35 描述的 Al_{13} 生成转化模式是强制水解的慢放过程。强碱滴入的方法制备羟基聚合铝时，会导致局部明显过量的羟基，铝盐从单体铝向 $Al(OH)_4^-$ 的转化过程中必然也经历了 $Al(OH)_3$ 这种形态结构，但是这种转化过程相对较快。而尿素水解法制备羟基聚合铝的过程中，尿素水解产生的羟基在溶液中均匀地分布，不会造成局部碱过量，但是大量羟基的存在必然会导致溶液中 $Al(OH)_3$ 的大量生成，并随后转化成 $Al(OH)_4^-$。因此，该模式是强制水解过程的局部放大、放缓过程。

以上分析结果表明，局部 pH 差异会导致 $Al(OH)_4^-$ 的生成，但是这不应该是 Al_{13} 生成的必要条件。pH 均匀分布的溶液在产生 $Al(OH)_4^-$ 的条件下依然有 Al_{13} 生成。因此，$Al(OH)_4^-$ 的存在是 Al_{13} 生成的必要条件，但是，如前所述也应同时具备外围的低聚体或初聚体铝。

5.5　羟基铝形态的双水解转化模式

双水解模式集传统的 Keggin-Al_{13} 笼状模式及核链六元环模式优势于一身，并在这两种模式基础上进一步发展而成。该模式超脱两种传统模式的内在含义及生成转化条件，弥补了以上两种模式的各自缺陷，可以更好地对铝水解聚合过程作出更为合理的解释。

5.5.1　双水解模式内涵

双水解模式的提出经历了近二十年的时间。这期间，汤鸿霄先后提出了几种逐步改进的羟基聚合铝水解模式，而这些模式可以认为是双水解模式的前期。而本节给出的双水解模式（图 5-37）是汤鸿霄于 2004 年提出的。

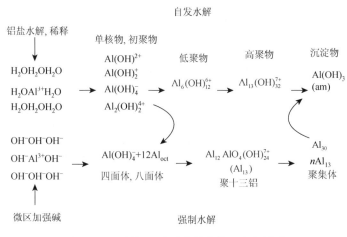

图 5-37　羟基铝形态结构转化的双水解模式

从图 5-37 可以看出，双水解可以分为自发水解和强制水解两部分。自发水解主要发生在铝盐的溶解和稀释过程中，通常受溶液浓度、pH、离子组成等因素变化的影响。该过程是通过铝盐的水解反应在不同条件下达到新的溶液化学平衡，是自发进行的热力学平衡过程。当自发水解发生时，如果两个羟基同时在两个铝原子之间配位就会形成双羟基架桥连接成聚合物，其形态演变过程为二聚体、三聚体等初聚体逐渐发展成低聚体、高聚体直到氢氧化铝沉淀，这些聚合物都是以六配位方式形成六元环结构为基础逐渐聚合而成的。当铝盐溶入到水体后，由于铝原子的结构特征，溶液中的铝离子会与溶剂水分子和羟基 OH^- 络合，建立质子交换平衡。在铝离子与 OH^- 结合的同时，必然会释放出同当量的 H^+，此时溶液 pH 会降低。铝盐浓度、温度变化及溶液 pH 变化均会对这种平衡产生影响。当铝溶液受到这些因素影响时，会发生进一步的水解聚合反应。溶液中的水解聚合反应交错进行，总趋势是随水解度的增加，羟基铝聚合度也会进一步增加。这些典型的溶液化学平衡自动产生的水解变化都属于自发水解。

而对于强制水解过程，通常是由于大量羟基的加入（通常理解是局部碱过量）

生成四配位 $Al(OH)_4^-$，并成为具有四面体结构的 AlO_4，而该物质通常被认为是生成 Al_{13} 的前驱物。在初聚体（如 Al_2 或 Al_3）存在的情况下，通过自组装过程结合形成 Al_{13}。Al_{13} 的生成受上述两类铝形态的影响。由于铝溶液通常为酸性，$Al(OH)_4^-$ 在此环境中很难稳定。该形态铝如何在此环境下生成并与初聚体快速反应成为 Al_{13} 生成的决定因素。当然，其他因素如反应时的温度、搅拌强度、加碱速度等也会对 Al_{13} 的生成产生重要影响。

通常情况下，在强制水解发生时，自发水解也会同时发生。在碱液的滴入产生的局部 pH 不平衡处，由于过量 OH^- 的存在，易于发生强制水解。而在没有局部碱过量的地方则受加入的 OH^- 浓度效应以及 pH 的影响，会促进周围区域自发水解的发生。反过来，自发水解的发生所产生的部分二聚体和三聚体可以成为 Keggin-Al_{13} 外围八面体的重要铝源。由于 Al_{13} 的生成消耗了自发水解产生的初聚体（Al_2 或 Al_3），必然会打破自发水解产生的平衡，也会进一步促进自发水解的继续进行。自发水解和强制水解的最终归宿点相同，都是沉淀氢氧化铝。事实上，在某些条件下，单体铝直接结合三个羟基生成六元环的沉淀铝也是一种自发水解行为。

传统观念认为，强制水解条件下存在六元环转化模式或者 Keggin-Al_{13} 模式，至于是哪一种模式仍存在争议，但是这些观点的共同之处都是在强调外来的羟基络合溶液中的铝离子导致了羟基铝沿着这两条路中的任一条或者这两条同时或者两种模式交替进行的方式进行水解聚合反应的。而双水解模式认为强制水解条件下主要发生的 Keggin-Al_{13} 水解模式，而该转化模式的存在在一定程度上促进了自发水解的发生，此条件下的自发水解过程只是一种溶液热力学平衡的过程。加入到溶液中的羟基主要是参与 Keggin-Al_{13} 模式中铝的水解聚合反应，而没有参与六元环结构铝的转化。在无外来羟基的前提下，溶液中仅发生着自发水解，此时的自发水解等同于相同条件下的传统六元环模式。因此，双水解模式的提出综合了以往模式的优势，但是其内涵及发生条件有别于传统模式，优于传统模式。

整体而言，自发水解是可逆的化学平衡，随 pH 而调整其平衡。因此，自发水解的程度通常较弱，在水溶液中由此途径生成的聚合铝通常聚合度较低，主要是二聚体或三聚体。然而，在电喷雾离子化过程中，自发水解反应较为强烈，并检测出非 Keggin 结构 Al_{13} 形态以及更高聚合度的羟基铝。相对而言，强制水解是惰性稳态平衡，Keggin-Al_{13} 严重依赖外来羟基的大量添加或者高聚体非稳态羟基铝的特殊条件下转化（如晶体 M-Al_{13} 溶解过程中向 K-Al_{13} 转化生成），而在少量羟基添加下可能受制于 $Al(OH)_4^-$ 不稳定的影响，难以导致 Al_{13} 的大量生成（如不同 pH 下铝的形态转化）。在溶液滴碱时两种水解平衡同时存在。强制水解消耗二聚体或三聚体，使自发水解平衡向右方移动而获得再聚合或沉淀的驱动力及前驱物。换言之，在强制水解发生的同时，羟基的浓度效应及溶液 pH 的变化促进了铝盐自发水解的发生,而自发水解产生的初聚体又为 Al_{13} 的生成提供了必要铝源。由此,两种水解方式应该是共存关系,尽管自发水解过程更易于发生,但是两者之间在羟基聚合铝制备过程中不存在先后关系即顺序发生关系(如在低碱化度羟基聚合铝溶液中不仅包含单体铝、K-Al_{13} 也存在大量的其他低聚体形态)。从这个角度看,双水解模式可更合理地给出羟基铝形态的水解聚合转化过程。

5.5.2　双水解模式可行性分析

双水解模式的建立是基于羟基聚合铝溶液中存在的两类不同形态结构的羟基聚合铝,以及它们在溶液中向沉淀氢氧化铝转化途径的差异及相关性。由此,对双水解模式的验证可从以下两个方面进行分析:一是验证这两类羟基聚合铝形态(也就是六元环结构羟基铝和 Keggin Al_{13})的存在;二是需要分析探讨六元环结构铝及 Keggin-Al_{13} 这两类结构铝的转化过程。总体上说,六元环结构铝及 Keggin-Al_{13} 这些形态构成双水解模式中的主骨架,而这两类形态的各自转化过程(也就是自发水解过程和强制水解过程)可以认为是联系这些骨骼的肌肉部分。因此,以上两点的研究对整个双水解模式的可行性分析至关重要。

本章在前面部分的论述中已经对强制水解及自发水解过程中涉及的两类铝形态存在的合理性进行了详细分析。对于强制水解而言,其核心形态 Keggin-Al_{13} 及其聚集体的存在可以通过 ^{27}Al NMR 进行直接证明。无论是在本节的实验结果中还是在文献报道中,强制水解涉及的羟基聚合铝形态结构已经被仪器直接鉴定并被广大研究者所接受。对其形态转化的过程,本书前面章节详细描述了强制水解过程中 Keggin-Al_{13} 的存在及其结构随着水解度或者碱化度的增大而转化的过程;描述了不同制备、熟化及使用条件下 Keggin-Al_{13} 的转化过程,尤其是向氢氧化铝的转化过程。此外,通过对尿素水解制备羟基聚合铝的过程中羟基铝形态尤其是 Keggin-Al_{13} 的分析,本书还给出了 Keggin-Al_{13} 的生成转化模式,而该模式是一种放慢的强制水解过程。以上几章分析结果证实,传统的 Keggin-Al_{13} 模式以及强制水解过程的存在是合理的,这在一定程度上对 Keggin-Al_{13} 这种特殊结构铝的生成转化途径给出一个满意的解释。

事实上,羟基聚合铝溶液中除强制水解涉及的几类羟基铝形态外还应有其他六元环为基本组成单元的铝存在。在碱化度较低的羟基聚合铝溶液中已经有一定量的活性羟基聚合铝存在,但是这些形态无法被 NMR 光谱测定出来。由于在低浓度、低碱化度(B 小于 0.25)的铝溶液中,加入的羟基量低,溶液 pH 发生了变化,铝盐进行了自发水解,所生成的应该是六元环结构活性羟基聚合铝。第 2 章中,在对不同形态结构铝与 Ferron 络合反应动力学机理探讨的基础上,聚合铝形态 Ferron 法分析传统模式验证了一定量的自发水解铝形态的存在,而这些形态铝在与 Ferron 络合反应过程中表现出与 Al_{13}-Ferron 反应完全不同的动力学过程，两类形态间的动力学反应速率存在很大的差异，这些结果在很大程度上验证了两类形态铝的存在及这两类形态铝结构的差异。在对不同碱化度羟基聚合铝溶液的 Ferron 法及 NMR 综合分析结果中，自发水解产物可表现在 Al_a 与 Al_m 的差值部分、Al_{b1} 以及 Al_{un} 甚至 Al_c 这几类形态结构铝随碱化度的变化上。从这个意义上说，在羟基聚合铝形态结构的转化过程中强制水解和自发水解是并不矛盾的，自发水解和强制水解是互补的、共存的。因此，传统的六元环核链模式并不能否定 Keggin-Al_{13} 笼状模式的存在，同时后者的存在也需要前者的补充完善。虽然传统的两种模式互不兼容，相互斗争了几十年并为不同的学者所坚持认可，但是两者的共存是合理的，可以为铝的水解聚合转化提供更为完善的解释。

事实上，在不同实验条件（尤其是稀释）对羟基聚合铝形态结构转化影响进行研究时，在无强碱加入的前提下，稀释后熟化一段时间仍然可以观测到活性中聚体的含量明显增大，单体铝含量减少，而这些实验现象是无法采用强制水解模式进行解释的[14]。而这些含量显著增加的中聚体应主要经自发水解产生。在前面章节中，本书详细描述了前人对于六元环结构铝的验证研究，这都可以为自发水解过程中所涉及的羟基铝形态的存在提供有力依据。在本章改变溶液 pH 对羟基单体铝转换模式的研究中，随着溶液 pH 的变化，在并无强碱加入的前提下即无 Al_{13} 生成条件存在的前提下，溶液中依然是活性中聚体占据主体地位，而 NMR 光谱测定结果也并没有测出 Al_{13} 结构的存在。随溶液 pH 的增大，这部分活性中聚体形态经历了从无到有，从低含量到高含量并随后逐渐减少，最终转化为凝胶沉淀铝 Al_c 的全部过程。此外，在不同转化阶段中，这类羟基聚合铝与 Ferron 络合反应所表现出来的动力学存在很大的差异，并由此得出其形态结构从低聚合度向高聚合度铝转换的直接证据。这部分实验结果还表明，在无强制水解形态及转化存在的条件下，铝的水解聚合过程依然存在，依然经历着从单体铝向低聚体、中聚体以及高聚体直到全部转化成氢氧化铝沉淀的全部过程，而这个过程恰恰符合自发水解。在一定意义上，自发水解发生的过程可以没有强制水解的存在，这个分析结果则可以很好地解释为什么传统的六元环模式一直占据主导地位，这也是很多研究者并不认同 Keggin-Al_{13} 的根本原因。而在强制水解过程中，Keggin-Al_{13} 的存在事实无疑给传统的 Keggin-Al_{13} 笼状模式的存在提供了强有力的证据。尽管关于 Al_{13} 生成的前驱物 $Al(OH)_4^-$ 为什么能在酸性环境中生成、存在及转化成 Al_{13} 的解释依然受到很多学者尤其是自发水解坚持者的怀疑。但是，自发水解或六元环模式的坚持者所提出的 Al_{13} 是由一个单体铝结合两个六元环结构铝，其中的单体铝发生变形由八面体转化成四面体进而形成 Keggin-Al_{13}，至今仍缺乏直接的实验证据，并且是什么条件促进了中间单体铝的结构转化依然无法解释。

因此，六元环模式无法解释强制水解条件下 Keggin-Al$_{13}$ 结构及生成条件，而
Keggin-Al$_{13}$ 笼状模式也一直为很多研究者所坚持，由此导致两种模式共存了几
十年而并不兼容。

20 世纪，基于六元环核链模式，有些研究者还提出了连接铝原子的羟桥脱质
子转化成氧桥而导致 Al$_{13}$ 生成的机理。尽管该模式可以很好地解释羟基聚合铝溶
液在不同水解聚合反应条件下铝的转化过程，但是该模式中提到的 Keggin-Al$_{13}$
生成方式仍缺乏严谨的证明，其中涉及部分铝形态转化机理还有待研究。而随着
NMR 光谱分析鉴定技术对 Keggin-Al$_{13}$ 结构研究的深入，现有的 Keggin-Al$_{13}$ 生成
转化模式正日趋成熟，在这种背景下，汤鸿霄在 2004 年提出了现有的双水解模式，
认为两种模式的共存是更为合理的。该模式融合两种传统水解模式，可以更为全
面地解释不同条件下铝的水解聚合转化过程。强制水解和自发水解在铝水解聚合
过程中的互补共存解决了传统的 Keggin-Al$_{13}$ 模式和六元环模式的争议。同时，该
模式中铝的两条水解聚合方式也为无强制水解条件下铝的水解聚合反应提供了理
论解释。但是，在溶液中有大量羟基或者强碱加入时，铝形态的主导转化方式是
强制水解模式。

5.6　展　　望

羟基聚合铝具有纳米尺度、高电荷、表面多羟基，结构单元为八面体及四面
体等结构特征。其性质与其形态结构特征紧密相关，研究羟基聚合铝的形态结构
与转化机理，对充分发挥水解羟基聚合铝的高效混凝性能、控制水体污染、抑制
其生态毒性均具有重大的科学价值与实际意义。

在我国，聚合类絮凝剂大量生产使用，已基本代替了硫酸铝。尽管国内对于
羟基聚合铝形态和作用机理的基础研究已处于国际前列，但是整体上依然较为薄
弱，继续研究的空间较大，主要原因在于铝这一元素的特殊性。铝的水解聚合反
应过程复杂，所生成的羟基铝尤其是处于介稳状态的活性羟基聚合铝形态多样。
迄今为止所能直接仪器鉴定的铝形态还仅限于 M-Al$_{13}$ 和 K-Al$_{13}$ 等少数特殊形态，
而大量铝形态的直接鉴定还有待于更为精确的先进仪器的出现。即使对于 Keggin
结构 Al$_{13}$，其不同聚合度聚集体的转化与转变，包括分子结构、电荷分布等依然
缺乏系统的探讨。

除羟基聚合铝水解聚合形态结构较为复杂外，各介稳形态结构铝之间的转
化过程、转化方式依然存在较大争议。本书详细论述了羟基铝形态间的双水解
转化模式，尽管该模式在理论上可行，但其验证工作依然有赖于六元环或平面
结构铝在水溶液中的存在形态及转化过程的直接鉴定，这关乎整个水解模式的
完整性。

参 考 文 献

[1] 汤鸿霄. 无机高分子絮凝理论与絮凝剂. 北京: 中国建筑工业出版社, 2006: 299-301.

[2] 黄鹂. 高浓度 PAC 的形态分布、转化及 Al_{13} 的分离提纯研究. 中国科学院生态环境研究中心博士学位论文, 2005: 1-99.

[3] Wang S L, Wang M K, Tzou Y M. Effect of temperatures on formation and transformation of hydrolytic aluminum in aqueous solutions. Colloid Surf A, 2003 (1-3): 143-157.

[4] Wang D S, Tang H X. Modified inorganic polymer flocculants-PFSi: its preparation, characterization and coagulation behavior. Water Res, 2001, (14): 3418-3428.

[5] Xu Y, Wang D S, Lu H L, et al. Optimization of the separation and purification o f Al_{13}. Colloid Surf A, 2003, 231: 1-9.

[6] Akitt J W, Elders J M, Fontaine X L R, et al. Multinuclear magnetic resonance studies of the hydrolysis of aluminum (III). Part 9. Prolonged hydrolysis with aluminum metal monitored at very high magnetic field. J Chem Soc Dalton Trans, 1989, 10: 1889-1895.

[7] Exall K N, Vanloon G W. Effects of raw water conditions on solution-state aluminum speciation during coagulant dilution. Water Res, 2003, 37: 3341-3350.

[8] Singhal A, Keefer K D. A study of aluminum speciation in aluminum chloride solutions by small angle X-ray scattering and ^{27}Al NMR. J Mater Res, 1994, 8: 1973-1983.

[9] Pophristic V, Klein M L, Holerca M N. Modeling small aluminum chlorohydrate polymers. J Phys Chem, 2004, 1: 113-120.

[10] Kloprogge J T, Seykens D, Jansen J B H, et al. A ^{27}Al nuclear magnetic resonance study on the optimalization of the development of the Al_{13} polymer. J Non-Cryst Solids, 1992, 142 (1): 94-102.

[11] Stol R J, Verneulen A C, De Bruny P L. Hydrolysis-precipitation studies of aluminum (III) solutions. 2. A kinetic study and model. J Colloid Inter Sci, 1976, 1: 115-131.

[12] Akitt J W, Farthing A. New ^{27}Al NMR studies of the hydrolysis of the aluminum (III) cation. J Magn Reson, 1978, 3: 345-352.

[13] Akitt J W, Greenwood N N, Khandelwal B L. ^{27}Al nuclear magnetic resonance studies of sulphato-complexes of the hexa-aquo aluminium ion. J Chem Soc Dalton Trans, 1972, 12: 1226-1229.

[14] 冯成洪. 羟基聚合铝絮凝剂形态结构及双水解转化模式. 中国科学院生态环境研究中心博士学位论文, 2007, 1-121.

[15] Akitt J W, Farthing A. Aluminium-27 nuclear magnetic resonance studies of the hydrolysis of aluminium(III). Part 4. Hydrolysis using sodium carbonate. J Chem Soc Dalton Trans, 1981, 7: 1617-1623.

[16] Akitt J W, Farthing A. Aluminium-27 nuclear magnetic resonance studies of the hydrolysis of aluminium(III). Part 5. Slow hydrolysis using aluminum metal. J Chem Soc Dalton Trans, 1981, 7: 1624-1628.

[17] Rao M M, Reddy B R, Jayalakshmi M, et al. Hydrothermal synthesis of Mg-Al hydrotalcites by urea hydrolysis. Mat Research Bulletin, 2005, 40: 347-359.

[18] Mishra P. Low-temperature synthesis of alumina from aluminum salt and urea. Mater Lett, 2002, 55: 425-429.

[19] Ramanathan S, Roy S K, Bhat R, et al. Alumina powders from aluminum nitrate-urea and aluminum sulphate-urea reactions—the role of the precursor anion and process conditions on characteristics. Ceram Int, 1997, 23: 45-53.

[20] Macedo M I F, Osawa C C, Bertran C A. Sol-gel synthesis of transparent alumina gel and pure gamma alumina by

urea hydrolysis of aluminum nitrate. J Sol-Gel Sci and Tech，2004，30：135-140.

[21]　Bottero J Y，Axelos M，Tchoubar D，et al. Mechanism of formation of aluminum trihydroxide from Keggin Al$_{13}$ polymers. J Colloid Inter Sci，1987，1：47-57.

[22]　Kloprogge J T，Seyken D，Jansen J B H，et al. Aluminum monomer line-broadening as evidence for the existence of [Al(OH)]$^{2+}$and [Al(OH)$_2$]$^+$during forced hydrolysis：a ^{27}Al nuclear magnetic resonance study. J Non-Cryst Solids，1993，152：207-211.

第 6 章　羟基聚合铝凝聚絮凝行为特征

凝聚与絮凝是分离水中悬浮及胶体颗粒的基本方法，不但广泛应用于各种水质处理过程，而且也在许多其他工业技术部门如化工、医药、选矿等方面占有重要地位。由凝聚与絮凝组成的混凝过程不仅是最古老而且也是目前应用最广的水质处理技术之一，其最早的应用可追溯至一百多年前。尽管对混凝过程的研究由来已久并且积累了大量的经验，但对其作用机理的实质认识在近数十年来才取得显著的进展。纵观近代混凝理论的发展过程，主要以研究传统铝盐的凝聚絮凝作用为主，并建立了相应的定量计算模式。20 世纪 60 年代传统混凝机理趋于一致，认为金属盐混凝剂投入水中后发生水解，生成羟基铝化合物，以水解产物对颗粒物发生混凝作用[1-3]。作为新型水处理剂，羟基聚合铝絮凝剂（PAC）自 20 世纪 60 年代以来颇有取代传统的铝盐之趋势，但其卓越的絮凝效能并未得到清楚地阐明，对其凝聚絮凝作用机理的探讨也是在近十年来才取得一定进展。与传统混凝剂相比，无机高分子絮凝剂具有强电中和能力、强吸附与聚集能力、界面反应快等特点[4-8]。目前，对于无机高分子絮凝剂特别是羟基聚合铝絮凝剂的作用机理研究主要归纳为以下几点[9]：羟基聚合铝絮凝剂中的聚阳离子 Al_{13} 形态稳定，能够在水溶液中保持其预制形态，是羟基聚合铝絮凝剂中的优势形态；投入水溶液中的 Al_{13} 立即吸附在颗粒表面，并且以其高正电荷和较大的相对分子质量在界面上发生电中和及黏结架桥效应；吸附在颗粒物表面的 Al_{13} 继续水解沉淀，由羟基不饱和络合物逐渐成为氢氧化物沉淀溶胶。含有较高浓度的 Keggin 结构 Al_{13} 的羟基聚合铝絮凝剂能够在更低的投加量下达到强除浊效果，主要原因是 Keggin 结构 Al_{13} 在投加到水体后对可能继续发生的解体和继续水解都有一定惰性，其在投加后首先吸附在负电性颗粒物表面发挥强电中和作用，并在较少的投加量下达到颗粒物脱稳絮凝。当然，预制的羟基聚合铝絮凝剂会在颗粒物表面或一定条件下的水体中继续水解，其存在形态与凝聚作用机理以及絮凝效能方面与传统铝盐存在的差异也是羟基聚合铝絮凝剂应用研究的重要方面。因此，本章将比较不同形态分布的羟基聚合铝絮凝剂之间的絮凝效能，以求进一步获得羟基聚合铝絮凝剂的凝聚絮凝特征。

6.1　低碱化度羟基聚合铝凝聚絮凝特征

6.1.1　不同碱化度羟基聚合铝形态分布特征

铝盐与聚合铝在凝聚絮凝效能方面的差异主要与各类铝盐的形态分布具

有直接关系。采用慢速滴碱法制备不同碱化度（B=1.0、2.2、2.5、2.8）的羟基聚合铝絮凝剂（以下简称 PAC10、PAC22、PAC25、PAC28）。分别采用 Al-Ferron 逐时络合比色法和 ^{27}Al NMR 法进行形态分布特征鉴定，结果如表 6-1 和图 6-1 所示。由表可见，三种羟基聚合铝絮凝剂的形态分布各不相同，PAC10 以 Al_a 和 Al_b 为主，PAC22 以 Al_b 为主，PAC25 则以 Al_b 和 Al_c 为主，PAC28 则以 Al_c 为主。实验同时以硫酸铝作为对照（Al_a 为主），这样不同形态的水解产物，Al_a、Al_b 和 Al_c，以及它们的转化过程对絮凝效能的影响将能更好地进行比较与分析。

表 6-1　羟基聚合铝絮凝剂的形态分布特征

絮凝剂	[Al$_T$]（mol/L）	Ferron 法			^{27}Al NMR	
		Al_a（%）	Al_b（%）	Al_c（%）	Al_{13}（%）	Al_m（%）
硫酸铝	0.1	96.3	2.0	1.7	0	79.2
PAC10	0.104	56.2	42.9	0.9	41.8	43.5
PAC22	0.101	9.4	83.8	6.8	76.7	5.9
PAC25	0.100	1.8	48.6	49.6	37.9	0
PAC28	0.102	8.8	11.8	79.4	0	0

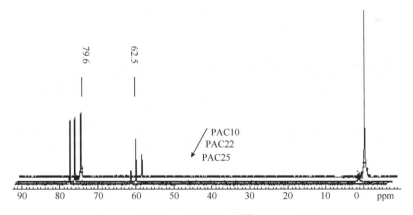

图 6-1　羟基聚合铝絮凝剂的 ^{27}Al NMR 谱图

6.1.2　静态吸附絮凝实验结果

1. 实验方法

材料：二氧化硅悬浊液、羟基聚合铝絮凝剂、NaOH、HCl。

仪器：JTY 型混凝实验搅拌仪（北京岱远测控技术开发中心）、pH 计（MP220，Mettler Toledo，Swiss）、Zeta 电位仪（Zetasizer 2000，Malvern，UK）、浊度仪（2100N，Turbidimeter，Hach，USA）、ICP-OES（Optima 2000，Perkin Elmer Co，USA）。

实验过程：静态吸附絮凝实验采用混凝烧杯实验方法，在 JTY 型混凝实验搅拌仪上进行。二氧化硅悬浮液体系组成为：SiO_2，500mg/L；$NaNO_3$，0.01mol/L；$NaHCO_3$，0.001mol/L。实验过程中体系 pH 固定在 pH=6.5 处。实验前采用 NaOH 或 HCl 调节悬浊液 pH 为 6.5，实验量为 500mL。吸附絮凝程序如下：投加絮凝剂后快速搅拌 2min（200r/min），1min 时取样测电动电位；然后静置沉降 30min，取上清液测剩余浊度。

2. 絮凝效能比较

去除浊度一直是水处理技术和絮凝剂效能的最主要判断指标之一，羟基聚合铝絮凝剂的主要特征则是强电中和能力。传统铝盐在酸性水体中往往以单核物形态为主，而在中性水体中会迅速水解趋向沉淀。因此，静态吸附絮凝实验在固定 pH 为 6.5 处，以期比较絮凝剂不同水解产物的絮凝效能。静态吸附絮凝实验前将体系 pH 调节至 6.5，实验过程中不调节 pH，实验结束后测 pH 的变化情况。由于所用絮凝剂的最高投加量为 10^{-4}mol/L，体系的 pH 维持在 pH=6.5±0.5。对于表 6-1 所列的五种絮凝剂，结合二氧化硅颗粒物电动电位的变化情况，考察不同絮凝剂在不同投加量下上清液浊度的变化规律。

根据图 6-2（a）所示电动电位的变化规律可以明显看出不同形态分布的絮凝剂具有不同的电中和能力。随着投加量的增加，投加羟基聚合铝絮凝剂 PAC10、PAC22、PACB25 和硫酸铝的颗粒物电动电位均逐渐上升；但对于投加聚合铝 PAC28 的体系，负电荷颗粒物的电性逆转一直没有发生，即使在最高投加量下（总铝浓度=10^{-4}mol/L）其电动电位仍然在−40mV 左右。显然，这是由于不同絮凝剂含有不同形态的水解产物。对于聚合铝 PAC10、PAC22 和 PAC25，PAC22 的 Al_{13} 含量高达 76.7%，因此其电中和能力最强，在较低投加量下即达到电中和点。同时，随着投加量增加颗粒物的电动电位也迅速上升，并远远高出其他羟基聚合铝絮凝剂和硫酸铝。对于聚合铝 PAC10 和 PAC25，由于 Al_{13} 的含量基本相同（分别为 41.8%和 37.9%），二者的电中和能力也基本相当。对于硫酸铝和聚合铝 PAC28，前者以单体铝（Al_a 含量 96.3%）为主，后者以多聚态铝水解产物（Al_c 含量 79.4%）为主。在 pH 为 6.5 的水体中，硫酸铝在投加后即迅速水解并最终转化成氢氧化物沉淀，所带电荷较弱[10]，因此其电中和能力明显低于聚合铝 PAC10、PAC22 和 PAC25。在预制过程中，聚合铝 PAC28 所含强制水解产物主要以氢氧化物沉淀为主，这类沉淀物质由于经历熟化过程，不同于硫酸铝自发水解所产生的新鲜氢氧化物沉淀，不具有电中和能力。

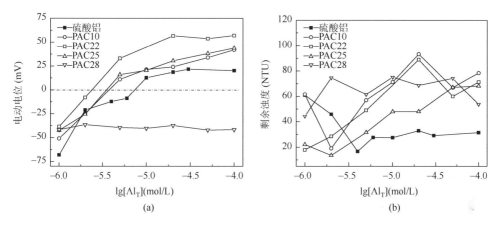

图 6-2　不同絮凝剂的絮凝效果比较（横坐标 "mol/L" 为[Al$_T$]的单位，下同）

（a）电动电位与总铝浓度关系图；（b）剩余浊度与总铝浓度关系图

　　同时，不同絮凝剂悬浊液体系的剩余浊度曲线也随着投加量表现出不同的混凝特征［图 6-2（b）］。在很低的投加量下（总铝浓度=1×10^{-6}mol/L），聚合铝 PAC22 和 PAC25 均表现出显著的除浊性能。当投加量逐渐增加时，二者均表现出复稳现象，但聚合铝 PAC25 浊度回升的趋势更为平缓。相应地，聚合铝 PAC10 也出现了复稳现象，但其最低剩余浊度投加点比前两种羟基聚合铝絮凝剂要高（总铝浓度=2×10^{-6}mol/L）。值得注意的是，这三种羟基聚合铝絮凝剂的最低剩余浊度点均在等电点前，此时颗粒物并未完全脱稳，良好的除浊性能主要源于预制水解过程中形成的系列高聚合态水解铝形态（Al$_b$ 和 Al$_c$）。这类高聚合态水解铝形态具有一定的相对分子质量和链长，其吸附到颗粒物表面并在脱稳颗粒物之间起到连接架桥的作用，从而使颗粒物聚集、絮凝后沉淀下来。由于聚合铝 PAC10 所含高聚合态水解产物低于其他两种絮凝剂，因此其在较低投加量下除浊能力稍弱，而随着投加量增加，聚合铝 PAC10 的单体类产物继续水解产生的高聚合态产物会增多而促进颗粒物间的聚集。另外由于预制产生的 Al$_{13}$ 仍能保持 Keggin 结构和高正电性，因此聚合铝 PAC10 在高投加量也会出现复稳而不会出现传统铝盐的稳定区。与此同时，硫酸铝的水解产物则随着溶液条件的改变而不同，在恒定 pH 为 6.5 时，随着投加量增加其高分子形态产物逐渐转化为高聚合态无定形溶胶及无定形沉淀，并通过网捕卷扫方式实现絮凝达到除浊效果。对于聚合铝 PAC28，尽管生成了大量高聚合态溶胶及氢氧化物沉淀，但由于颗粒物未能脱稳基本没有絮凝效果，因此一定程度的凝聚脱稳是黏附卷扫絮凝的前提[3]。

3. 凝聚与絮凝

研究表明羟基聚合铝絮凝剂之所以比传统混凝剂具有更好的絮凝效果，是因为预制的羟基聚合铝絮凝剂所含高电荷 Al_{13} 具有强烈的吸附电中和作用，因而 Al_{13} 被认为是羟基聚合铝絮凝剂的最佳凝聚絮凝形态[4, 9, 11]。但是，由于铝的水解聚合反应及产物形态复杂多变，实际上羟基聚合铝絮凝剂中仍然含有大量其他的水解聚合形态。对于这些聚合形态在絮凝过程中所起的作用及絮凝效能如何，目前存在着不同的见解。在聚合铝的各化合态中，Al_{13} 因具有相对最大的电荷/粒径比而有很强的电荷密度及电中和能力；同时由于 Al_{13} 单元化合态的粒径在纳米级范围（2~3nm），在溶液中趋于自组装形成聚集体，但仍保持 Al_{13} 的特性。这类聚集体具有链状或分支状的分形形貌，在颗粒间起架桥连接作用。另外，吸附在颗粒物表面的 Al_{13} 或其聚集体也会通过形成"静电簇"来聚集其他负电性颗粒。因此，Al_{13} 的凝聚絮凝作用机理主要以强电中和静电簇混凝为主，黏结架桥为辅。

对于高含量 Al_{13} 的聚合铝 PAC22，主要凝聚絮凝作用机理与 Al_{13} 相同，但由于含有其他低电荷量的聚合态化合物，其电中和能力稍弱于纯 Al_{13} 絮凝剂[12]。对于分别以 Al_a 和 Al_b、Al_b 和 Al_c 为主的聚合铝 PAC10 与聚合铝 PAC25，尽管具有相近含量的 Al_{13}，但其凝聚絮凝作用机理却不尽相同。从絮凝效果图中可以看出，二者所含有的高正电荷 Al_{13}（Al_b）表现出相同的强电中和能力，颗粒物的电动电位曲线随着投加量的增加均明显上升且几乎重合，但是浊度曲线却表现出明显的不同。根据铝盐的溶液化学和聚十三铝的形成机理可知[9, 13, 14]，聚合铝 PAC10 的 Al_a 部分在中性水体中会迅速水解趋向沉淀，但同时也会有少量 Al_{13} 产生，其水解系列产物的形态转化途径与溶液条件有关。在低投加量下由于 Al_a 部分水解产物仍以单体铝形态为主，因此其电中和能力与黏结架桥能力明显低于高含量 Al_{13} 的聚合铝 PAC22，而随着投加量增加，带正电荷的多核聚合物形态（包括高正电的聚阳离子和弱正电的氢氧化物沉淀）生成并显著提高其电中和能力。此时，由于预制时形成的 Al_{13} 仍维持高正电荷导致颗粒物电性逆转而相互排斥，体系浊度回升。与传统铝盐硫酸铝不同的是，这部分 Al_a 由于浓度低而不易生成大量无定形沉淀实现网捕卷扫絮凝方式。因此对于以 Al_a 和 Al_b 为主的羟基聚合铝絮凝剂，Al_b（Al_{13}）是主要的絮凝作用形态，其凝聚絮凝作用机理主要包括电中和、静电簇混凝和黏结架桥。在适当的溶液条件下（高碱化度或高投加量）也会出现网捕卷扫絮凝。对于以 Al_b 和 Al_c 为主的聚合铝 PAC25，由于含有相当部分的 Al_c，其凝聚絮凝作用表现不同。一方面，这部分多核聚合物是预制水解过程形成的溶胶态物质，应包括一部分高聚合度 Al_{13} 聚集体，这类聚集体通过静电簇混凝和黏结架桥作用同时吸附并聚集多个颗粒物形成大絮体沉降；另一方面，所形成的溶胶态聚合物增加了体系中的颗粒物浓度，即增加了颗粒物有效碰撞概率并发生异相絮凝作用。此外，这部分 Al_c 也会进一步水解至沉淀而发挥网捕卷扫作用。因此，在低投加量下浊度即达到最低，随着投加量增加，所含 Al_{13} 的强电中和作用导致的电性逆转仍然会使得体系的浊度逐渐回升，但这部分 Al_c 形态的凝聚絮凝作用减缓了其浊度恶化的步伐，也就是说一定正电荷的溶胶铝聚合物拓宽了 Al_{13} 的最佳混凝区域。可以说，以 Al_b 和 Al_c 为主的聚合铝 PAC25 能在短时间内同时发挥电中和、静电簇混凝、黏结架桥和网捕卷扫四种凝聚絮凝作用。最后，以 Al_c 为主的聚合铝 PAC28 由于不具有电中和能力而未能实现颗粒物的凝聚絮凝。需要说明的是，此时 Al_c 经过熟化后已转化为不溶态的沉淀，与具有正电荷的活性溶胶态 Al_c 是两种不同的水解产物，但在 Ferron 络合比色法形态分析中仅把这一类物质简单分类为 Al_c。对这两类物质的进一步研究工作将在 6.2 节阐述，但对其转化机理及相应的凝聚絮凝作用机理仍然需要继续研究。

6.1.3　絮凝动态过程

絮凝剂与颗粒物在水体中相互接触的吸附、聚集和絮凝的动态行为可以通过多种方法检测。由于絮体不规则的复杂性，测量絮体大小具有一定的难度。应用光散射技术中散射光强与颗粒粒径成一定比例关系的原理，小角度静态光散射技术目前已广泛用于监测絮体粒径变化的动态过程[15-17]。为了更好地观测不同絮凝剂的形态组成对絮体结构的影响，动态实验过程加入了慢速搅拌过程（15min）以配合絮体在线观测的需要。显然，加入慢速搅拌的混凝过程与静态吸附絮凝会有所区别，但是由于羟基聚合铝絮凝剂在絮凝动力学和絮体粒径增长都十分迅速，快速搅拌的影响更为显著[18]。因而静态吸附絮凝与絮凝动态的实验结果也可以在此结合起来进行比较。

1. 实验方法

材料：二氧化硅悬浊液、羟基聚合铝絮凝剂与硫酸铝、NaOH、HCl。

仪器：JTY 型混凝实验搅拌仪（北京慱远测控技术开发中心）、蠕动泵（BT00-100m，兰格恒流泵有限公司，河北保定）、静态激光光散射仪（Mastersizer 2000，Malvern，UK）、pH 计（MP220，Mettler Toledo，Swiss）、电动电位仪（Zetasizer 2000，Malvern，UK）。

实验过程：絮凝动态过程采用小角度激光光散射仪监测絮体变化情况。采用二氧化硅悬浊液（0.5g/L），离子强度与碱度分别为 10^{-2}mol/L NaNO$_3$ 和 10^{-3}mol/L NaHCO$_3$。实验前用 NaOH 或 HCl 调节悬浊液 pH 至 6.5，实验量为 800mL。絮凝

剂投加量分别为 1×10^{-6}mol/L、1×10^{-5}mol/L、1×10^{-4}mol/L。为更好地观察絮凝动态过程，混凝程序如下：投加絮凝剂后快搅 2min（200r/min），然后慢搅 20min（40r/min）。在投加絮凝剂后通过蠕动泵定量抽吸水样流经激光光散射仪样品池进行絮凝在线监测，并由计算机记录絮凝过程中絮体的粒径变化，同时通过计算获得其质量分维数。实验装置如图 6-3 所示。

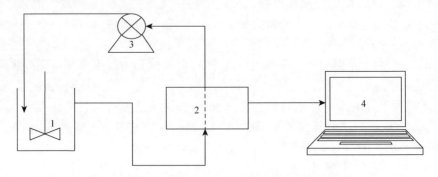

图 6-3　絮凝动态过程实验装置示意图

1.搅拌器；2. 静态激光光散射仪；3. 蠕动泵；4. 计算机

2. 絮凝动力学

1）絮凝剂投加量[Al$_T$]=1×10^{-6}mol/L

根据静态吸附絮凝实验结果可以看出在低投加量羟基聚合铝絮凝剂已出现絮凝现象。投加量为 1×10^{-6}mol/L 时，聚合铝 PAC22 与 PAC25 均已达到最佳除浊点。从图 6-4 的絮凝动力学过程可以明显看出二者的絮体粒径增长速度最快。对于聚合铝 PAC22，由于 Al$_{13}$ 能快速吸附并聚集负电性颗粒物，在很短的时间内（200s）絮体粒径即增长至稳定（~10μm），表现出强电中和能力。相应地，聚合铝 PAC25 因含有一定量的 Al$_{13}$ 及正价态高聚合铝水解产物，短时间不仅可以发挥电中和能力还具有较强的黏结架桥能力，在 400s 内絮体粒径就增长到 15μm。同时，随着慢速搅拌的开始，一部分 Al$_c$ 形态继续水解生成无定形的氢氧化铝沉淀网捕卷扫微絮体而形成大的絮团。同样的低投加量下，聚合铝 PAC10 和硫酸铝的絮凝反应速率较慢，所形成的絮体较小。从静态吸附絮凝结果也可以看出二者此时上清液浊度均较高。值得注意的是聚合铝 PAC28，由于预制时形成的大量 Al$_c$ 形态具有一定的粒径，絮凝剂投入水中以异相絮凝方式与颗粒物发生凝聚，絮体粒径随着搅拌时间逐渐变大。同样，静态吸附絮凝的结果也表明其除浊效率在此处高于硫酸铝和聚合铝 PAC10。为了更好地比较不同絮凝剂的絮凝动态过程，图 6-5 给出了投加量为 1×10^{-6}mol/L 时不同絮凝剂絮凝过程中的絮体粒径体积分数随时间变化的趋势。图中 D[4, 3]为平均体积粒径。

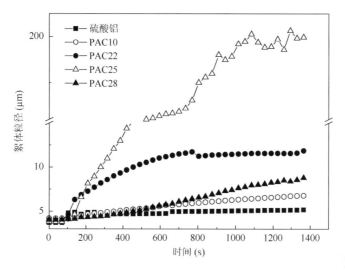

图 6-4　不同絮凝剂的絮凝动力学（$[Al_T]=1\times10^{-6}\,mol/L$）

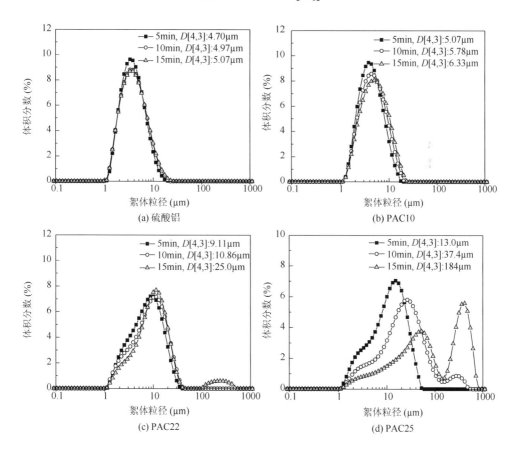

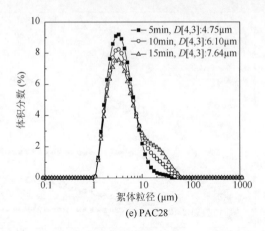

(e) PAC28

图 6-5 不同絮凝剂在絮凝过程中的絮体粒径分布（$[Al_T]=1\times10^{-6}mol/L$）

从图中可以清晰地看出羟基聚合铝絮凝剂表现出强的颗粒物聚集能力，在相同絮凝反应时间内，絮体粒径呈现逐渐增长的趋势。而硫酸铝在不同时间段内的絮体粒径基本与颗粒物初始粒径相同。比较四类羟基聚合铝絮凝剂的絮凝过程，聚合铝 PAC10 和 PAC28 的絮体粒径变化不大，微絮体体积比例尽管有所下降但一直保持着主导地位，大的絮体几乎没有出现，这也是二者在较低投加量时絮凝效率低的主要原因。聚合铝 PAC28 在中间粒径呈现出一定的峰值，这主要源于 Al_c 形态与颗粒物的异相絮凝作用，因此比例不大。相反地，聚合铝 PAC22 和 PAC25 絮体分布随着絮凝反应的进行而显著变宽。在絮凝反应进行到 15min 时，絮体平均粒径分别达到 25μm 和 184μm。由于含有一定量的高聚合态水解产物（Al_c），聚合铝 PAC25 的大絮体体积比例逐渐增加，微絮体比例逐渐减少。相应地，聚合铝 PAC22 虽然出现大絮体分布，但微絮体体积峰值基本稳定。这说明具有一定尺度正电荷高聚合物具有更强的吸附、聚集颗粒物的能力，因此絮凝反应速率与絮凝效果不仅明显优于传统硫酸铝，同时也优于高含量 Al_{13} 聚合铝。这类具有一定尺度的正电荷高聚合物可能为加碱过程中形成的 Al_{13} 聚集体，或是另外转化为更大相对分子质量的 Al_{30}，也可能包括一部分氢氧化铝沉淀，也就是说絮凝剂的尺度效应在影响着絮凝效率的高低。由于实验条件的限制，低浓度时这些聚合物的形态与结构鉴定很难进行，因此目前也根据实验结果进行推测。对此类高聚合物的凝聚絮凝行为在 6.2 节中会专门讨论，但进一步的研究工作还需进行，尤其是形态鉴定手段与实验方法的建立。

2）絮凝剂投加量 $[Al_T]=1\times10^{-5}mol/L$

随着投加量的增加，不同絮凝剂的絮凝反应过程也发生着相应的变化。结合絮凝剂的形态分布与颗粒物的电动电位，在较高投加量（$[Al_T]=1\times10^{-5}mol/L$）时羟基聚合铝絮凝剂，除聚合铝 PAC28 外，与硫酸铝体系均已超过等电点。此时，导致颗粒物脱稳的主要形态为 Al₁₃（聚合铝类）和弱正电的无定形氢氧化铝（硫酸铝），吸附 Al₁₃ 的脱稳颗粒物或微絮体由于表面电荷高，相互排斥作用强而难以聚集成为大的絮体；吸附 Al(OH)₃(am) 的颗粒物却因为无定形沉淀的网捕卷扫作用而形成大的絮体。从图 6-6 可以明显看出硫酸铝的絮凝反应速率最快，而且随着絮凝时间继续变大。图 6-7 给出了该投加量时不同絮凝剂的絮体粒径的变化，可以看出硫酸铝的絮体粒径在较低投加量时明显增加，由 5.0μm 增加到 29.0μm，但仍然低于低投加量时聚合铝 PAC25 的絮体平均粒径。因此，对于实验体系所设计的高浓度颗粒物悬浮液，羟基聚合铝絮凝剂的絮凝效率要明显优于传统的硫酸铝。

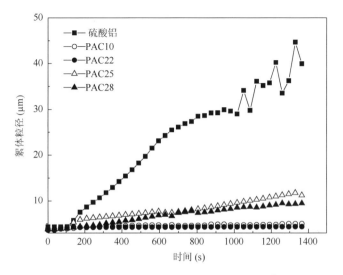

图 6-6　不同絮凝剂的絮凝动力学（[Al$_T$]=1×10⁻⁵mol/L）

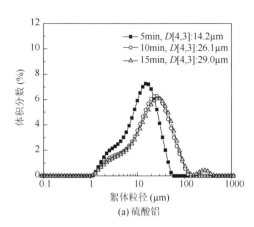

(a) 硫酸铝

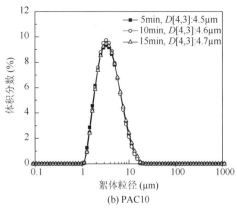

(b) PAC10

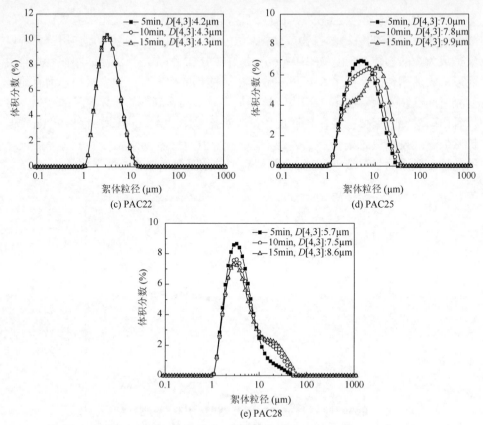

图 6-7　不同絮凝剂在絮凝过程中的絮体粒径分布（[Al_T]=$1×10^{-5}$mol/L）

尽管此时聚合铝 PAC25 的悬浊液体系也出现复稳现象，但其 Al_c 部分聚合物的尺度效应促进了颗粒物间的聚集，一定比例的大絮体仍然存在，因此絮体粒径分布较宽。其他两类聚合铝 PAC10 和 PAC22 则呈现明显的单峰分布，絮体粒径分布非常集中，基本与初始颗粒物粒径分布相同。此时，静态吸附絮凝结果也显示无絮凝作用。对于聚合铝 PAC28，中等投加量与低投加量的粒径分布保持不变，失去活性的 Al_c 形态在投加量提高十倍的情况下也不能改善其絮凝效果。

3）絮凝剂投加量[Al_T]=$1×10^{-4}$mol/L

絮凝剂投加量增加到 $1×10^{-4}$mol/L 时絮凝反应变化较大的是硫酸铝和聚合铝 PAC28。如图 6-8 和图 6-9 所示，由于硫酸铝产生大量无定形沉淀，絮体由微絮体迅速增长为大的絮团，最大粒径达到 500μm 左右，且体积比例为中间絮体的两倍。从絮体增长动力学过程来看，初始颗粒物首先脱稳凝聚聚集为中间絮体，然后中间絮体再逐渐增长为大的絮体及至絮团。另外，在高投加量的条件下，聚合铝 PAC28 投入水中所带来的颗粒物浓度效应增强，即颗粒物间碰撞概率提高，因此聚合铝 PAC28 的絮体粒径较前两种投加量大，出现双峰分布。

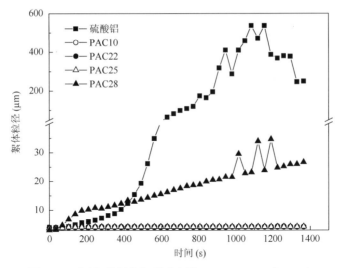

图 6-8　不同絮凝剂的絮凝动力学（$[Al_T]=1\times10^{-4}mol/L$）

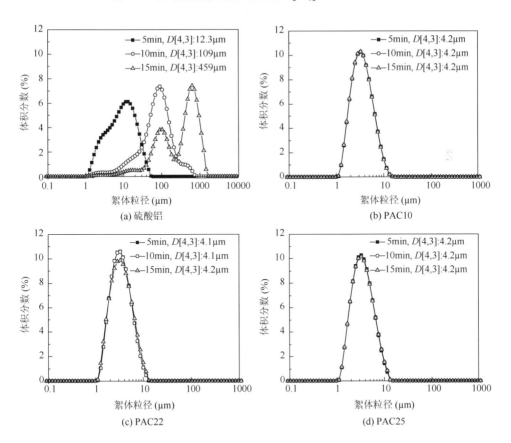

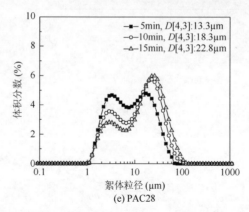

(e) PAC28

图 6-9　不同絮凝剂在絮凝过程中的絮体粒径分布（$[Al_T]=1\times10^{-4}mol/L$）

其他羟基聚合铝絮凝剂 PAC10、PAC22 和 PAC25 均呈单峰分布，体系复稳，浊度恶化，无絮凝效果。从这点可以看出，羟基聚合铝絮凝剂的最高投加量至少比传统硫酸铝低两个数量级，其良好的除浊性能必须在投加量得到精确控制时才能达到。

6.1.4　絮体结构

1. 絮体三维质量分形维数

絮体的结构、行为与性能，在混凝研究中一直具有十分重要的地位。研究表明胶体颗粒物的聚集体或微米级絮体属于质量分维物质[15, 17, 19]。聚集体质量（M）与其回转半径（R_g）间存在一定相关关系，如式（6-1）：

$$M \propto R_g^{D_f} \tag{6-1}$$

式中，D_f 为质量分形维数，表征颗粒物的不规则性和容积率。通常可以采用光散射技术、图像技术和重力沉降技术求出聚集颗粒物的质量分形维数。对于微米级的絮体，静态光散射技术是应用最为广泛的研究方法。在静态光散射中，激光束通过样品池，样品池中的颗粒粒径与散射光呈比例关系，散射强度（I）与散射矢量（Q）存在一定的函数关系。散射矢量（Q）是介质中入射光和散射光的差值，可以表示为

$$Q = \frac{4\pi n \sin(\theta/2)}{\lambda} \tag{6-2}$$

式中，n 为介质的折射指数；θ 为散射角；λ 为入射光在真空中的波长。对于相互独立的颗粒粒径散射体系，散射强度（I）与散射矢量（Q）、质量分形维数（D_f）有如下关系：

$$I \propto Q^{-D_f} \tag{6-3}$$

絮体的质量分形维数通过散射强度与散射矢量对数间的直线关系计算得到。不同分形维数分别对应于不同聚集体的不规则程度与空间堆积的复杂性。不同大

小絮体形成过程中很可能分别对应于不同的机理过程。小絮体往往通过颗粒添加模式形成,具有致密的结构而表现出较大的分形维数。同时,分形维数的变化可以用来预测混凝过程中不同絮体结构形成的转折点。

根据式(6-3)得到不同絮凝剂分别在三种投加量时(1×10^{-6}mol/L、1×10^{-5}mol/L、1×10^{-4}mol/L)絮体的质量分形维数随絮凝反应时间的变化,如图 6-10 所示。相应地,三种投加量下不同絮凝剂的散射强度(I)与散射矢量(Q)间的双对数关系也体现在图 6-11 中。从双对数关系图可以看出不同絮凝剂在不同浓度时均出现明显的直线区(power law scattering),絮体的质量分形维数则可以通过线性回归法得到。为排除絮体多分散性的影响,图中分形维数均在同一散射矢量范围内计算得出($10^{-3.5}\sim10^{-2}$nm^{-1})。可以看出,在三种投加量下,不同絮凝剂的散射光强随着时间的变化不同。低投加量下,羟基聚合铝絮凝剂 PAC22 和 PAC25 的散射强度(I)变化在 15min 后更为缓慢,区域更宽;对应着粒径分布逐渐由 5min 时的单峰分布变为多峰分布。随着投加量的增加,硫酸铝表现与之相同的散射强度变化趋势,尤其是在高投加量时曲线过渡区域明显出现渐变过程,不同于粒径单峰分布时的平滑过渡。但此时,聚合铝 PAC22 和 PAC25 由于颗粒物相互排斥难以聚集,粒径分布基本与初始颗粒相同,散射强度随着时间与投加量的增加均保持不变。同样,聚合铝 PAC10 与 PAC28 的散射强度变化趋势也反映了絮体粒径的变化情况。

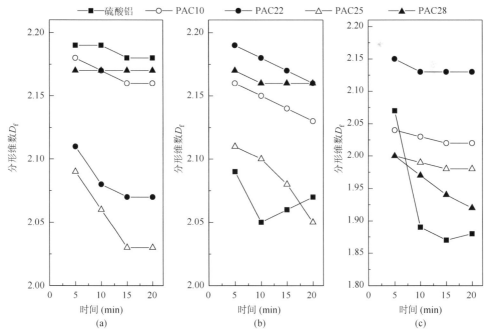

图 6-10　不同投加量时絮体质量分形维数随絮凝反应时间的变化

(a) $[Al_T]=1\times10^{-6}$mol/L;(b) $[Al_T]=1\times10^{-5}$mol/L;(c) $[Al_T]=1\times10^{-4}$mol/L

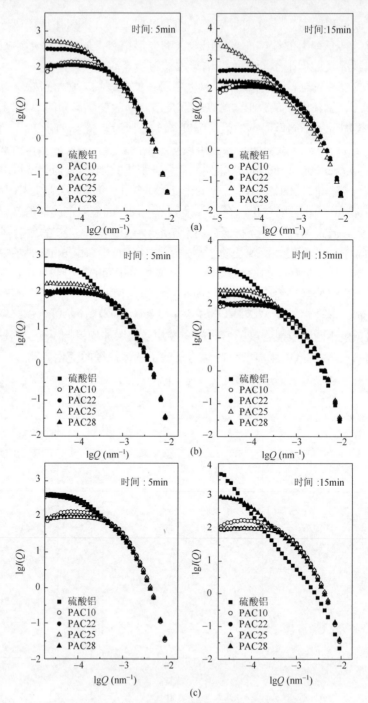

图 6-11　不同投加量时不同絮凝剂的 lg*I*-lg *Q* 图

（a）[Al$_T$]=1×10^{-6}mol/L；（b）[Al$_T$]=1×10^{-5}mol/L；（c）[Al$_T$]=1×10^{-4}mol/L

从图 6-10 中絮体分形维数的变化规律可以看出由于凝聚絮凝反应过程不同，五种絮凝剂在不同投加量下所形成的絮体结构不同，最终得到不同的絮凝反应效率。低投加量下，羟基聚合铝絮凝剂 PAC10、PAC22 和 PAC25 均表现出电中和作用过程，颗粒物凝聚脱稳后形成微絮体。如前所述，由于形态分布特征相异，三种羟基聚合铝絮凝剂所形成的絮体结构也有所不同。在絮凝反应中，高 Al_{13} 含量的聚合铝 PAC22 快速吸附聚集负电性颗粒成为结构密实的微絮体，含有中等 Al_c 含量的聚合铝 PAC25 因不仅具有强电中和能力而且能远距离黏接吸附颗粒物形成空隙率稍大的微絮体。另外，投加量增加后聚合铝 PAC25 的絮体分形维数仍在 2.0 左右，不同于聚合铝 PAC22 的高分形维数（大约 2.2）。与此同时，聚合铝 PAC10 所形成的絮体在三种投加量下变化不大，而聚合铝 PAC28 在高投加量下分形维数降至大约 1.9，形成较为松散的絮体结构。从总体来看，羟基聚合铝絮凝剂所形成的絮体结构较为紧密，尽管在不同投加量下絮体质量分形维数为 2.1～1.9，变化不大。但是如果结合微絮凝工艺而非传统混凝工艺，羟基聚合铝絮凝剂尤其 PAC22 与 PAC25 能够充分发挥其微絮体结构特征，提高处理效率与能力。而传统硫酸铝所形成的絮体与其他研究结果相同，在此不再赘述。

2. 絮体结构电镜观察

根据前述及以往的研究结果，絮凝剂通过不同凝聚絮凝作用机理吸附、聚集和黏接、网捕颗粒物形成具有不同结构的絮体。为了更进一步了解不同絮凝剂所形成絮体结构及吸附聚集状况，在静态吸附絮凝实验后取样进行扫描电镜观察。样品制备采用自然风干并镀金。部分典型的电镜观测结果如图 6-12 和图 6-13 所示。

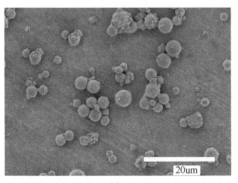
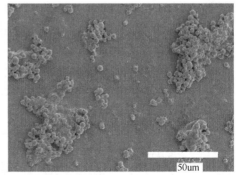

(a)　　　　　　　　　　　　　　　　　(b)

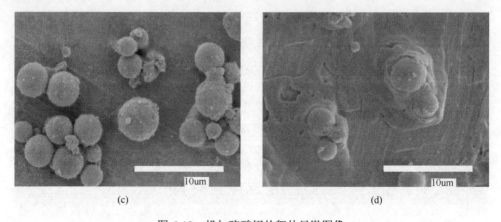

图 6-12　投加硫酸铝的絮体显微图像

（a）（c）低投加量：$[Al_T]=1\times10^{-6}mol/L$；　（b）（d）高投加量：$[Al_T]=1\times10^{-4}mol/L$

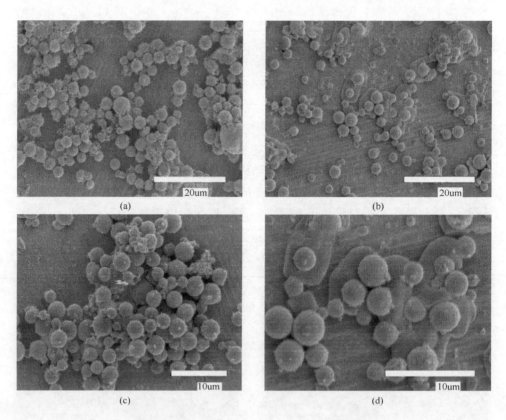

图 6-13　投加聚合铝 PAC22 的絮体显微图像

（a）（c）低投加量：$[Al_T]=1\times10^{-6}mol/L$；（b）（d）高投加量：$[Al_T]=1\times10^{-4}mol/L$

图 6-12（a）和（b）分别是低、高两种投加量下硫酸铝与二氧化硅悬浊液形成的絮体结构图，（c）和（d）分别是局部放大后的电镜照片。从图中可以清楚地看出，在低投加量下，由于硫酸铝的水解产物为低电荷单核物，电中和能力弱，颗粒物未能脱稳，负电荷颗粒物之间相互排斥不能聚集成微絮体。如图 6-12（a）和（c）所示，二氧化硅颗粒物基本呈散落状态。高投加量下，硫酸铝水解生成的无定形 $Al(OH)_3(am)$ 吸附二氧化硅颗粒物表面上相互聚集形成较大的絮团。从图 6-12（d）的局部放大照片上可以看出颗粒物表面由凝胶态氢氧化物形成的多层包覆层。与之相反，聚合铝 PAC22 在低投加量即通过强电中和能力和架桥能力吸附、聚集二氧化硅颗粒形成大尺度微絮体，颗粒物表面很少有凝胶态物质包覆。而在高投加量下，电性逆转后的颗粒物相互排斥而变成单独颗粒物。另外，在高投加量下聚合铝 PAC22 水解后产生无定形 $Al(OH)_3(am)$，从图 6-13（b）和（d）可以清楚地看出所形成的凝胶态物质。

6.1.5　羟基聚合铝的凝聚絮凝作用机理探讨

混凝过程中羟基聚合铝絮凝剂的水解形态对颗粒物表面的吸附/电中和作用是导致胶体颗粒凝聚脱稳的主要因素。絮凝剂的不同形态在颗粒表面的吸附/电中和作用主是通过水流扩散进入固/液界面并随之吸附在颗粒表面上，从而中和颗粒表面负电荷。铝盐水解与凝聚动力学研究表明，在恒定的湍流速率梯度下，水解聚合速率与扩散吸附/电中和脱稳速率均为同一数量级，即在微秒瞬间完成，而最佳凝聚形态 $Al_{13}O_4(OH)_{24}^{7+}$ 则相对缓慢，为 1s 至数分钟[20, 21]。大量研究表明[6, 8, 18]，投加到水中的 Al_{13} 聚合形态对负电荷表面颗粒的强烈吸附、电中和作用及絮凝黏结架桥作用是导致聚合铝高效凝聚絮凝作用的最佳形态。根据四种不同 B 值羟基聚合铝絮凝剂的形态分布特征可以知道，Al_{13} 形态在聚合铝 PAC10、PAC22 和 PAC25 中均可以直接检测出来并且聚合铝 PAC22 的主要形态为 Al_{13}（PAC10：41.8%，PAC22：76.7%，PAC25：37.9%），而 PAC10 和 PAC25 分别含有一部分铝单体和铝的多聚体。聚合铝 PAC28 以铝的多聚体和凝胶态氢氧化铝为主要形态。结合不同絮凝剂的凝聚絮凝行为，不同的铝盐形态表现出相异的凝聚絮凝作用机理，从而根据其作用机理制备不同形态的羟基聚合铝絮凝剂应用于不同的水处理工艺。图 6-14 分别以 Al_{13} 和硫酸铝为例综合概括了传统铝盐与羟基聚合铝絮凝剂在中性 pH 条件下的凝聚絮凝作用机理，二者的吸附特征、电中和能力及絮体颗粒大小均存在着差别从而表现出不同的凝聚絮凝效能。

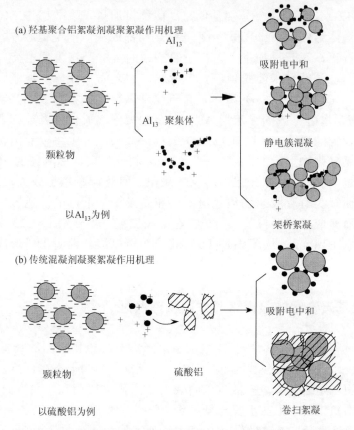

图 6-14　羟基聚合铝絮凝剂与传统混凝剂的凝聚絮凝作用示意图

1. 电中和与吸附絮凝

絮凝剂对颗粒物的电中和与吸附作用直接相关。铝盐类絮凝剂在投加水中后会水解生成系列化合物，其水解聚合形态与溶液化学条件有关，因此铝盐絮凝剂的扩散电中和、吸附脱稳速率和形成絮体的大小将受其在不同溶液条件形成的水解形态转化的影响。一般来说，以铝单体为主的传统铝盐絮凝剂在絮凝反应过程中形成高聚合态 Al_{13} 相对缓慢而且易于水解生成弱正电荷的溶胶沉淀物 $Al(OH)_3(am)$。而作为预制的羟基聚合铝絮凝剂由于强制水解过程生成大量稳定的高聚合态化合物 Al_{13} 或 Al_{13} 聚集体乃至更高聚合态铝化合物，这类高聚合态化合物具有结构稳定、水解惰性和高正电荷等特点，因此在投加水中后表现出不同的絮凝反应途径。传统铝盐是首先水解然后其水解产物吸附至颗粒物表面，高聚合态铝化合物则是以原有形态先吸附在颗粒物表面。由于这类化合物通常带有较高的正电荷，可以迅速中和颗粒物表面电荷而改变其电位，增强颗粒间的有效碰撞效率。图 6-15 给出三类含 Al_{13} 的羟基聚合铝絮凝剂和硫酸铝在相同投加量下颗粒物表面覆盖率与电动电位的关系（$[Al_T]=5\times10^{-6}mol/L$）。由于不同絮凝剂的吸附行为不同，因此在相同的投加量下比较颗粒物的表面覆盖率和电动电位变化可以间接反映出絮凝剂的电荷量变化。

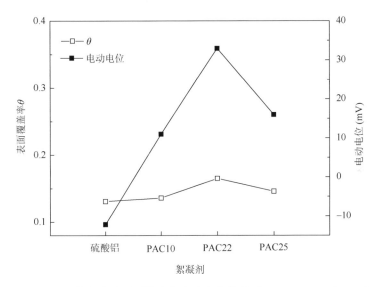

图 6-15 不同絮凝剂表面覆盖率与电动电位的关系（$[Al_T]=5\times10^{-6}mol/L$）

从图 6-15 可以看出四种絮凝剂的表面覆盖率相差不大，其中以聚合铝 PAC22 最高（$\theta=0.165$），聚合铝 PAC10 与硫酸铝基本相同分别为 0.136 和 0.131，而聚合铝 PAC25 位居中间为 0.146。尽管如此，颗粒物的电动电位却相差较大，投加硫酸铝后的颗粒物体系仍然保持负电性，而投加羟基聚合铝絮凝剂后颗粒物均出现电性逆转，其电动电位大小顺序为 PAC22>PAC25>PAC10，与表面覆盖率大小顺序一致。含有一定量铝单体的聚合铝 PAC10 在水中发生部分水解，其水解聚合行为与硫酸铝基本相同，以生成弱正电 $Al(OH)_3(am)$ 为主；低投加量时聚合铝 PAC25 的多聚体形态仍会保持一定的水解惰性而具相对较高的正电荷（如+3 或 +4）；高含量 Al_{13} 的聚合铝 PAC22 则主要以+7 价的高正电阳离子吸附到颗粒物表面，表现出强吸附、电中和能力。不同絮凝剂的形态和电荷变化与电中和效应变化趋势完全吻合。

2. 黏结架桥与静电簇混凝

根据铝盐的水解平衡反应可知，中性水体中铝盐的水解与沉淀趋势增强，此时水解将生成凝胶态或沉淀物氢氧化铝。这些初生成的 $Al(OH)_3(am)$ 拥有较大的表面积且带有一定的正电荷量，具有一定的静电黏附能力，因此在沉淀物形成过程即可黏附卷扫一部分颗粒物而迅速沉淀去除。另外，根据异相凝聚理论，弱正电的 $Al(OH)_3$(am)可以与负电位较高的颗粒物相互吸引产生快速絮凝作用，并且在第二极小值处发生黏附作用。因此，随着投加量增加 $Al(OH)_3$(am)的生成量越多，因此黏附卷扫作用越显著，此时硫酸铝的除浊效果也明显。尽管聚合铝 PAC10 也能产生一部分弱正电的 $Al(OH)_3$(am)，但由于含有相当一部分 Al_{13}（41.8%），因此在高投加量时未出现明显的卷扫絮凝过程，其凝聚絮凝作用仍以吸附、电中和为主。

对于聚合铝 PAC25，预制过程中一部分 Al_{13} 聚集为簇链状聚集体或一部分继续水解成为溶胶态多聚体化合物（Al_{13} 聚集体），这类聚集体表现出更长的链状结构（300~500nm）或絮状结构[9, 13]，因此可以产生架桥絮凝和卷扫絮凝作用。另外，投加到水中的 Al_{13} 也会发生进一步的聚集形成线型球簇链聚集束，这些聚集束上的各个 Al_{13} 原子可同时占据颗粒物表面一个或多个吸附位，或同时占据两个或更多个颗粒物，形成静电簇，这些静电簇又以其较高的正电荷吸附周围尚未完全电中和的颗粒物而形成粗大的絮体。因此，在低投加量下当颗粒物未完全脱稳达到电中和点时，聚合铝 PAC22 和 PAC25 就能达到良好的除浊效果并且快速形成较大的絮体。当然，硫酸铝和聚合铝 PAC10 也具有相同的静电簇效应，但前者是由弱正电的凝胶 $Al(OH)_3$(am)黏附在颗粒物表面形成静电簇，必须在投加量更高达到电中和点时才能出现较大的絮体；后者由高正电 Al_{13} 和弱正电的凝胶 $Al(OH)_3$(am)共同形成静电簇效应[22-24]。这两种静电簇效应也相应地区分为沉淀静电簇和聚阳离子静电簇效应。以聚阳离子静电簇效应为主的羟基聚合铝絮凝剂，低投加量下无需达到完全电中和即能有效凝聚絮凝颗粒物，而且受溶液条件影响小，具有更优越的絮凝效能。

3. 表面络合与表面沉淀

羟基聚合铝絮凝剂的各种形态在胶体颗粒表面的吸附作用可以通过其与颗粒表面羟基基团的表面络合模式表示，可能的络合反应如下：

$$\equiv SOH + Al(OH)_n^{(3-n)+} \Longleftrightarrow \equiv SOAl(OH)_{n-1}^{(3-n)+} + H_2O \qquad (6\text{-}4)$$

$$\equiv SOH + Al_{12}AlO_4(OH)_{24}^{7+} \Longleftrightarrow \equiv SOAl_{12}AlO_4(OH)_{24}^{6+} + H^+ \qquad (6\text{-}5)$$

$$\equiv SO^- + Al_{12}AlO_4(OH)_{24}^{7+} \Longleftrightarrow \equiv SOAl_{12}AlO_4(OH)_{24}^{6+} \qquad (6\text{-}6)$$

$$\equiv S(OH)_m + nAl_{12}AlO_4(OH)_{24}^{7+} \Longleftrightarrow \equiv SO_mAl_{12}AlO_4(OH)_{24}^{(7n-m)+} + mH^+ \quad (6\text{-}7)$$

$$\equiv SO_m^- + nAl_{12}AlO_4(OH)_{24}^{7+} \Longleftrightarrow \equiv SO_mAl_{12}AlO_4(OH)_{24}^{(7n-m)+} \qquad (6\text{-}8)$$

式中，$\equiv SOH$ 表示颗粒表面；$Al(OH)_n^{(3-n)+}$ 代表单体水解铝形态；$Al_{12}AlO_4(OH)_{24}^{7+}$ 为聚十三铝（Al_{13}）。颗粒表面的络合反应是多种因素综合作用的结果，包括静电库仑力、分子间范德华力、憎水排斥力及羟基与表面的键合力等。羟基聚合铝絮凝剂的不同形态在颗粒表面结合的效应都是使其表面负电荷向正电荷转化，同时吸附在颗粒表面水解程度不同的羟基铝聚合物均趋于结合—OH 基团形成沉淀，即趋于进一步地表面水解与沉淀反应。羟基铝聚合物的形态与浓度、溶液 pH 与碱度决定了其表面水解与沉淀反应速率。对于单核及低聚体类 Al_a 形态，低 pH（pH<7.5）下发生迅速水解与沉淀反应而转化为铝凝胶以至氢氧化铝沉淀物。高 pH（pH>8）下则直接转化为氢氧化铝沉淀，发生表面沉淀反应。此时凝聚絮凝作用主要以网捕卷扫为主。对于 Al_b（Al_{13}）和 Al_{13} 聚集体（包括低聚合度与高聚合度 Al_{13} 聚集体），由于形态稳定而不易进一步水解，以原有形态吸附在颗粒表面进行表面络合反应。当羟基不饱和 Al_{13} 及其聚集体与颗粒表面羟基进行配位，其中一部分铝聚合物会补足羟基形成 $Al(OH)_3$ 化合态，即发生表面沉淀反应。此时反应式可写为

$$\equiv SO_mAl_{12}AlO_4(OH)_{24}^{(7n-m)+} \longrightarrow \equiv S[xAl(OH)_3]^0 + \equiv SO_my[Al_{12}AlO_4(OH)_{24-z}^{(7n-m)+}]$$

（6-9）

此时颗粒表面是羟基铝聚合物与氢氧化铝共存，在表面形成覆盖层。颗粒聚集主要通过聚合物的黏结架桥作用完成，凝聚絮凝作用主要包括电中和吸附与黏结架桥。

6.2　高碱化度羟基聚合铝的凝聚絮凝行为研究

　　Keggin 结构的 Al_{13} 作为羟基聚合铝絮凝剂的优势形态表现出较高的絮凝效能。尽管有研究应用 PCNM 与 M-PCNM 模式对聚合铝的凝聚絮凝作用机理进行理论计算[25, 26]，但主要是针对电中和凝聚作用机理作出相应解释，聚合铝的其他作用机理，如黏结架桥和静电簇效应，并未考虑。聚合铝中形态分布因素需要进一步充分认识，以便提高聚合铝的絮凝效率和扩大应用范围。铝盐化学研究表明 Al_{13} 的形成、分解反应与溶液中的 pH、无机及有机物质浓度相关[13, 27-31]。一般来说，如果没有其他离子干扰，较低浓度（<10^{-3}mol/L）的 Al_{13} 能在 pH 为 5 左右的溶液中稳定存在。当 pH>6 时，Al_{13} 出现聚集与沉淀[28]；pH<6 时，Al_{13} 的+7 价电荷不变[27]。研究表明当溶液稀释或 pH 改变时，聚阳离子 Al_{13} 的局部结构不会发生改变[23]，但溶液中存在腐殖酸时其结构会随着 pH 的变化而改变[32]。同时，也有一些报道认为当碱化度 B>3.0 时，Al_{13} 的结构可能出现重组，随着水解与熟化由开放的分维结构凝胶转化为拜耳石结构铝氧化物[33, 34]，然而其形态的转化仍然缺乏直接的证据。因此以纯 Al_{13} 为絮凝剂研究高聚阳离子的聚集沉淀行为及其凝聚絮凝行为不仅能

加深对聚合铝絮凝作用机理的了解，而且对聚合铝的进一步应用有着重要的实际指导意义。

6.2.1　高碱化度羟基聚合铝絮凝剂的制备及理化性质

采用硫酸根/硝酸钡置换提纯法制备高纯 Al_{13} 储备液，浓度为 0.1mol/L。以新鲜制得的纯 Al_{13} 溶液和 NaOH 为原料，采用慢速滴碱法制备碱化度为 2.6 和 2.8 的 Al_{13} 聚集体（以下简称为 B2.6 和 B2.8）。絮凝剂制备好后冷藏在冰箱内，同时在不同的熟化时间采用 Al-Ferron 逐时络合比色法和 ^{27}Al NMR 分析比较絮凝剂的形态变化特征。在 $2.5 < B < 2.8$ 时，Al_{13} 聚集成为较大的聚集体或多核铝聚合物，但具体结构仍需进一步鉴定。有文献报道 Al_{13} 聚集体形成尺度为几百纳米或更大[23]，因此通过碱聚集后的 Al_{13} 聚集体可以通过电镜观察其形貌变化间接推测其结构的变化。

1. 形貌观察

Keggin-Al_{13} 的粒径大约为 2nm，从图 6-16 可以清晰地看出两种絮凝剂呈明显的枝状结构，而铝聚合物的不同聚合状态差异也同样显著。对于熟化一周的 B2.6，单独的颗粒以原有的结构连接成为枝状聚集体。随着碱化度和时间的增加，聚集和转变过程加速，其结构变得更为紧密。同时，聚集体的尺寸也在明显增加。此时 Al_{13} 结构仍有部分保留，在随后的 ^{27}Al NMR 谱图中仍会有 Al_{13} 响应峰。这种聚集体有可能是单独的 Al_{13} 通过外层羟基桥联而成，一定条件下四面体结构仍然存在[13]。相应地，$(Al_{13})_n$ 用来代表这些具有分维特性的铝盐多核聚合物。

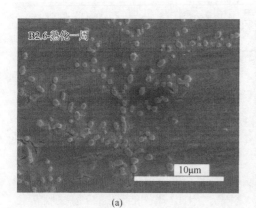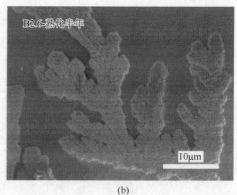

(a)　　　　　　　　　　　　　　　　　　(b)

(c)   (d)

图 6-16   不同絮凝剂在不同熟化时间的显微图像

2. 熟化时间对絮凝剂形态的影响

关于铝盐水解过程的形态转化已有大量研究报道，但至今仍有争议没有得到定论[9, 13, 35]。表 6-2 是加碱聚集后的 Al_{13} 聚集体在不同熟化时间的形态分布特征，可以看出 Al_{13} 一直保持稳定，而其他两种高碱化度的 Al_{13} 聚集体表现出不同的变化。

表 6-2   高碱化度羟基聚合铝絮凝剂的形态变化

B	$[Al_T]$ (mol/L)	Ferron 法（%）						^{27}Al NMR（%）		^{a}pH	^{b}pH
		^aAl_a	^aAl_b	^aAl_c	^bAl_a	^bAl_b	^bAl_c	$^aAl_{13}$	$^bAl_{13}$		
2.46	0.05	5	95	0	3.2	90.3	6.5	99	99	5.23	4.97
2.6	0.05	1.9	81.1	17	2.3	52.1	45.6	81	47.7	5.6	4.95
2.8	0.05	0.7	78.1	21.2	0.2	15.2	84.6	37.1	0	5.87	5.82

a 熟化一周的絮凝剂；b 熟化半年的絮凝剂。

熟化一周的 B2.6 与 B2.8 仍然持有较高的 Al_b 含量（＞78%），而且在核磁共振谱图中也出现 Al_{13} 的响应峰（62.5ppm）。不过，B2.8 对应的 Al_b 含量与 Al_{13} 含量相差一倍左右。这部分不能直接鉴定的多核聚合物不同于 Al_c，仍能表现出与 Ferron 络合的活性。根据文献报道和形貌观察，可以推测这部分物质可能是多个 Al_{13} 单元相互链接后形成的聚集体，在 Ferron 比色液弱酸性条件的冲击下先解聚成单个的 Al_{13}，然后 Al_{13} 再与 Ferron 比色液进行络合反应。因此，由 Ferron 法测得的 Al_b 含量要远高于 Al_{13} 含量。不过聚集体在加碱聚合和熟化过程中所经历的结构转化过程是不同的。可以推测，在加碱聚集过程中，羟基不饱和 Al_{13} 单元趋于结合游离的羟基形成饱和的氢氧化铝。但是，由于 Keggin 结构的稳定性，在羟基浓度还未达到反应条件时，解离中心铝氧四面体所需化学能远大于外层氢键键能，因此在相对低的碱化度时（$B<2.8$），Al_{13} 单元由外层羟基桥联为聚合度较低、结构松散的聚集体。此时铝氧四面体结构仍稳定存在，表现出较强的 Ferron 反应活性和强的 Al_{13} 响应峰，如表 6-2 和图 6-17 所示。相应地，在较高碱化度下（$B>2.8$），由于羟基浓度的增加，更多的 Al_{13} 单元聚集成聚合度较高结构紧密的聚集体，此时可认为其他形态的多核羟基聚合物并未完全形成。因为在 Ferron 溶液的酸性冲击下，聚集体可解聚为单元 Al_{13} 从而表现出高 Al_b 含量。值得关注的是此时 Al_{13} 含量仅为 Al_b 的一半，一方面我们认为高碱化度时形成的聚集体结构紧密，聚合度高，四面体共振峰较弱，但仍能出现响应值；另一方面也有可能形成其他多核羟基高聚物，但具体的物种鉴定还有待进一步研究。而随着熟化时间的延长，一部分聚集体逐渐转换为溶胶态多核聚合物，这部分溶胶态物质不具备 Keggin 结构的 Al_{13} 单元，因此在谱图中也不出现相应的响应峰（图 6-17）。

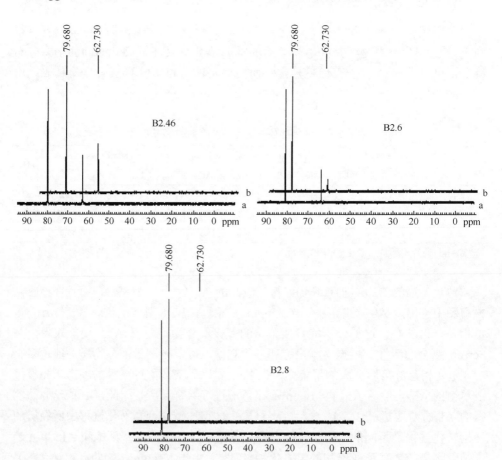

图 6-17　不同碱化度的絮凝剂在不同熟化时间（a. 一周，b. 半年）的 ^{27}Al NMR 谱图

根据上述形态变化的特征，可以推测 Al_{13} 的转化途径为

$$Al_{13} \rightarrow (Al_{13})_n \rightarrow Al_{un} \rightarrow Al(OH)_3(am) \rightarrow Al(OH)_3(gibbsite) \qquad (6-10)$$

碱化度不同，熟化时间不同都会影响聚合度 n 值变化。当聚合度增加到一定程度（$n > 1000$ 或 10 000，目前还未定量化）时，聚集体内部结构发生重排或重组产生其他聚合形态的多聚体，铝氧四面体结构逐渐转化。这种结构的转化需要借助更精密的化学分析手段界定，此处推测其结构不同于无定形的氢氧化铝，仍是羟基不饱和态，具有一定的高价态，在随后讨论的表面电荷变化及絮凝实验可以间接证明。

3. pH 对絮凝剂形态的影响

从上述絮凝剂在不同熟化时间的形态分布来看，熟化半年的絮凝剂 B2.6 与 B2.8 的形态变化较大，大量 Al_b 转化为 Al_c。尽管有研究表明中等多核羟基铝聚合物逐步从高聚合态多核羟基铝聚合物转化为凝胶态无定形氢氧化铝沉淀，在 Ferron 法中将这类多聚体统一定义为 Al_c，但这些转化后的 Al_c 与加碱聚集时形成的高聚合态 Al_c 有何不同还不太清楚。对于这类多核羟基铝聚合物，直接的形态鉴定方法也还未能得到，本节通过考察不同 pH 条件下絮凝剂中溶解态铝浓度的变化、形态分布的变化来间接推测 Al_c 的实际组成。溶解态铝浓度通过测试滤液中（0.45μm，Millpore）的总铝浓度变化来确定，分别在投加 2min 和 30min 后取样进行分析。形态分析在同样的 pH 条件下进行，并比较不同反应时间时絮凝剂的形态分布特征。

根据表 6-2 的形态分布结果，熟化半年的羟基聚合铝絮凝剂中 Al_c 分别为 6.5%（B2.46），45.6%（B2.6）和 84.6%（B2.8）；从图 6-18 可以看出，不同 pH 条件下不同絮凝剂中溶解态铝所占比例不同。根据文献研究，碱化度 $B > 2.5$ 时，Al_c 大部分为无定形凝胶沉淀物[18]。从低 pH 下不溶态铝聚合物的比例来看，此时 Al_c 还应包括高聚合度 $(Al_{13})_n$ 和无定形凝胶沉淀物，这部分 $(Al_{13})_n$ 遇酸解聚后能通过 0.45μm 的滤膜。因此，聚合铝 B2.8 中不溶态铝化合物约为 60%，远低于 Al_c 的含量。对于 B2.46 与 B2.6，可知分别含有约 70 和 512 个 Al_{13} 单元[36]，因此粒径大于 0.45μm 的低聚合度 $(Al_{13})_n$ 应该还存在于 Al_c 部分。随着 pH 的增加，聚合铝 B2.46 和 B2.6 中的 $Al_b(Al_{13})$ 及低聚合度 $(Al_{13})_n$ 逐渐聚集成高聚合度 $(Al_{13})_n$ 被截留在 0.45μm 的滤膜上。结合图 6-19 及图 6-20 的形态变化结果来看，这部分粒径大于 450nm 的羟基铝聚合物不完全是凝胶态无定形沉淀，而大部分为高聚合度的 $(Al_{13})_n$。这是因为高聚合度的 $(Al_{13})_n$ 在与 Ferron（pH 为 5.2）比色液混合后首先会解聚生成低聚合度的 $(Al_{13})_n$ 和 Al_{13}，这部分聚合物在 120min 内与 Ferron 反应完毕定量为 Al_b。从图 6-18 可知，pH > 6 后三类聚合铝大部分被 0.45μm 的滤膜截留，但相应的 Al_c 部分并没有增加。注意在 pH = 6.3 时，聚合铝 B2.46 与 B2.6 在投加 30min 后形态分布发生较大的变化，约一半的 Al_b 转化为 Al_c。这部分 Al_b 在刚投加到水中时仍能透过 0.45μm 的滤膜（<40%的截留率），经 30min 水解反应后逐渐转化为高聚合度 $(Al_{13})_n$，不能

透过 0.45μm 的滤膜，截留率上升到 80%。但在更高的 pH 条件下，二者的形态分布在投加水中后基本稳定。可以看出，不同 pH 条件下形成的$(Al_{13})_n$ 不同，其结构与稳定性也将有所不同。对于 Al_{13} 的聚集沉淀转化过程还需要更进一步地研究。

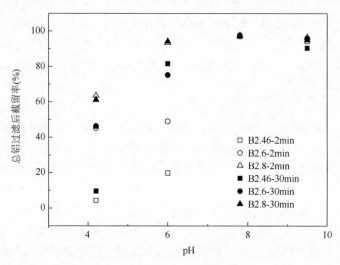

图 6-18　不同 pH 条件投加絮凝剂后滤液中余铝的变化（$[Al_T]=1×10^{-4}mol/L$）

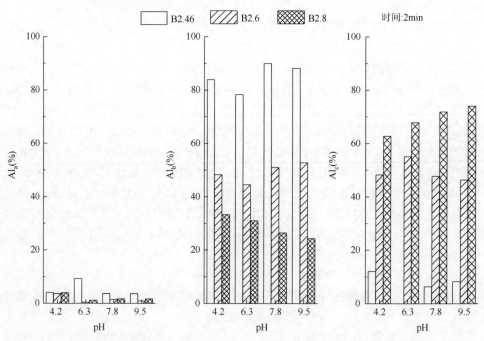

图 6-19　不同 pH 条件下高碱化度（B=2.46、2.6、2.8）絮凝剂投入水中 2min 后的形态分布变化（$[Al_T]=10^{-4}mol/L$）

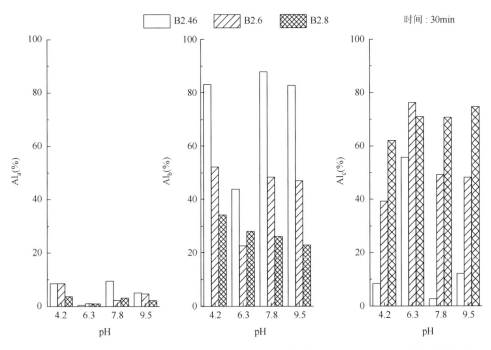

图 6-20　不同 pH 条件下高碱化度（B=2.46、2.6、2.8）絮凝剂投入水中 30min 后的形态分布变化（[Al_T]=10^{-4}mol/L）

4. 电荷特性

采用电动点位仪（Zetasizer 2000，Malvern，UK）和 pH 计（MP220，Mettler Toledo，Swiss），以加入羟基聚合铝絮凝剂（[Al_T]=10^{-4}mol/L）的二氧化硅悬浊液（0.1g/L，分别用 NaOH 或 HCl 调节悬浊液 pH 为 4～11，平衡 24h）为实验样品测定电动电位。测得三种高碱度絮凝剂（熟化一个月）的电动电位-pH 变化趋势。根据定期监测的形态分布变化结果（未示出），熟化一周后絮凝剂形态在一个月内保持相对稳定。因此，图 6-21 所示电动电位变化仍可结合表 6-2 进行分析比较。从图中可看出在 pH 为 4～6 时三种絮凝剂的电动电位保持为 20～40mV，当 pH＞6 后，电动电位开始明显下降，在 pH 为 10 左右接近零。聚合铝 PAC22 的 Al_{13} 含量高达 80%，但同样的 pH 范围内其电动电位值低于纯 Al_{13} 及其聚集体。可以看出，此时聚集体中的"Al_c"与聚合铝中的"Al_c"有所不同。对于聚合铝，这部分 Al_c 中所含溶胶态氢氧化铝多，因此表面电荷低，反映在电动电荷上表现出低的电动电位。反之，对于聚集体，在 pH＜6 时，$(Al_{13})_n$ 仍为高价态多核羟基聚合物，表面电荷高，相应的电动电位也高。当 pH＞6 时，羟基浓度增加导致一部分高聚合度聚集体转化为低价态多聚体，电荷降低。另外，由于 Al_{13} 结构稳定，在很宽的 pH 范围内（pH 为 4～8），三类高碱化度絮凝剂的电动电位始终保持在

20mV 以上，而此时硫酸铝的电动电位已接近零。总的来说，Al_{13} 和 Al_{13} 聚集体具有比聚合铝更好的稳定性和电中和能力，也更能发挥其吸附絮凝的优点。

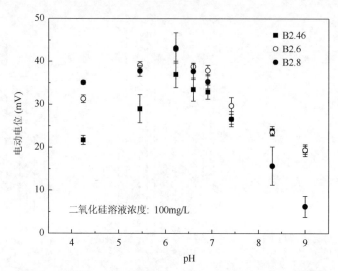

图 6-21　高碱化度羟基聚合铝絮凝剂的电动电位与 pH 关系图

6.2.2　絮凝行为特征

1. 实验方法

材料：二氧化硅悬浊液、高碱化度羟基聚合铝絮凝剂、NaOH、HCl。

仪器：JTY 型混凝实验搅拌仪（北京岱远测控技术开发中心）、pH 计（MP220，Mettler Toledo，Swiss）、电动电位仪（Zetasizer 2000，Malvern，UK）、浊度仪（2100N，Turbidimeter，Hach，USA）。

实验过程：高碱化度羟基聚合铝絮凝剂的絮凝效能实验研究在 JTY 型混凝实验搅拌仪上进行。二氧化硅悬浊液浓度为 0.5g/L，离子强度与碱化度分别为 10^{-2}mol/L NaNO$_3$ 和 10^{-3}mol/L NaHCO$_3$。实验前采用 NaOH 或 HCl 调节悬浊液 pH 为 6.5，实验量为 500mL。絮凝程序如下：投加絮凝剂后快搅 2min（200r/min），1min 时取样测电动电位；然后慢速搅拌 10min（40r/min）后静置沉降 15min，取上清液测剩余浊度；另外通过絮凝动态实验研究絮体动态变化过程，其操作程序与 6.1.3 节相同。

实验比较了三种絮凝剂在不同投加量下悬浊液体系的电动电位、上清液浊度变化及絮体粒径分布情况，同时也比较了不同熟化时期絮凝剂的絮凝效能。由于纯 Al_{13}（B2.46）形态一直保持稳定，因此实验仅采用熟化半年的 B2.46 与其他两种高碱化度絮凝剂进行对照实验。

2. 除浊效率与电动电位

在恒定 pH=6.5 下,悬浊液体系的电动电位与剩余浊度变化规律如图 6-22 所示。从图中可以看出,低投加量下（1×10^{-6}mol/L）纯 Al$_{13}$ 即达到浊度最低值,此时颗粒并未完全脱稳;随着投加量增加,体系即出现复稳,浊度回升。尽管混凝程序中加入慢搅,但从絮凝实验结果来看,纯 Al$_{13}$ 与 PAC22 的絮凝行为几乎相同。也就是说,羟基聚合铝絮凝剂更适于接触絮凝或直接过滤等水处理工艺,在快搅 2min 内就能形成具有一定尺度和密度的絮体,不仅缩短工艺流程同时也提高了絮凝效率。对于不同熟化期的聚集体 B2.6 和 B2.8,形态分布差异导致了不同的絮凝效果。

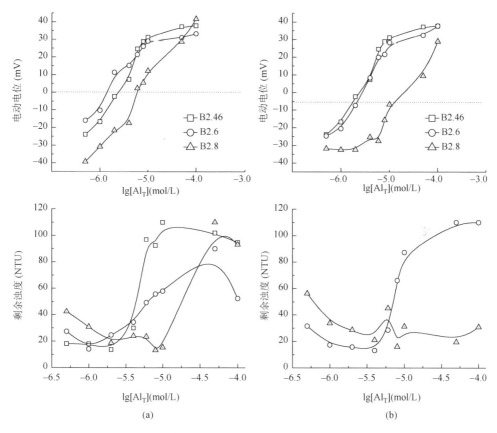

图 6-22　不同投加量下悬浊液体系电动电位与剩余浊度变化图

（a）絮凝剂熟化一周；（b）絮凝剂熟化半年

随着投加量增加,熟化一周的 B2.6 与 B2.8 均出现复稳而熟化半年的 B2.8 无明显复稳区域。显然,由于絮凝剂在熟化过程中发生形态转化,投加到水中后各形态发生的相继变化也有所不同，絮凝剂与颗粒物间的相互作用机理也因此各不相同。对于熟化一周的 B2.6 与 B2.8 [图 6-22 (a)]，高聚合态多核羟基聚合物主要以$(Al_{13})_n$为主，这类$(Al_{13})_n$在投入水中后会发生解聚，此时释放的 Al_{13} 单元以高价正电荷吸附带负电的颗粒物发挥强电中和作用。另一方面，由于$(Al_{13})_n$具有更大的尺度和枝状分形结构，未解聚的$(Al_{13})_n$也能通过黏结架桥作用聚集更多颗粒形成较大絮体（图 6-23）。众所周知，吸附反应属于微秒级反应，但目前对于$(Al_{13})_n$的解聚反应速率还未有研究报道，因此在絮凝反应初期聚集体 B2.6 和 B2.8 究竟以何种絮凝作用机理为主还不能清楚界定。不过从图 6-21 的电荷特性来看，在 pH=6.5 时，电动电位依然在 40mV 左右，即絮凝剂仍具有强电中和能力。不过，对于 B2.8，低投加量时游离的 Al_{13} 单元含量低，导致电中和能力低。尽管其尺度和结构易于黏结桥联，但一定程度的颗粒脱稳是前提，此时 B2.8 的絮凝效率低于 B2.46 与 B2.6。随着投加量增加，电动电位由正变负，颗粒间由于强排斥作用重新稳定。对于半年期熟化的 B2.6 与 B2.8 [图 6-22 (b)]，体系表现出明显的低浊度趋势。在投加量约为 1×10^{-5}mol/L 时，投加 B2.6 的悬浊液出现复稳，不过由于絮凝剂中 Al_c 的增加促进了网捕卷扫作用，从而在某种程度上减弱了静电斥力的影响。因此，复稳后剩余浊度较纯 Al_{13} 投加体系更低。相应地，半年期 B2.8 含有更多 Al_c，在高投加量时主要发挥网捕卷扫絮凝作用从而无明显复稳区域。

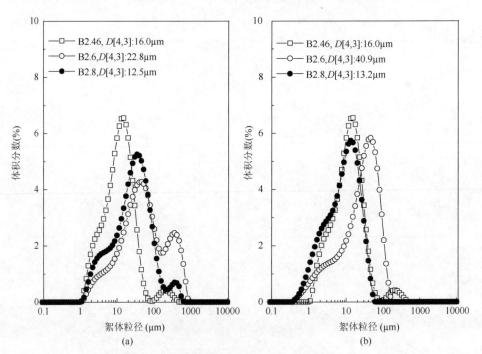

图 6-23　三种絮凝剂在絮凝过程中絮体粒径分布（$[Al_T]=1 \times 10^{-6}$mol/L）

（a）絮凝剂熟化一周；（b）絮凝剂熟化半年

3. 絮体粒径分布

从图 6-22 可以看出，在投加量为 1×10^{-6}mol/L 时，B2.46 与 B2.6 达到浊度最低值而 B2.8 出现初始絮凝；在投加量为 1×10^{-5}mol/L 时 B2.46 与 B2.6 出现复稳而 B2.8 达到浊度最低值。因此，图 6-23 和图 6-24 分别给出 1×10^{-6}mol/L 和 1×10^{-5}mol/L 时絮凝反应达到平衡后絮体的粒径分布。在低投加量时，高价态聚阳离子 Al_{13} 及 $(Al_{13})_n$ 迅速吸附负电荷颗粒并以其簇链的枝状结构黏结桥联颗粒物形成大的絮体（＞100μm），如图 6-23（a）所示。在高投加量时，电性逆转的颗粒物逐渐开始相互排斥，投加纯 Al_{13} 的悬浊液体系由于静电斥力过高难以促成颗粒间的聚集。相反，由于加碱聚集和熟化过程形成了高聚合度$(Al_{13})_n$ 和溶胶态羟基多核聚合物，B2.6 与 B2.8 通过更强的黏结架桥能力和一部分网捕卷扫作用而形成更多粒径更大的絮体。如图 6-24（a）和（b）所示，投加 B2.6 和 B2.8 的悬浊液体系的絮体粒径范围分布更宽，并且 B2.8 的絮体粒径主要分布在 500～1000μm。根据图 6-22 可知，此时体系的浊度也一直维持在低范围。

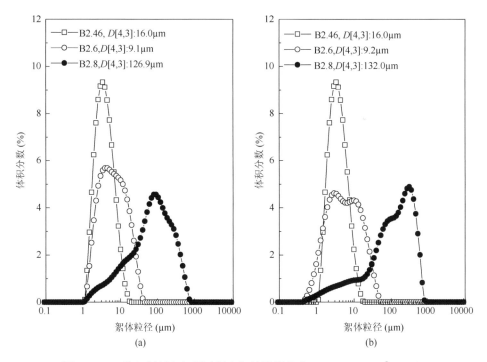

图 6-24　三种絮凝剂在絮凝过程中絮体粒径分布（$[Al_T]=1 \times 10^{-5}$mol/L）

（a）絮凝剂熟化一周；（b）絮凝剂熟化半年

6.2.3　凝聚絮凝行为特征

大量研究报道表明羟基聚合铝絮凝剂的高效絮凝主要源自其高含量的 Al_{13}，然而由于 Al_{13} 的转化途径还未得到一致的定论，因此研究 Al_{13} 转化过程中的凝聚絮凝行为不仅有助于提高 Al_{13} 的絮凝效能，还有利于研制更高级的絮凝剂，如纳米絮凝剂。如图 6-22～图 6-24 所示，以 Al_{13} 为主要形态的 B2.46 表现出强吸附能力并形成小而密实的絮体，絮凝剂与颗粒间反应主要为表面吸附。随着碱化度增加，$(Al_{13})_n$ 及溶胶/沉淀物质形成，絮凝剂与颗粒间的反应逐渐从表面吸附过渡到表面沉淀。相应地，凝聚絮凝作用机理从电中和、静电簇混凝过渡到卷扫絮凝。这种溶胶或沉淀物质具有一定活性，在搅拌或质子作用下可发生分解反应，实际上仍然是高聚合度的 $(Al_{13})_n$，不同于传统硫酸铝形成的无定形沉淀。在不同的溶液条件下 $(Al_{13})_n$ 转化为不同的化合物，如 Al_{13}、更高或更低聚合度 $(Al_{13})_n$、溶胶或沉淀，不同的优势形态则表现出不同的絮凝作用机理。据此，图 6-25 给出了 Al_{13} 的转化途径及相应的凝聚絮凝作用机理，形态分布各异的絮凝剂则依据其主要形态有着不同的絮凝行为。

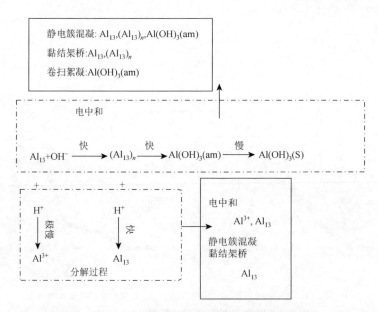

图 6-25　Al_{13} 转化途径及其相应的凝聚絮凝作用机理

根据 DLVO 理论，负电荷颗粒的脱稳聚集都可通过具有阳离子化合态的电中和作用来完成。从絮凝剂的形态特征分析可知，熟化一周的高碱化度羟基聚合铝絮凝剂 B2.46、B2.6 和 B2.8 以聚阳离子[Al_{13} 和 $(Al_{13})_n$]为主；随着熟化时间延长，絮凝剂 B2.8 的部分聚阳离子聚合成为溶胶物质或沉淀，表现为 Al_b 含量的急剧下降。由 6.1 节可知，絮凝剂的形态分布与其凝聚絮凝作用机理密切相关，根据絮凝实验结果可以看出 Al_{13} 和 $(Al_{13})_n$ 以及进一步转化的溶胶物质或沉淀均表现出不同的颗粒间相互作用。与 $(Al_{13})_n$ 相比，高正电 Al_{13}^{7+} 迅速吸附到负电荷颗粒表面并形成簇丘覆盖在表面，颗粒的脱稳与聚集可同时完成。此时电中和与静电簇混凝为主要的凝聚絮凝作用机理。相比之下，由于 $(Al_{13})_n$ 具有一定的粒径效应与枝状分形结构，颗粒可以通过黏结架桥作用聚集成为大块的聚集团；同时随着碱化度增加，$(Al_{13})_n$ 聚合度增加并最终转化为溶胶或沉淀，因此黏结架桥与卷扫絮凝成为主要的凝聚絮凝作用机理。当然，电中和作用仍然是颗粒聚集的前提条件。如图 6-22（b）所示，B2.8 在投加量低于 1×10^{-5} mol/L 时悬浊液的电动电位为 -30mV，尽管此时絮体粒径很大但剩余浊度仍然较高。由上可知，一定程度的脱稳才能保证良好的絮凝效能。

6.3　展　　望

羟基聚合铝形貌、分类、结构及形态研究的主要价值在于探讨不同形态在絮凝工艺中的作用机理以及为生产高效絮凝产品提供理论和技术支持。尽管大量的研究与应用表明羟基聚合铝絮凝剂比传统铝盐混凝剂具有更多的优点，其形态特征、作用机理与工艺参数也得到了开发与研究，但对于羟基聚合铝絮凝剂的凝聚絮凝作用机理仍缺乏统一认识与相应的计算模式。虽然本章对羟基聚合铝絮凝剂的凝聚絮凝行为进行了定性描述与半定量理论计算，但进一步研究仍需加强颗粒物与羟基聚合铝絮凝剂的微界面过程研究，包括表面电荷密度分布变化、颗粒间相互作用力的直接测定、表面吸附与表面沉淀转化过程、表面络合模式建立，建立适用于羟基聚合铝絮凝剂的定量计算模式。同时，也要加强絮凝动态过程的精确监控，从溶液 pH、絮体粒径分布、絮体结构与强度等变化来优化絮凝过程的工艺参数，并应用小试或中试实验进行模式测试与修正。

参 考 文 献

[1]　Stumm W，Morgan J J. Chemical aspects of coagulation. J Am Water Works Assoc，1962，54：971-994.

[2]　Stumm W，O'Melia C R. Stoichiometry of coagulation. J Am Water Works Assoc，1968，60：514-539.

[3]　汤鸿霄. 浑浊水铝矾絮凝机理的胶体化学观. 土木工程学报，1965，5：45-54.

[4]　汤鸿霄，栾兆坤. 聚合铝的凝聚絮凝特征及作用机理. 环境科学学报，1992，2：129-137.

[5]　汤鸿霄，栾兆坤. 聚合氯化铝与传统混凝剂的凝聚-絮凝行为差异. 环境化学，1997，16：497-505.

[6]　Van Benschoten J E，Edzwald J K. Chemical aspects of coagulation using aluminum salts. I . Hydrolytic reactions of alum and polyaluminum chloride. Water Res，1990，24：1519-1526.

[7]　Van Benschoten J E, Edzwald J K. Chemical aspects of coagulation using aluminum salts. Ⅱ. Coagulation of fulvic acid using alum and polyaluminum chloride. Water Res, 1990, 24: 1527-1535.

[8]　Bottero J Y, Tchoubar D, Axelos M A V, et al. Flocculation of silica colloids with hydroxy aluminum polycations. Relation between floc structure and aggregation mechanisms. Langmuir, 1990, 6: 596-602.

[9]　汤鸿霄. 无机高分子絮凝理论与絮凝剂. 北京: 中国建筑工业出版社, 2006: 282-302.

[10]　Letterman R D, Amirtharajah A, O'Melia C R. Coagulation and flocculation // Letterman R D. Water Quality and Treatment. New York: McGraw-Hill, 1999: 1-86.

[11]　Duan J, Gregory J. Coagulation by hydrolysing metal salts. Adv Colloid Interf Sci, 2003, 100-102: 475-502.

[12]　徐毅. Al_{13} 形态的分离提纯及其稳定性和凝聚絮凝作用机理. 中国科学院生态环境研究中心博士学位论文, 2004: 1-121.

[13]　Bertsch P M, Parker D R. Aqueous polynuclear aluminum species // The Environmental Chemistry of Aluminum. 2nd ed. Boca Raton: CRC Press, 1996: 117-168.

[14]　Parker D R, Bertsch P M. Formation of the "Al13" tridecameric aluminum polycation under diverse synthesis conditions. Environ Sci Technol, 1992, 26: 914-921.

[15]　Wu R M, Lee D J, Waite T D, et al. Multilevel structure of sludge flocs. J Colloid Interf Sci, 2002, 252: 383-392.

[16]　Amal R, Raper J A, Waite T D. Fractal structure of hematite aggregates. J Colloid Interf Sci, 1990, 140: 158-168.

[17]　Guan J, Waite T D, Amal R. Rapid structure characterization of bacterial aggregates. Environ Sci Technol, 1998, 32: 3735-3742.

[18]　栾兆坤. 无机高分子絮凝剂聚合氯化铝的基础理论和应用研究. 中国科学院生态环境研究中心博士学位论文, 1997: 1-217.

[19]　Waite T D, Cleaver J K, Beattie J K. Aggregation kinetics and fractal structure of [gamma]-alumina assemblages. J Colloid Interf Sci, 2001, 241: 333-339.

[20]　Hahn H H, Stumm W. Kinetics of coagulation with hydrolyzed Al(Ⅲ): the rate-determining step. J Colloid Interf Sci, 1968, 28: 134-144.

[21]　Amirtharajah A, Asce M, Trusler SL. Destablization of particles by turbulent mixing. J Environ Engeg Div-ASCE, 1986, 112: 1085-1108.

[22]　Wu X H, Ge X P, Wang D S, et al. Distinct coagulation mechanism and model between alum and high Al_{13}-PACl. Colloid Surf A, 2007, 305: 89-96.

[23]　Wu X H, Wang D S, Ge X P, et al. Coagulation of silicamicrospheres with hydrolyzed Al(Ⅲ) —signicance of Al_{13} and Al_{13} aggregates. Colloid Surf A, 2008, 330: 72-79.

[24]　叶长青. Al13 的亚稳平衡形成机理及其静电簇混凝效应研究. 中国科学院生态环境研究中心博士学位论文, 2006: 115-129.

[25]　Dentel S K. Application of the precipitation-charge neutralization model of coagulation. Environ Sci Technol, 1988, 22: 825-832.

[26]　Wang D S, Tang H X. Quantitative model of coagulation with inorganic polymer flocculant PACl: application of the PCNM. J Environ Eng-ASCE, 2006, 132: 434-441.

[27]　Furrer G, Trusch B, Muller C. The formation of polynuclear Al_{13} under simulated natural conditions. Geochim Cosmochim Acta, 1992, 56: 3831-3838.

[28]　Furrer G, Gfeller M, Wehrli B. On the chemistry of the keggin Al-13 polymer: kinetics of proton-promoted

decomposition. Geochim Cosmochim Acta, 1999, 63: 3069-3076.

[29] Amirbahman A, Gfeller M, Furrer G. Kinetics and mechanism of ligand-promoted decomposition of the Keggin Al-13 polymer. Geochim Cosmochim Acta, 2000, 64: 911-919.

[30] Casey W H, Philips B L, Karlsson M. Rates and mechanisms of oxygen exchanges between sites in the $AlO_4Al_{12}(OH)_{24}(H_2O)_{12}^{7+}$ (aq) complex and water: implications for mineral surface chemistry. Geochim Cosmochim Acta, 2000, 64: 2951-2964.

[31] Molis E, Thomas F, Bottero J Y, et al. Chemical and structural transformation of aggregated Al13 polycations, promoted by salicylate ligand. Langmuir, 1996, 12: 3195-3200.

[32] Kazpard V, Lartiges B S, Frochot C, et al. Fate of coagulant species and conformational effects during the aggregation of a model of a humic substance with Al-13 polycations. Water Res, 2006, 40: 1965-1974.

[33] Bradley S M, Kydd R A, Howe R F. The structure of Al gels formed through the base hydrolysis of Al^{3+} aqueous solutions. J Colloid Interf Sci, 1993, 159: 405-412.

[34] Ye C Q, Wang D S, Shi B Y, et al. Formation and transformation of Al_{13} from freshly formed precipitate in partially neutralized Al (Ⅲ) solution. J Sol-Gel Sci Technol, 2007, 41: 257-265.

[35] Bi S P, Wang C Y, Cao Q, et al. Studies on the mechanism of hydrolysis and polymerization of aluminum salts in aqueous solution: correlations between the "core-links" model and "cage-like" Keggin-Al 13 model. Coordin Chem Rev, 2004, 248: 441-455.

[36] Lartiges B S, Michot L J, Bottero J Y. Flocculation of colloidal silica with aluminum fractal polymers. Aqueous Chemistry and Geochemistry of Oxides. Oxyhydroxides and Related Materials, 1997, 432: 345-350.

第 7 章　羟基聚合铝凝聚絮凝机理化学计量分析

　　早期的凝聚与絮凝理论主要研究者强调 Al^{3+} 的作用,重视 Schulze-Hardy 法则,认为:①Al^{3+} 中和负电胶体颗粒物发生凝聚;②铝盐水解产物具有强烈电中和作用,与负电杂质相互凝聚;③铝盐沉淀生成凝絮体对胶体及溶解杂质有吸附卷扫作用;④最优凝聚区 pH 范围与氢氧化铝最低溶解区相符合[1-4]。另外,也有研究者指出 Al^{3+} 交换容量的重要性,达到等电状态后的水解产物生成凝絮,在颗粒间架桥而达到絮凝,即混凝作用表现在脱稳与黏结两方面[5, 6]。此后,借助于胶体颗粒物的 DLVO 理论[7, 8],通过计算各种形状微粒之间的相互吸引能与双电层排斥能,成功地解释了憎液胶体的稳定性及其凝聚作用。20 世纪 60 年代,不同的学者对水处理的凝聚与絮凝机理展开了深入的研究并逐渐趋于一致,提出吸附电中和理论和吸附架桥理论[9-11],着重强调混凝过程的铝盐及铁盐水解产物的专属化学作用和有机高分子絮凝剂的空间位阻稳定作用。同时,汤鸿霄综述了各种不同的观点,提出:①铝盐水解产物一定程度的脱稳是产生黏结架桥絮凝的必要前提;②黏结架桥絮凝本质上是异相凝聚及第二极小值的作用[12]。日本的丹保宪仁也在此时期发表论文综合论述了凝聚絮凝机理,应用凝聚物理理论计算颗粒物的稳定性和临界电位,结合多核络合物的吸附和沉淀黏结观念,并通过实验验证了达到所需投药量的计算[13]。60 年代后,混凝过程的基础理论与基本模式主要包括基于 Stumm 和 O'Melia 的观点的四种作用机理:①压缩双电层;②吸附电中和;③黏结架桥;④卷扫絮凝。70 年代初,Amirtharajah 通过铝盐的凝聚区域图[14],对凝聚及絮凝状态作出较清晰的操作图示,但其主要以实验数据为依据,难以适用于所有水质及胶体颗粒状况,仍属定性估算。

　　随着界面与胶体水化学的发展,逐步建立了凝聚絮凝的界面电位计算体系和表面络合模式。80 年代初,Letterman 和 Iyer 首先提出以 $Al_2(SO_4)_3$ 进行凝聚和絮凝的综合计算模式[15]。采用 MINEQL 计算程序由溶液化学平衡计算得到铝的沉淀物量 M_{Al},并认为它全部吸附于颗粒物表面而求出由它覆盖的表面积浓度 A_{Al},再由颗粒物总表面积浓度求出未被覆盖的表面积浓度 A_S,并根据界面化学平衡应用 Davis 三层模型的表面络合模式、MINEQL 程序及絮凝动力学方程式计算出絮凝效果。此外还有 Dentel 提出的沉淀-电中和计算模式[16],王志石也提出类似于 Letterman 的计算路线[17],三种模式均以氢氧化物沉淀在颗粒物表面的覆盖程度为出发点,求得表面电位的定量结果,回避了絮凝剂水解产物在溶液中存在形态的差异及其在表面上的真实作用机理,同时把电中和作为决定混凝效果的唯一尺度,未必能全面判断混凝过程中的实际状况。随着水质日益恶化而水质要求日益严格，近代水处理工艺往往采用颗粒物群体微界面来强化吸附絮凝过程，此时混凝过程不需要形成粗大絮团，而只需在混合、凝聚脱稳或生成微细颗粒后吸附在颗粒物界面上完成絮凝分离过程，使微细颗粒物及污染物的脱稳聚集和分离在微界面上同时完成。羟基聚合铝絮凝剂的性能与特征更能适应于微界面吸附絮凝工艺，如微絮凝-深床过滤、溶气气浮和纤维拦截接触絮凝等。它们具有混合时间短、药剂投加量低、出水浊度低等优异性质，表现出快速吸附絮凝的特点[18, 19]。然而由于羟基聚合铝絮凝剂电荷高，其凝聚絮凝作用机理与传统铝盐有所不同，必须精确控制投药量才能充分发挥其优异特征。为此，探讨羟基铝聚合物的凝聚絮凝作用机理，建立相应的定量计算模式，并依据模式针对不同水质条件给出相应工艺参数，是羟基聚合铝絮凝剂得到广泛应用的基础，也是势在必行的研究课题。

7.1　羟基铝各形态颗粒物吸附絮凝作用机理

现代环境化学已经将水体颗粒物的范畴由原来的 0.45μm 以上的矿物颗粒扩展到 1nm 以上的实体物质，不但包括黏土矿物、金属氢氧化物等无机物，也包括腐殖质、高聚物等有机物，还包括细菌、藻类等生命物质。水体中微量痕量污染物吸附在颗粒物表面上，发生各种表面转化反应和生态效应，并随之迁移而归宿于沉积物中，再释放出来造成水体的二次微污染。随着纳米技术与纳米材料的迅猛发展，环境中纳米级污染物（ENPs）也开始受到人们关注。由于其具有的纳米尺寸效应及其相应的结构，ENPs 易于积累在水体颗粒物表面并发生一系列的微界面反应。颗粒物的表面结构特性和电荷性质则是影响水体中颗粒物的界面行为的重要因素。水体中颗粒物的分离去除主要依靠混凝、沉淀、过滤过程。传统水处理技术通常经混凝使颗粒物形成粗大絮团后以重力沉降和过滤分离，达到水质净化目的。传统絮凝剂如硫酸铝主要以其水解氢氧化铝形态使颗粒物脱稳聚集，适合于网捕卷扫絮凝，用药量较大。新发展的无机高分子絮凝剂具有强电中和能力、吸附与聚集能力强、界面反应快、用药量较小等特点，比较适合于界面吸附絮凝。这两类絮凝过程的作用机理有很大不同，在反应器类型、结构、工作参数上都有较大区别。本节从界面吸附角度出发，以高 Al_{13} 含量的羟基聚合铝絮凝剂和硫酸铝为混凝剂，研究颗粒物与混凝剂的微界面吸附絮凝相互作用过程，从化学吸附角度探索羟基聚合铝絮凝剂的凝聚絮凝作用机理。

7.1.1　静态吸附絮凝实验

1. 实验方法

材料：二氧化硅悬浊液、羟基聚合铝絮凝剂、硫酸铝、NaOH、HCl。

仪器：JTY 型混凝实验搅拌仪（北京岱远测控技术开发中心）、pH 计（MP220，Mettler Toledo，Swiss）、电动电位仪（Zetasizer 2000，Malvern，UK）、浊度仪（2100N，Turbidimeter，Hach，USA）、ICP-OES（Optima 2000，Perkin Elmer Co USA）。

实验过程：静态吸附絮凝实验采用混凝烧杯实验方法，在 JTY 型混凝实验搅拌仪上进行。二氧化硅悬浊液浓度分别为 0.5g/L 和 5.0g/L，离子强度与碱度分别为 10^{-2}mol/L NaNO$_3$ 和 10^{-3}mol/L NaHCO$_3$。实验前采用 NaOH 或 HCl 调节悬浊液 pH 为 6.5，实验量为 500mL。吸附絮凝程序如下：投加絮凝剂后快搅 2min（200r/min），1min 时取样测电动电位；然后静置沉降 30min，取上清液测剩余浊度，同时取上清液经 0.45μm 滤膜过滤后用浓 HNO$_3$ 调节 pH<2，热浴解聚后测量上清液中的剩余铝含量。吸附的铝量即为投加的总铝量减去剩余铝量。

2. 颗粒物特性

1）粒径分布

实验所用二氧化硅颗粒物系人工制造的球形颗粒物（非晶形 SiO$_2$>99.95%），平均粒径 3.0μm，比表面积 1.3m^2/g。利用扫描电镜（SEM）和激光光散射技术（SADDLS）分别考察了干粉二氧化硅颗粒及二氧化硅悬浊液的形貌及粒径分布特征。从图 7-1 和图 7-2 可以看出所选颗粒物球形度高，粒径分布均匀，适于用作模型颗粒物研究颗粒物与絮凝剂间的界面吸附絮凝行为。

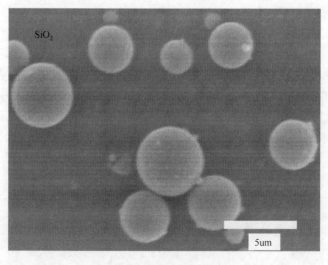

图 7-1　二氧化硅颗粒的显微图像（放大 6000 倍）

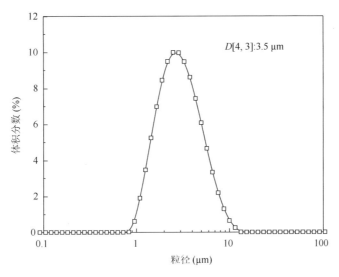

图 7-2　二氧化硅粒径分布图

2）总表面位

水体中颗粒物的表面特性在很大程度上影响着颗粒物与絮凝剂之间的界面相互作用。颗粒物的表面特性主要包括表面酸碱特性、比表面、表面位及其结构特征以及表面电荷性质等。表面酸碱特性是颗粒物表面特性研究的重要指标之一，实质是不同 pH 时表面吸附位及电荷特性。酸碱滴定则是研究颗粒物表面特性的重要方法。在金属（氢）氧化物颗粒的酸碱滴定过程中，由于表面质子反应通常会伴随固相的溶解，使得酸碱滴定过程变得非常复杂。因此，选择合理的滴定方法和滴定程序是研究颗粒物表面酸碱特性的一个关键步骤。

通常二氧化硅（SiO_2）在水溶液中会产生一系列的溶解与沉淀反应，而不管是石英或非晶形二氧化硅，其溶解度都为 pH 的函数。根据 Her 的研究可知二氧化硅溶解度随着 pH 的变化而变化（图 7-3）[20]。在 pH 为 6～8 时，浓度为常数，随着 pH 的增加，溶解度也随之增加。在 pH>10 后，溶解度剧烈增加。考虑到本实验研究体系悬浊液 pH 固定在 6.5，而且吸附絮凝实验在 1h 内可以完成，因此二氧化硅在碱性范围内的溶出所导致表面酸碱特性改变的影响可以忽略。所设定的滴定程序采用碱返滴定：在悬浊液的初始 pH 调至 3 以下后开始加碱滴定至 pH 为 10。同时由于二氧化硅颗粒物纯度高，因此滴定空白选用纯电解质溶液。

将二氧化硅悬浊液体系的格氏函数（G）对加入的碱体积（V）作图得到二氧化硅悬浊液体系的格氏图（图 7-4）。所得到的 V_{eb1} 和 V_{eb2} 代入式（7-1）后计算二氧化硅总表面位浓度（N_s）：

$$N_s=([(V_{eb2}-V_{eb1})\times C_b]_{sample}-[(V_{eb2}-V_{eb1})\times C_b]_{Blank})/(C_s\times V_0) \qquad (7\text{-}1)$$

式中，悬浮液初始体积 V_0=80mL；NaOH 浓度 C_b=0.048 57mol/L；加入 HNO$_3$ 的体积 V_{at}=0.5mL；C_s=1g/L。表面位密度可由公式（7-2）计算出。

$$N_s=4.857\times10^{-5}\text{mol/g}$$
$$D_s=(N_s\times N_A)/(S\times10^{18})=22.5\text{site/nm}^2 \qquad (7-2)$$

式中，N_A 为阿伏伽德罗常量（$6.022\times10^{23}\text{mol}^{-1}$）；$S$ 为二氧化硅比表面（$1.3\text{m}^2\text{/g}$）。

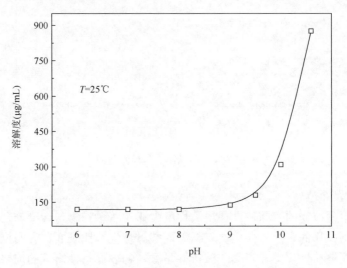

图 7-3　二氧化硅溶解度与 pH 的变化图[20]

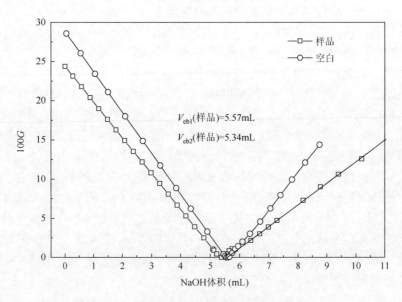

图 7-4　二氧化硅悬浊液体系碱滴定的格氏图

3. 絮凝剂形态鉴定

絮凝剂的形态分布特征是影响絮凝剂效能的主要因素之一。投加的铝盐在混凝过程中形成的水解聚合形态在颗粒物表面的专属吸附/电中和脱稳作用是颗粒物聚集的重要先决条件。聚十三铝（Al_{13}）作为羟基聚合铝絮凝剂的优势形态能够以稳定的 Keggin 结构和较高正电荷发挥作用，其凝聚絮凝作用与传统铝盐有许多不同之处。为了更好地比较羟基聚合铝絮凝剂和传统铝盐之间的絮凝效能，实验以高 Al_{13} 含量的聚合氯化铝（碱化度 $B=2.2$，简称 PAC22）与硫酸铝进行静态吸附絮凝实验，希望从化学角度来解释两种混凝剂的凝聚絮凝作用行为。如表 7-1 和图 7-5 所示，Al-Ferron 逐时络合比色法和 ^{27}Al NMR 法测定结果表明两种絮凝剂的形态分布有着显著差异。从图中可以看出硫酸铝和 PAC22 分别以单体铝（Al_a）和聚十三铝（Al_{13}）为主，其主要成分均达到 80%左右。

表 7-1　硫酸铝与 PAC22 的形态分布特征

絮凝剂	$[Al_T]$ (mol/L)	Ferron 法			^{27}Al NMR	
		Al_a（%）	Al_b（%）	Al_c（%）	Al_{13}（%）	Al_m（%）
硫酸铝	0.108	96.3	2.0	1.7	0	79.2
PAC22	0.101	9.4	83.8	6.8	76.7	5.9

4. 颗粒物与絮凝剂的表面电荷特征

对于固体/水溶液界面而言，有着单一位置的表面并非特别常见。虽然根据胶态二氧化硅的离子交换研究已经提出了有两种位置，但二氧化硅的表面可当作一个近似单一位置的表面[21]。水处理中简单金属离子如 Al^{3+} 可以压缩或降低胶体颗粒物的表面双电层，但并不能使胶体表面电荷变号，而其水解聚合产物或羟基聚合物却可通过专属吸附作用改变胶体颗粒表面的电荷。通过电动电位可以反映胶体颗粒物的电动电位变化特征和表面电荷特性，同时也能反映出絮凝剂本身的电荷特性。由上述可知实验所用二氧化硅总表面位浓度为 4.857×10^{-5} mol/g，在固体浓度为 0.1g/L 的二氧化硅悬浮液体系中，固体表面位浓度约为 4.857×10^{-6} mol/L，投加絮凝剂量为 1×10^{-4} mol/L（如第 6 章所述）。假设固体表面基团与絮凝剂中羟基铝络合物之间化学反应计量关系为 $1:1$，由于 $C_{Ns}/C_{Al_T} \gg 1$，可以看出即使在酸性条件下，絮凝剂仍然能完全覆盖固体表面，此时悬浮液体系表面电荷特性为覆盖在颗粒表面的絮凝剂电荷特性。尽管此时表面电离与表面络合作用十分复杂，但电动电位对 pH 的变化仍能反映出表面电荷密度的变化规律，从而定性描述水中氧化物的性质。图 7-6 为二氧化硅悬浊液及絮凝剂在不同 pH 条件下的电动电位变化图。

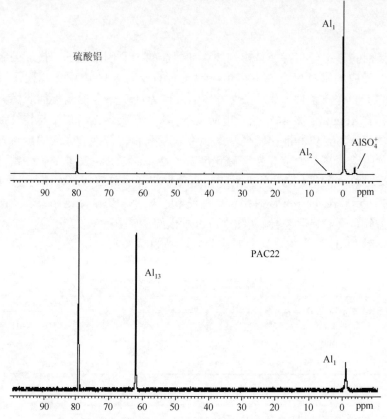

图 7-5 硫酸铝与羟基聚合铝絮凝剂 PAC22 的 ^{27}Al NMR 谱图

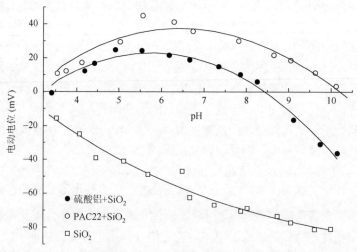

图 7-6 不同 pH 时二氧化硅与絮凝剂的电动电位变化图（二氧化硅浓度：0.1g/L，絮凝剂浓度：$[Al_T]=1\times10^{-4}$mol/L）

从图 7-6 可以看出在很宽的 pH 范围内二氧化硅颗粒物表面均为负电荷,其等电点在 pH=2 左右(图未示出),而絮凝剂的电动电位在较宽的 pH(4~8)范围内表现出正电性。根据铝盐的水解平衡反应可知,水溶液中铝的形态分布主要取决于铝的浓度和溶液 pH。一般地,在[Al^{3+}]<10^{-4}mol/L 的酸性或碱性溶液中,铝水解优势形态为单体羟基络离子,单体形态随 pH 变化的分布如下所示:pH 为 3~5 时,Al^{3+}、Al(OH)$^{2+}$、Al(OH)$_2^+$等为铝水解的优势形态;在 pH 为 7~8 时,铝水解形态以新生成的 Al(OH)$_3$ 凝胶沉淀物为主;当 pH>8 时,铝形态主要以铝酸阴离子 Al(OH)$_4^-$ 形式存在。如图 7-6 所示在 pH<8 时,硫酸铝的电动电位为正,而 pH>8 时其电动电位则转为负值。对于预制的 PAC22,由于其优势形态聚十三铝 [AlO$_4$ Al$_{12}$(OH)$_{24}^{7+}$] 能在溶液中稳定存在,其继续水解聚合的速率和趋势明显慢于传统铝盐,因此一直处于较高的正电状态。在 pH>10 后才开始变号,并且其电荷值仍然明显高于硫酸铝。结合两种絮凝剂的形态分析结果,在一定的时间内 PAC22 在碱性范围内仍然有一定量的高电荷羟基聚合物,可以在相对宽的 pH 范围内发挥电中和作用。

7.1.2　静态吸附絮凝实验分析结果

水体中的颗粒物会在表面吸附水体中的各种化学物质,导致其表面性质发生变化。化学物质在颗粒物表面的吸附形式多种多样,吸附类型也不尽相同。对于无机离子而言,其主要吸附形式分为:静电物理吸附、化学键合和氢键作用的特性吸附以及定位离子吸附。无机聚阳离子通过特性吸附作用使颗粒表面电荷变号从而影响胶体稳定性,所引起的絮凝与颗粒物的浓度存在着"化学计量关系"。特性吸附与表面沉淀过程存在着相似之处。当絮凝剂投加量较高或溶液碱度较高时,产生的大量金属沉淀物也会在迅速沉淀过程中网捕颗粒物而发生共沉降。有机高分子则主要凭借其结构单元上的极性基团同颗粒表面活性点的作用而实现在颗粒物表面的吸附。吸附的键合作用主要有静电作用、氢键作用、共价键作用和疏水性缔合作用四种,其吸附规律主要有:①在浓度极低的初始阶段吸附量增加很快,在较高浓度时,吸附量增加减缓并最终达到饱和;②高分子脱附极为困难,但吸附的高分子可以与溶液中的其他高分子或小分子进行交换吸附。絮凝中常根据颗粒物与絮凝剂浓度之间的变化规律选用不同的吸附等温式来描述其相互间的作用。

1. 不同絮凝剂的絮凝效果

羟基聚合铝絮凝剂与硫酸铝均可通过无机聚阳离子与颗粒物发生的"特性吸附"作用使颗粒物脱稳并絮凝,其絮凝与颗粒物浓度存在着化学计量关系。为了更好地比较两种絮凝剂的吸附絮凝作用，实验体系采用高浓度二氧化硅悬浮液（500mg/L）模拟高浊度水体，同时悬浮液的 pH 固定在 pH=6.5 模拟一般水处理条件。在不同的颗粒物浓度下，采用混凝烧杯实验分别投加不同剂量的高 Al_{13} 含量的 PAC22 和硫酸铝，结合悬浊液的电动电位变化考察上清液的剩余浊度（RT）的变化规律。颗粒物浓度选取 0.5g/L 和 5g/L，悬浊液的 pH 固定在 6.5。低浓度条件下，颗粒物电动电位和悬浊液剩余浊度随着絮凝剂投加量的变化规律如图 7-7 所示。

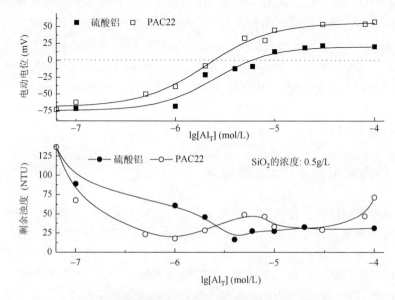

图 7-7 不同投加量下的电动电位和剩余浊度变化图

从图 7-7 可以看出，颗粒物的电动电位随着絮凝剂投加量的增加而向正值增加，在一定的混凝剂投加量下颗粒物表面电荷发生逆转。随着投加量的继续增加，电动电位持续上升而后渐趋稳定。从电中和特性来看，PAC22 表现出更强的电中和能力，在投加量为 2×10^{-6}mol/L 时达到零电位点；而硫酸铝则在 5×10^{-6}mol/L 左右才达到零电位点。相应的剩余浊度变化规律也存在着显著差异。就硫酸铝而言，悬浊液体系从稳定到脱稳区域并且进入到卷扫絮凝区域，而投加 PAC22 的体系则经历了稳定—脱稳—复稳—再脱稳—复稳的变化过程。两种絮凝剂的最佳投药量也分别为 1×10^{-6}mol/L 和 5×10^{-6}mol/L。显然，由于 PAC22 中高含量的 Al_{13}^{7+} 带有强的正电荷，能够快速吸附到带负电的颗粒物表面并在微秒内中和颗粒表面的负电荷，使得颗粒物迅速脱稳并聚集成为较大的絮体。根据前述絮凝剂的形态分布及电荷特性可知，尽管电中和作用是颗粒物脱稳的主要作用机理之一,但不同的絮凝剂有着不同的脱稳机理及颗粒物聚集过程。从铝盐的溶解-沉淀区域图[22]可知:在 pH>6 时,总铝浓度超过 1×10^{-6}mol/L 即可产生无定形的氢氧化铝沉淀。由于铝盐的水解反应在微秒内就可完成,因此对于投加硫酸铝的悬浊液体系,颗粒物的脱稳主要通过带弱正电的无定形氢氧化铝沉淀来完成。在较高的投加量条件下,体系并未出现复稳。这是因为弱正电的无定形氢氧化铝黏附在颗粒物表面网捕溶液中的其他颗粒物而形成较大的絮体,此时卷扫絮凝为硫酸铝去除颗粒物的主要机理。对于 PAC22,吸附在颗粒物表面的 Al_{13} 经过聚集、重排在部分颗粒物表面上形成"静电簇",这种带正电的"静电簇"不仅可以吸引带负电的颗粒物,同时也能提高颗粒物的有效碰撞效率而带来更高的颗粒物聚集效率。因此,在低的投加量条件下部分中和的负电荷颗粒即可达到较高的浊度去除率。此外,溶液中的 Al_{13} 也会由于碱度的增加而相互聚集重排成为尺度大于 2nm 的 Al_{13} 聚集体达到数百纳米。这类 Al_{13} 聚集体类似于有机高分子,具有较高的正电荷和较大的尺度。就此而言,高 Al_{13} 含量的 PAC22 对颗粒物的去除机理不仅包括电中和,而且还包括静电簇混凝和架桥聚集,因此在较低的投加量下,PAC22 表现出强的颗粒物去除能力。随着投加量的增加,覆盖着聚阳离子的颗粒物表面电荷由负逆转为正,强烈静电排斥作用导致体系浊度恶化;而进一步投加 PAC22 后剩余浊度再次下降。这有可能是此时一部分 PAC22 水解转化为氢氧化铝,无定形的氢氧化铝沉淀发挥卷扫絮凝作用导致浊度的再次降低。

2. 表面覆盖率与吸附等温式

1)表面覆盖率

从前述颗粒物的表面位及表面电荷特性可知,二氧化硅可以近似为单一位置的表面。絮凝剂中具有特性吸附力的离子通过与表面活性基团的相互作用达到絮凝,由于二者间的相互作用关系复杂,包括静电键合、氢键键合及化学键合等,难以准确描述。为了更好地比较羟基聚合铝与硫酸铝在二氧化硅表面的吸附作用过程,本节通过比较絮凝过程中颗粒物表面覆盖率的变化来区分两种絮凝剂的吸附作用机理。同时由于铝盐水解产生系列羟基铝聚合物的复杂性,本节假设特性吸附离子与二氧化硅表面基团的反应计量关系为 1:1,同时不考虑特性吸附离子在表面的配位反应及沉淀反应,试图在简化计算的基础上定性描述并比较羟基聚合铝絮凝剂与硫酸铝的吸附絮凝行为。根据吸附实验结果,覆盖率的计算公式如下所示:

$$\theta = \Gamma / \Gamma_{max} \tag{7-3}$$

式中,Γ 为吸附量;Γ_{max} 是悬浊液体系中颗粒物表面的总吸附量,即为酸碱滴定中的总表面吸附位($N_s=3.736\times10^{-5}$mol/m^2)。计算结果如图 7-8 所示。

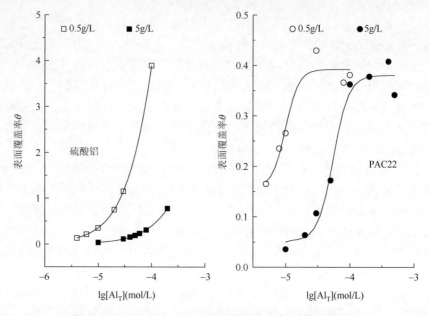

图 7-8　不同絮凝剂在不同颗粒物浓度下的覆盖率变化图

从图 7-8 可以看出两种絮凝剂在颗粒物表面的吸附行为有着明显不同。在低、高两种颗粒物浓度下，PAC22 的表面覆盖率最大值均为 0.4 左右；而硫酸铝则表现出不同的表面覆盖率，远大于单层吸附时的饱和覆盖率。随着投加量的增加，投加硫酸铝的悬浊液因为其颗粒物表面吸附的氢氧化铝沉淀可以黏接卷扫体系中的其他颗粒物或氢氧化铝沉淀而形成多层吸附。另一方面，投加 PAC22 的悬浊液体系则因为聚阳离子之间强排斥作用只能在部分覆盖在颗粒物表面形成单层吸附。因此，可以采用两种不同的吸附等温式分别描述硫酸铝和 PAC22 在硅微球上的吸附行为。吸附总量由公式（7-4）计算得出：

$$\Gamma = \left(C_t - C_e\right)\big/\left(S \cdot C_p\right) \tag{7-4}$$

式中，Γ 为吸附量（mol/m^2）；C_t、C_e 和 C_p 分别为絮凝剂的投加浓度（mol/L）、平衡浓度（mol/L）和颗粒物浓度；S 为硅微球的比表面（m^2/g）。如图 7-8 所示，投加硫酸铝后的硅微球表面所吸附物质包括其系列水解产物乃至氢氧化铝沉淀，形成异相吸附表面，因此采用 Freundlich 吸附等温式进行拟合计算。而 PAC22 由于表现出单层吸附特征而采用 Langmuir 吸附等温式。

2）Freundlich 吸附等温式

Freundlich 吸附等温式是广为采用的经典吸附公式，其表达式如式（7-5）所示，其中，Γ 为吸附量（mol/m^2），C_e 为絮凝剂的平衡浓度，参数 k 与 n 分别代表吸附能力和吸附强度。一般情况下将公式（7-5）转换为对数形式后求出这两个经验常数值，如公式（7-6）所示。水溶液中絮凝剂在颗粒物的表面吸附常符合 Freundlich 吸附等温式。根据静态吸附絮凝实验结果，按公式（7-6）计算后所得如图 7-9 和表 7-2 所示。

$$\Gamma = k \cdot C_e^{1/n} \tag{7-5}$$

$$\lg \Gamma = \lg k + 1/n \cdot \lg C_e \tag{7-6}$$

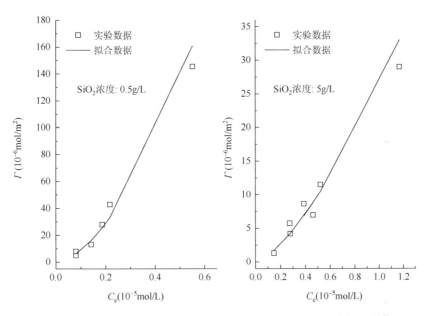

图 7-9　采用 Freundlich 吸附等温式拟合硫酸铝在硅微球上的吸附

表 7-2　硫酸铝在硅微球上吸附的 Freundlich 吸附等温式表达式

二氧化硅浓度（g/L）	$\lg k$	$1/n$	R^2
0.5	5.078 7	1.687 3	0.984 1
5	2.577 0	1.430 8	0.960 8

从图 7-9 和表 7-2 可以看出采用 Freundlich 吸附等温式可以很好地描述硫酸铝在硅微球上的吸附行为。从表 7-2 来看，在不同颗粒物浓度下 $\lg k$ 相差较大。这是因为在低、高两种颗粒物浓度下，不同吸附质控制着吸附过程，既包括弱正电的无定形氢氧化铝沉淀，也有可能包括由硫酸根与硅微球表面形成的表面络合物。在低的颗粒物浓度下，由于相对多的氢氧化铝沉淀沉积在硅微球表面因而具有较高的吸附能力（$\lg k$ 值高）。尽管可以将吸附作用能区分为化学键和静电作用力，但由于所投加的絮凝剂在溶液中和颗粒物表面会经历一系列的形态转化，因此很难在此将二者区分。不过从电动电位的趋势变化来看，与 PAC22 相比，可以认为

硫酸铝的静电作用力相对较弱，而化学键的作用力相对较强。

3）Langmuir 吸附等温式

1916 年，Langmuir 首先提出单分子层吸附模型，从动力学观点推导了单分子层吸附方程式。对于化学吸附和低压高温时的物理吸附，该理论获得了很大的成功。Langmuir 吸附等温式的一般表达式如式（7-7）所示。

$$1/\Gamma = 1/\Gamma^0 + (1/K\Gamma^0)\cdot(1/C_e) \tag{7-7}$$

式中，Γ 为吸附量(mol/m^2)；Γ^0 为实际饱和吸附量(mol/m^2)；C_e 为絮凝剂的平衡浓度；K 为实际饱和吸附容量达到一半时溶液中的平衡常数。对实验数据进行线性拟合后，结果如图 7-10 和表 7-3 所示。

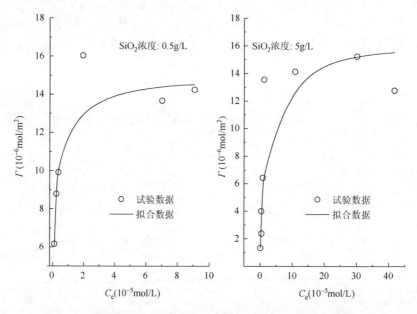

图 7-10　采用 Langmuir 吸附等温式拟合 PAC22 在硅微球上的吸附

表 7-3　**PAC22 在硅微球上吸附的 Langmuir 吸附等温式表达式**

二氧化硅浓度（g/L）	Γ^0（10^{-5}mol/m^2）	K（10^5）	R^2
0.5	1.474 4	7.035 7	0.970 7
5	1.610 5	0.642 7	0.963 1

从图 7-10 可以看出在低絮凝剂投加量下，模式拟合结果与实验数据吻合良好。也就是在低的投加量下聚阳离子与硅微球表面的络合反应化学计量关系为 1：1。而高的絮凝剂投加量下由于一部分絮凝剂转化为无定形氢氧化铝沉淀，这部分氢氧化铝沉淀能够吸附部分颗粒物，从而使体系在复稳后再次出现浊度降低。从表

7-3 可以看出在低、高两种颗粒物浓度下，实际的饱和吸附容量很接近 $1.4\times10^{-5}\sim$ 1.6×10^{-5}mol/m^2，但是远低于理论的饱和吸附容量 Γ_{max}（3.736×10^{-5}mol/m^2）。将 Γ^0/Γ_{max} 相除得到体系复稳时不同颗粒物浓度下的表面覆盖率分别为 0.37 和 0.43。从图 7-7 和图 7-8 来看，在表观覆盖率低于 0.1 时投加聚合铝的悬浊液即达到最佳混凝点。这是因为聚合铝中的强正电性的 Al$_{13}$ 吸附在颗粒物表面，在颗粒物表面形成"静电簇"吸引负电荷硅微球，同时体系中形成的 Al$_{13}$ 聚集体以枝状结构黏接桥联体系中的颗粒物（包括完全负电荷和部分中和的硅微球）。应用 Stumm 和 Morgan[9]提出的吸附等温式可以计算一定颗粒物浓度下所需要的絮凝剂投加量，如公式（7-8）所示：

$$C_{t\theta} = (\theta/[K(1-\theta)])\cdot[1+KS\Gamma^0(1-\theta)] \tag{7-8}$$

式中，$C_{t\theta}$ 为达到一定表观覆盖率所需的絮凝剂投加量；K 是 Langmuir 吸附等温平衡常数；Γ^0 是实际饱和吸附量（mol/m^2）；S 为分散相的表面积（m^2/L）。烧杯实验结果显示悬浊液体系在表观覆盖率很低的时候（<0.1）达到剩余浊度最低值。假定在 $\theta=0.04$ 时达到浊度最低值，则可以分别计算出不同颗粒物浓度时所需絮凝剂的理论投加量为 1.0×10^{-6}mol/L 和 1.2×10^{-5}mol/L，此结果与烧杯实验数据非常接近。因此，对于投加 PAC22 的悬浊液体系，絮凝剂投加量与颗粒物浓度间存在着化学计量关系。

7.1.3　两种混凝模式与机理的比较

从上述两种不同的表面覆盖率和吸附等温式可以看出，硫酸铝和聚合铝具有不同的混凝作用机理。图 7-11 给出了高悬浊液浓度（5g/L）时剩余浊度与表面覆盖率的变化。对于硫酸铝而言，浊度值随着表面覆盖率的增加而降低。在投加量为 3×10^{-5}mol/L 时出现最低浊度值，而且随着投加量的增加剩余浊度值维持在较低水平。相反，PAC22 在投加量 1×10^{-5}mol/L 时浊度值降低到最低值，随着投加量的增加悬浊液体系出现再稳。表面覆盖率则是先增加然后在再稳后达到平台。在相同的颗粒物浓度下，PAC22 的最佳投药量均显著低于硫酸铝的最佳投药量，同时体系中颗粒物的电动电位仍然在负电荷状态。一旦颗粒物的电性逆转，悬浊液体系迅速出现浊度恶化，在很高的投加量下（10^{-4}mol/L），浊度值才稍微有所降低。对于硫酸铝，浊度最低点出现在零电位点附近，最佳混凝区域在电性逆转后仍然维持（10^{-4}mol/L）。根据絮凝剂的形态分布结果可知，两种不同的絮凝行为主要源于其与颗粒物相互作用的吸附物质不同而不同。作为 PAC22 的主要形态，Al$_{13}$ 以其高正电荷迅速吸附在负电荷的颗粒物表面，导致颗粒物快速脱稳并相互聚集。与此同时，吸附有 Al$_{13}$ 的颗粒物形成的"静电簇"和预制过程以及现场形成的 Al$_{13}$ 聚集体分别通过"静电簇"混凝作用与架桥作用聚集更多的颗粒物形成较大的絮体，从而在低的投加量下即达到快速絮凝。因此，高含量的 PAC22 的主要混凝作用机理除了电中和以外，还包括静电簇混凝和架桥絮凝。而对于硫酸铝，水解过程中形成的无定形弱正电氢氧化铝沉淀是其与颗粒物发生吸附作用的主要形态。由于其正电荷较弱因此中和负电荷颗粒物所需投加量远高于 PAC22，同时吸附在颗粒物表面和体系中的氢氧化铝沉淀则通过黏附网捕作用形成较大的絮体。当然吸附在颗粒物表面的正电荷水解产物也能形成"静电簇"，具有"静电簇"混凝的作用，但由沉淀网捕卷扫的颗粒物远多于吸附聚集的颗粒物，因此硫酸铝的主要混凝作用机理包括电中和和卷扫絮凝。

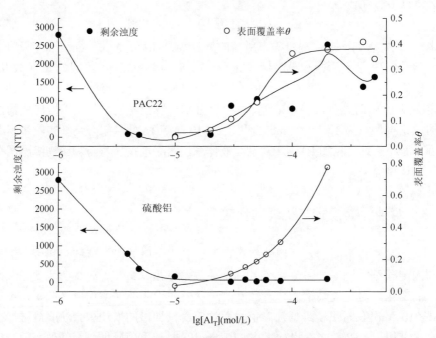

图 7-11　不同投加量下的表面覆盖率和剩余浊度变化图（SiO$_2$ 浓度=5g/L）

　　图 7-12 是设想的两种絮凝剂各自形成絮团的示意图。对于 Al$_{13}$ 含量较高的 PAC22 主要以羟基聚合物架桥聚集成絮团；对于其他组成的羟基聚合铝絮凝剂则有可能出现一定部分的沉淀物黏结。硫酸铝则主要是以氢氧化铝沉淀物包裹卷扫颗粒物形成絮团。可以看出，羟基聚合铝形成的絮团结构较疏松而硫酸铝所形成的絮团结构紧密，这两种结构不同的絮体宜分别采用不同的分离工艺进行分离，而不宜采用传统的混凝过滤工艺统一对待。以颗粒物群体吸附絮凝为主的表面吸附絮凝工艺适合于羟基聚合铝絮凝剂，通过统一的混凝与分离操作工艺分离絮体，从而充分发挥羟基聚合铝絮凝剂的优点。尽管对此已有研究并有实际应用[19, 23, 24]，但针对羟基聚合铝絮凝剂的水处理工艺流程与操作方法仍

需要进一步的深入研究。

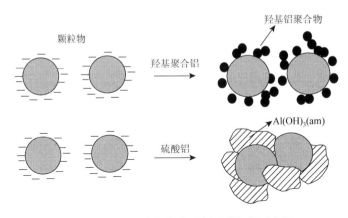

图 7-12　羟基聚合铝与硫酸铝吸附絮凝示意图

7.2　絮凝过程相互作用能研究——DLVO 理论应用

固液分散体系中固体颗粒之间的相互作用主要分为短程作用力和长程作用力。短程力作用在颗粒间距小于 2nm 处；而长程作用力发生在颗粒相距 5～100nm 处，是颗粒间的主要作用力。长程作用力主要包括范德华引力、静电作用力、溶剂化力、疏水力、位阻效应等。固液分散体系中颗粒聚合稳定性的决定因素是颗粒间的范德华引力和静电斥力。20 世纪 40 年代，Derjaguin、Landan 和 Verwey、Overbeek 提出 DLVO 理论描述溶胶的稳定性，认为溶胶在一定条件下是稳定存在还是聚沉取决于颗粒间的相互吸引力和静电斥力。若斥力大于吸引力则溶胶稳定，反之则不稳定。本节应用经典的 DLVO 理论近似计算了不同絮凝剂作用下颗粒间相互作用能的变化，试图从颗粒间作用力的变化进一步讨论不同絮凝剂在絮凝反应过程中的作用机理。

7.2.1　理论基础

1. 同质颗粒间的静电排斥作用

水体中大多数颗粒物都带有一定电荷，在溶液中构成双电层，影响着颗粒物本身的稳定性和各个方面的相互作用特性。当两个相同的带电颗粒相互接近时，双电层发生交叠产生静电排斥，阻止颗粒物进一步聚集。对于水中颗粒物间的静电作用，要较精确的计算，过程十分复杂。区别于理想的恒电位/恒电荷平面，实际条件下的双电层排斥能可直接应用泊松方程计算，但通常计算过程复杂；另外可应用双电层平面单独存在时的已知表达式构建计算公式，这种方法更适用于实际应用，表达式简单而且具有相当的准确性。球形颗粒间作用能计算公式通常由平板颗粒的相互作用能方程推导而来。在离子价为 z 的对称型电解质溶液中，当双电层交联程度不大且 $\kappa\dfrac{d}{2}>1$ 时（d 为平板间距离），可近似得到两平板微粒的双电层在单位面积上产生的相斥能：

$$V_R = \frac{64 n_0 k_B T}{\kappa} \gamma_0^2 \mathrm{e}^{-\kappa d} \tag{7-9}$$

其中

$$\gamma_0 = \frac{\exp[ze\psi_0 / (2k_B T)] - 1}{\exp[ze\psi_0 / (2k_B T)] + 1} \tag{7-10}$$

$$\kappa^{-1} = \left(\frac{\varepsilon \varepsilon_0 k_B T}{2e^2 z^2 c_s} \right)^{1/2} \tag{7-11}$$

式中，n_0 为电解质浓度；z 为离子价；k_B 为玻耳兹曼常量；T 为热力学温度；e 为电荷单位；κ 为双电层厚度；ε、ε_0 分别为真空和介质中的介电常数。在表面电位很高时，γ_0 趋于 1，V_R 几乎与 ψ_0 无关，而只受到电解质浓度与价数的影响。对于球形颗粒，当颗粒粒径远大于两颗粒间距离时，Derjaguin 方法假设颗粒间相互作用能可以通过叠加平行的同心圆环间的相互作用能而得。本节所采用二氧化硅颗粒平均直径为 3.0μm，远大于计算所涉及的作用力范围，因此可以采用近似计算公式。为了简化计算并考虑到所用二氧化硅系人工制造，结构性质相同，颗粒粒径分布集中，因此假设体系中颗粒为等同球形颗粒。根据 LSA 近似计算法（线性叠加近似，linear superposition approximation），即当 $\kappa H \gg 1$ 时，相同球形颗粒间双电层间作用能计算式为

$$V_R = \frac{64\pi R n_0 k T \gamma_0^2}{\kappa^2} \exp(-\kappa H) \tag{7-12}$$

式中，R 为颗粒半径；H 为两球间最短距离。此外，在计算过程中假设带电颗粒间的相互作用能随电动电位（ζ）的变化而变化，而不是真正的表面电位（ψ_0）。一般认为 ζ 电位与紧密层电位（ψ_s）非常接近。因此，可以假定 ζ 电位与紧密层电位一致，能够反映出反离子在颗粒物表面的行为。这种假设具有以下优点：①ζ 电位可以通过实验直接测得；②ζ 电位通常低于表面电位，计算结果更符合公式推导过程的某些约束条件（表面电位低于 50mV）；③双电层相互作用通常取决于颗粒周围扩散层的变化；与表面电位相比，ζ 电位与这些变化更为相关。

2. 颗粒间的范德华引力

范德华引力存在于一切分子、原子之间，主要有德拜诱导作用、偶极作用和

色散作用。德拜诱导作用是永久偶极子与诱导偶极子之间的作用，偶极作用是永久偶极子与永久偶极子之间的作用，而色散作用是诱导偶极子与诱导偶极子之间的作用。悬浮液中颗粒可看作是大量分子的集合体，根据加和性原理，Hamaker 推导出两个球体间作用能和球体与平板的计算公式。对于两个相同半径为 R 的相同球体，有

$$V_A = -\frac{A}{6}\left[\frac{2R^2}{H^2+4RH}+\frac{2R^2}{(H+2R)^2}+\ln\left(1-\frac{4R^2}{(H+2R)^2}\right)\right] \qquad (7\text{-}13)$$

式中，H 球体间最短距离；A 为 Hamaker 常数，与组成颗粒的分子间相互作用参数有关，是物质的特征常数。当 $R \gg H$ 时，式（7-13）可简化为

$$V_A = -\frac{AR}{12H} \qquad (7\text{-}14)$$

Hamaker 常数 A 是一个重要的参数，表示颗粒在真空中的分子作用特性，可以通过不同方法计算而得，一般由直接测得的吸引力推导。20 世纪 50 年代 Lifshitz 提出"宏观法"计算 Hamaker 常数，基本相互作用物质的宏观特性而不是分子间特性来求得。尽管两种计算方法不同，但是颗粒物间的吸引力并没有发生明显差异，见表 7-4[25]。因此仍可用式（7-12）和式（7-13）来计算，计算式为

$$A = \pi^2 C \rho^2 \qquad (7\text{-}15)$$

式中，ρ 为密度（个数密度，个/m³，或质量密度，kg/m³）；C 为色散作用能系数，$C = \frac{3\alpha_0^2 h_0 \nu}{64\pi^2 \varepsilon_0^2}$，J·m⁶。其中，$\alpha_0$ 为原子极化率，c²m²/J；h_0 为普朗克常量，6.626×10^{-3} J·s；ν 为电子旋转频率，对于玻尔原子 $\nu = 2.53 \times 10^{15}$ s⁻¹，$h_0\nu = 2.2 \times 10^{-18}$ J；ε_0 为自由空间的介电常数，8.854×10^{-12} c²/（J·m²）。

表 7-4　常见物质的 Hamaker 常数（$\times 10^{-20}$ J）[25]

物质	真空		水	
	A	A^*	A	A^*
水	3.7	3.9		
SiO₂	6.5	7.6	0.83	0.61
Al₂O₃	15.6	19.8	5.3	6.1
CaO	10.1	11.7	2.2	2.1
聚苯乙烯	6.6	7.8	0.95	0.67
聚四氟乙烯	3.8	4.4	0.33	0.015

A：数据来源于 Israelachvili（1991）。A^*：采用公式（7-7）计算。

当物质的 A 值为已知时，可以计算不同间距处的各种几何形状颗粒物的范德华力，分子间作用力随间距的增大而迅速衰减。由于颗粒的相互作用总是发生在

一定的介质中，因此 Hamaker 常数应包含介质分子的作用在内。设 A_{11} 为颗粒在真空中的 Hamaker 常数，A_{33} 为介质在真空中的 Hamaker 常数，则颗粒物 1 在介质 3 中的 Hamaker 常数 A_{131} 为

$$A_{131} = A_{313} \approx (\sqrt{A_{11}} - \sqrt{A_{33}})^2 \qquad (7\text{-}16)$$

在介质 3 中，不同物质的两个颗粒，则有

$$A_{132} \approx (\sqrt{A_{11}} - \sqrt{A_{33}})(\sqrt{A_{22}} - \sqrt{A_{33}}) \qquad (7\text{-}17)$$

如表 7-4 所示，高密度物质的 Hamaker 常数高，低密度物质的 Hamaker 常数低。这主要是因为高密度物质反射率高，而低密度物质的反射率低。另外，根据式（7-15）可以看出：不管是溶剂中还是在真空中，分散相颗粒之间总是有净的吸引作用；溶剂中的相互吸引力也必然小于真空中的吸引力；当溶剂性质与颗粒性质相同时，颗粒间无相互吸引作用，体系稳定。因此，对于稳定的二氧化硅悬浊液体系，水中存在少量的溶质（絮凝剂）对于体系的 A 值影响不大。如图 7-13 所示，不同 A 值时二氧化硅颗粒之间的相互作用能变化不大，势能峰均高达数千 kT，在 100nm 处形成较浅的第二极小值凹谷，$<4kT$。此值已能有效抑止布朗运动促成微粒结合（$3/2kT$），但微粒并未完全脱稳，聚集体有明显的机械扰动可逆性。从图中可看出在 A 值为 0.61×10^{-20}J 时，第二极小值凹谷最浅，为了更好地比较不同絮凝剂带来的颗粒间相互作用能的变化，本节计算所用 Hamaker 常数选用 0.61×10^{-20}J。

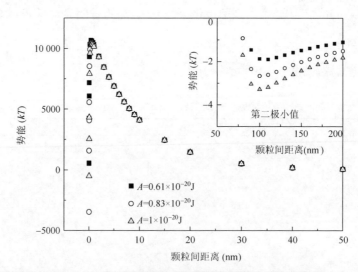

图 7-13　不同 A 值对颗粒间相互作用能变化曲线的影响

3. 颗粒间的总相互作用能——DLVO 理论

根据经典的 DLVO 理论，颗粒物的稳定性主要由静电作用能与范德华作用能

间的平衡所制约。对于水体中的颗粒物，除了范德华作用和双电层静电作用外，在特定的场合还有溶剂化作用、疏水作用、空间位阻效应等其他形式的作用能。在本节中主要考察比较两种羟基聚合铝与硫酸铝对悬浮液中颗粒物稳定性的影响，与铝盐水解产物相比，无机聚阳离子有可能产生其他形式的作用能，如空间位阻。但由于絮凝剂的投加量较低，其他作用力的影响可忽略不计，以便于比较。同时，根据第 6 章的凝聚絮凝实验结果分析可知，电中和作用是二氧化硅颗粒凝聚絮凝的主要作用机理之一，同时也是前提条件。因此，颗粒体系的总作用能可应用式（7-18）计算，表达式为

$$V_T = V_A + V_R = -\frac{AR}{12H} + \frac{64\pi R n^0 k_B T \gamma_0^2}{\kappa^2}\exp(-\kappa H) \qquad (7\text{-}18)$$

颗粒间总作用能的主要影响因素包括电解质浓度、颗粒表面电位、Hamaker常数及颗粒尺寸等。图 7-14 给出实验所用体系中颗粒物的相互作用能随距离的变化，其中颗粒质量体积粒径 d=3.5μm，电解质 $NaNO_3$ 浓度为 0.01mol/L，电动电位为–61.8mV，Hamaker 常数为 0.61×10^{-20}J。从图中可以看出，势能曲线上能垒值高达数千 kT 以上，二氧化硅颗粒很难通过热运动跨越能垒，即在此条件下悬浮液保持稳定。另外在距离较远处出现第二极小值，其值为 $6\sim7kT$，颗粒可能在此处凝聚，但极易被搅拌或其他作用破坏而再次分散。

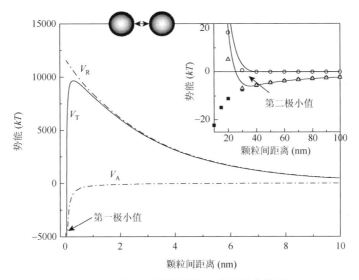

图 7-14 相同颗粒的总相互作用能变化图

7.2.2 数据处理

基于上述假设条件，颗粒间相互作用能只考虑范德华吸引力和静电排斥力，

而其他作用力在计算过程中被忽略。严格来说，DLVO 计算在此处不完全适合，但是颗粒间相互作用能定性/半定量比较可以试图说明不同絮凝剂的絮凝行为。计算时颗粒粒径选用快速搅拌 60s 时的质量体积直径，$D[4，3]$，其值根据絮凝动态过程中数据监测可得，具体计算参数见表 7-5。图 7-15 分别为不同投加量下三类羟基聚合铝絮凝剂与硫酸铝的颗粒相互作用能随距离的变化曲线。

表 7-5　不同絮凝剂不同投加量下颗粒物的 $D[4，3]$ 与 ζ 电位

絮凝剂	絮凝剂投加量（10^{-6}mol/L）									
	1		2		5		10		100	
	$D[4，3]$（µm）	ζ（mV）	$D[4，3]$（µm）	ζ（mV）	$D[4，3]$（µm）	ζ（mV）	$D[4，3]$（µm）	ζ（mV）	$D[4，3]$（µm）	ζ（mV）
硫酸铝	4.88	−40.6	5.41	−21.4	5.41	−16.4	5.71	−0.3	4.98	18
PAC10	4.24	−43.4	7.05	−21.4	5.09	3.5	4.03	22.7	4.22	39.9
PAC22	6.28	−18.5	5.99	−3.5	4.46	22.5	4.30	35.3	4.04	35.7
PAC25	4.67	−39.5	5.83	−25.6	4.48	16.0	4.03	20.5	4.15	30.6

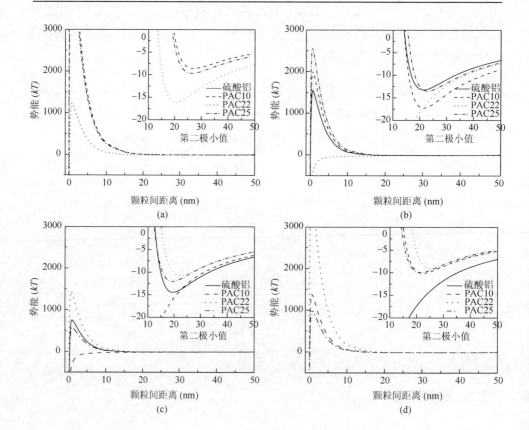

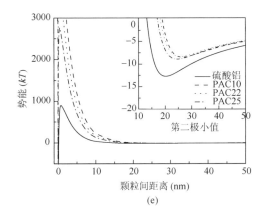

图 7-15　不同投加量下投加不同絮凝剂的颗粒间势能曲线

（a）投加量 1×10^{-6}mol/L，$V_T>0$；（b）投加量 2×10^{-6}mol/L，V_T（PAC22）<0；
（c）投加量 5×10^{-6}mol/L，V_T（PAC10）<0；（d）投加量 10×10^{-6}mol/L，V_T（硫酸铝）<0；
（e）投加量 100×10^{-6}mol/L，$V_T>0$

7.2.3　电中和与颗粒表面电荷

　　分散体系的稳定性取决于范德华作用能与双电层静电排斥能的相对关系，就本节所研究的体系而言，投加的絮凝剂浓度和表面电荷密度强烈影响着体系的稳定性，因此双电层系统占有重要地位，而 ζ 电位更是具有主导地位。不同离子对 ζ 电位的影响不同：①中性离子将随浓度的增加使得双电层厚度减小，从而降低 ζ 电位；②电势决定离子可以改变 ζ 电位由正变到负，电势决定离子主要影响 ψ_0；③高价金属离子由于特性吸附或强烈吸附的缘故，对 ζ 电位的影响很大，甚至可使 ζ 电位电性符号改变。对于实验所采用的二氧化硅悬浮液，当把具有相反电荷的絮凝剂硫酸铝与羟基聚合铝，加入到由静电排斥稳定的分散相体系中时，高价反号离子通过静电引力立即吸附到颗粒表面，并中和颗粒表面的电荷从而引起 ζ 电位降低，导致排斥力降低，颗粒物聚集发生絮凝，此时达到电中和点，即表面电荷为零。这种通过特性吸附造成的表面电荷减少与通过压缩双电层使价电子减少的过程机理不同。在加入过量絮凝剂时颗粒物表面电荷变号，此时实验所测得的 ζ 电位变为正值。从表 7-6 和图 7-16 可以清楚地看出，当 ζ 电位在零电位点附近时，悬浮液中颗粒物势能曲线上的能垒消失，即此时静电斥力不足以阻止颗粒间的接触，于是絮凝发生；反号离子的进一步吸附使颗粒表面电荷变号，并有可能使表面电位增加到足够高以致引起体系的重新稳定，此时变号的 ζ 电位稳定在较高值。对于不同的羟基聚合铝絮凝剂，由于形态分布相异，导致所携带反号电荷有高低之分，从而在不同浓度时表现出不同的电中和能力。对于聚合铝 PAC22，低浓度时高价 Al_{13}^{7+} 可迅速吸附至颗粒表面降低其电荷密度，同时在表面上发生进一步反应而改变表面电荷性质，势能曲线也再次出现能垒，颗粒恢复稳定。与第6章的讨论相似，聚合铝 PAC10、PAC25 也分别经历同样的变化，但中和表面电荷所需反号离子数目更多，因此颗粒聚集絮凝所需投加量增加。同样，硫酸铝由于以水解所生成的溶胶态物质吸附至颗粒表面进行电中和作用，电荷密度低，所需投加量是聚合铝 PAC22 的 5 倍（10×10^{-6} mol/L）。从图 6-15 可以看出，在颗粒表面覆盖率为 0.14 左右时，对于羟基聚合铝絮凝剂 ζ 电位均已大于零，而硫酸铝仍为负值，显然高价离子的强烈特性吸附作用导致 ζ 电位电性符号改变。从前述羟基聚合铝 PAC22 与硫酸铝的吸附絮凝机理来看，以高价正电荷铝聚阳离子为主的羟基聚合铝絮凝剂在颗粒物表面的吸附模式为单层吸附，而硫酸铝则表现为多层覆盖的模式。尽管此时反号离子与表面活性位的吸附作用并不能准确描述，有可能包括化学键合、表面络合、氢键作用等，但前述假设以静电作用力为主要的作用，从双电层的静电排斥力变化来看，对于羟基聚合铝絮凝剂，这种假设具有一定的合理性；而对于硫酸铝，反号离子在表面电荷变号后发生进一步吸附有可能是其他作用力所导致。就凝聚絮凝作用机理的而言，进一步吸附表现为网捕卷扫絮凝；而且前提条件是颗粒物脱稳（电中和、表面电荷为零）。结合宏观的烧杯絮凝实验结果，在本实验体系中微观的颗粒间作用能变化可以反映出絮凝剂的凝聚絮凝实验效能。从这点来看，计算所设定的假设条件具有一定合理性，尤其是对含 Al_{13} 较高的羟基聚合铝 PAC22 与硫酸铝而言。但对于其他碱化度的羟基聚合铝絮凝剂如 PAC10 和 PAC25，简化计算得到的势能变化与絮凝实验结果不太符合，此时除了电中和作用外，其他作用机理也有可能占支配地位。另外，由于碱化度高的羟基聚合铝 PAC25 自身粒径较大，有可能发生异质颗粒间的相互作用，因此经典的同质颗粒 DLVO 理论不能很好地解释颗粒物的稳定与凝聚作用，需要采用扩展的 DLVO 理论来研究。

表 7-6　不同絮凝剂不同投加量下颗粒物体系的第二极小值变化

絮凝剂	絮凝剂投加量（10^{-6}mol/L）									
	1		2		5		10		100	
	V_T (kT)	h (nm)	V_T (kT)	H (nm)	V_T (kT)	h (nm)	V_T (kT)	h (nm)	V_T (kT)	h (nm)
硫酸铝	10.10	26	12.35	21	14.65	19	—		13.04	20
PAC10	8.64	27	17.39	21	—	—	10.26	22	8.77	26
PAC22	16.28	20	—		10.85	22	9.20	25	8.62	25
PAC25	9.73	26	13.63	24	12.24	19	10.10	21	9.22	24

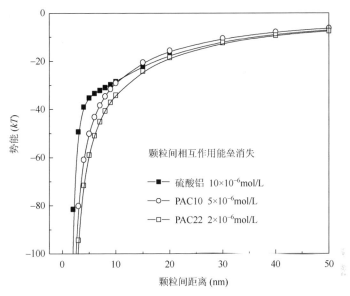

图 7-16　投加不同剂量絮凝剂时颗粒间相互作用能的变化

7.2.4　第二极小值絮凝

　　根据 DLVO 理论，影响分散体系的主要因素有颗粒表面电位、无机絮凝剂投加量、颗粒粒径和 Hamaker 常数等，能量势垒的数值取决于颗粒的大小和它们的表面势能。当颗粒粒径较大，达到数微米时，颗粒间距与总作用能曲线在距离较远处出现第二极小值，如图 7-15 所示，在净势能曲线上的明显隔开处（约 20nm 处），可以产生第二极小值。一般来说，分散体系中都有一个数量级为 kT 的平均热能值，只要势垒比颗粒的热能大得多，颗粒就很难相互接触。根据 DLVO 理论，一个 $15kT$ 的能量势垒就足以形成高度分散的体系。但是如果在这个第二极小值处能形成 $10kT$ 左右的深度，那么颗粒就能克服布朗运动的效应而产生聚集。这种聚集属于远距离结合，颗粒未完全脱稳，相互也未直接接触。聚集体的结构比较松散，具有可逆性[26]。

　　以羟基聚合铝 PAC22 和硫酸铝为例，其第二极小值深度随投加量变化的趋势如图 7-17 和图 7-18 所示。从图中可以看出，不管是投加羟基聚合铝絮凝剂还是硫酸铝，颗粒势能曲线上的第二极小值深度均大于 $5kT$，这主要是因为所用二氧化硅在微米级，即使没有絮凝剂颗粒也能产生较深的第二极小值。但是由图 7-17 可知，PAC22 能在较低投加量下迅速降低能垒，加深第二极小值深度并达到 $16.28kT$。此时，一方面因为强电中和作用降低颗粒表面势能从而增强颗粒碰撞概率，颗粒的凝聚絮凝主要发生在第一极小值处；另一方面，由于静电簇效应，吸附了正电荷的负电性颗粒表面电荷分布并不均匀，其局部正电部分可以吸引其他负电性颗粒或是其他颗粒的局部负电荷部分，颗粒聚集体的尺度增大也必然导致第二极小值的深度加深。当投加量增加，颗粒物表面吸附层之间的空间位阻作用使得排斥能上升，第二极小值也逐渐上升；颗粒再次稳定，相应的浊度值也迅速上升。与聚合铝 PAC22 有所不同，投加硫酸铝后颗粒间第二极小值随着投加量增加而增加，如图 7-18 所示。与前述絮凝实验相对照可以看出，当第二极小值深度达到 $10kT$ 左右即出现絮凝现象。此时，硫酸铝水解产生的溶胶及凝胶态氢氧化铝所带正电荷较弱，不能完全中和颗粒表面负电荷在第一极小值处凝聚聚集，因此絮体形成主要依靠远程的第二极小值絮凝。当投加量进一步增加，第二极小值逐步加深至 $14kT$ 左右；在颗粒表面负电荷完全被中和并出现电荷逆转时，其第二极小值深度仍然维持在 $13kT$ 左右(图 7-18)，仍能产生有效絮凝。同理，聚合铝 PAC10 和 PAC25 也通过相同的作用方式影响颗粒间势能曲线的变化及第二极小值的深度，不同的是由于 Al_{13} 含量不同及含有其他形态的铝聚合物，颗粒间作用能理论计算结果与絮凝现象有所出入。如图 7-15（a）所示，在较低投加量时，按照聚合铝 PAC25 的能垒值和第二极小值深度值均不能产生有效絮凝，但絮凝实验结果却出现最佳絮凝点。对于含有不同形态的聚合铝絮凝剂，如何区别各种形态与颗粒间的相互作用至关重要，但也存在一定难度。必需指出，文中 DLVO 计算假设体系为均相分散体系，但实际在高投加量时絮凝剂水解产生的氢氧化铝或高聚物具有一定尺度，异相聚沉作用应该不容忽视。从图 7-15（e）可以看出投加硫酸铝的体系势能曲线也表现出很高的能垒（约 $1000kT$），但此时颗粒已形成粗大絮体沉降，体系不再稳定。经典的 DLVO 理论不再适合解释此时颗粒间的相互作用能变化，但由于铝盐水解产物的多变性，目前还很少报道采用异相聚沉的 DLVO 理论来描述。Letterman 等应用表面络合理论定量描述了此过程，并且得到了实验验证。

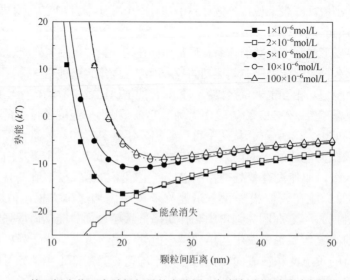

图 7-17　第二极小值深度随投加量的变化图（絮凝剂为羟基聚合铝 PAC22）

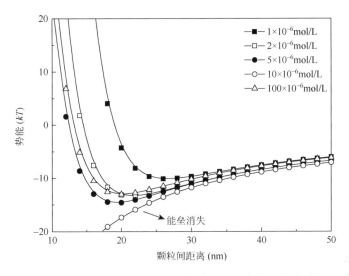

图 7-18　第二极小值深度随投加量的变化图（絮凝剂为硫酸铝）

7.2.5　吸附絮凝与絮团卷扫絮凝

胶体颗粒选择性专属吸附异电离子或大分子化合态，降低表面电位，实现电中和，使颗粒脱稳而凝聚，这种凝聚还会出现超荷状态，使颗粒电荷号逆转，重新成为相互排斥的稳定分散体系[26]。从第 6 章的叙述可知，作为预制的羟基聚合铝絮凝剂由于强制水解过程生成大量稳定的高聚合态化合物 Al_{13} 或 Al_{13} 聚集体乃至更高聚合态铝化合物，以原有形态先吸附在颗粒物表面，迅速中和颗粒物表面电荷而改变其电位，并且使颗粒物表面电荷减少到某个临界值，此时静电斥力不足以阻止颗粒间的接触，于是发生絮凝。

从 7.1.2 节可知，采用 Freundlich 吸附等温式和 Langmuir 吸附等温式可以分别描述硫酸铝和聚合铝在颗粒物群体微界面的吸附絮凝行为。在不同的颗粒物浓度下，硫酸铝主要以其水解氢氧化物形态吸附并包裹颗粒物形成多层覆盖模式，其吸附量随着投加量的增加而增加；聚合铝主要以 Keggin 结构 Al_{13} 吸附至颗粒表面并形成单层吸附模式，吸附量在表面覆盖率达到 0.4 左右即到饱和吸附量。羟基聚合铝絮凝剂以高正电荷的羟基铝聚合物吸附在颗粒表面降低表面负电荷密度并最终改变颗粒表面电荷为正电荷分布；硫酸铝以弱正电氢氧化物吸附到颗粒表面降低表面负电荷并最终改变颗粒表面电荷为正电荷分布。颗粒间的相互作用能能垒随着表面电荷降低而降低，在表面电荷为零时能垒消失。羟基聚合铝絮凝剂电中和能力强，低投加量时即能迅速降低能垒促使颗粒快速絮凝；颗粒表面电荷改性后能垒增加体系再次复稳。硫酸铝电中和能力弱，中等投加量时颗粒间相互作用能能垒消失，表面电荷改性后由于其他作用力存在促使颗粒保持聚集状态。

从铝盐的水解平衡反应可知,中性水体中铝盐水解产物 $Al(OH)_3(am)$ 有较大的表面积且带有一定量的正电荷,具有一定的静电黏附能力,因此在沉淀物形成过程即可黏附卷扫一部分颗粒物而迅速沉淀去除。另外,根据异相凝聚理论,弱正电的 $Al(OH)_3(am)$ 可以与负电位较高的颗粒物相互吸引产生快速絮凝作用,并且在第二极小值处发生黏附作用。因此,随着投加量增加 $Al(OH)_3(am)$ 的生成量越多,黏附卷扫作用越显著,从图 7-15(e)可知,此时体系能垒值已达 $1000kT$ 左右,但此时硫酸铝的除浊效果也明显。

7.2.6　非 DLVO 作用力

　　DLVO 理论应用于水分散系统的适用性已得到许多实验验证。从上述数据处理结果来看,不管是羟基聚合铝絮凝剂还是硫酸铝,低浓度投加时颗粒间相互作用势能变化与宏观混凝实验结果基本吻合。这是因为低浓度时(1×10^{-6}mol/L)絮凝剂对体系改变不大,可以忽略不计,符合 DLVO 理论的基本假设条件。当浓度增加时,絮凝剂水解反应、絮凝剂-絮凝剂间作用、絮凝剂-颗粒间作用都将影响颗粒间相互作用能的变化,不能忽略不计,因此絮凝现象与 DLVO 理论不符。硫酸铝水解反应产生的无定形氢氧化铝沉淀与颗粒物间存在的异相聚沉作用十分复杂,氢氧化铝沉淀越多其异相聚沉作用影响越大。此外,絮凝剂吸附在颗粒物表面后对颗粒间的相互作用有显著影响。当 Keggin-Al_{13} 吸附到颗粒物表面后,具有簇枝结构的 Al_{13} 分子及其聚集体在颗粒表面形成的吸附层产生位阻效应,其他多核羟基铝聚合物也会产生类似高分子聚合物的位阻效应。硫酸铝的系列水解产物吸附在颗粒物表面后主要以沉淀形式包裹颗粒物,其他作用力也将影响颗粒间的聚集,如化学键作用,颗粒表面吸附层与溶液中硫酸根离子的络合作用[27]。这些非 DLVO 作用力的计算将更加复杂,目前还未有比较明确的结果。就羟基聚合铝絮凝剂而言,经典的 DLVO 计算能够与混凝实验基本符合,因此可以作为基本模型解释混凝机理及预测混凝结果。

7.3　展　　望

　　羟基聚合铝絮凝剂的特征是预制形态稳定、电中和能力强、吸附与聚集能力强、界面反应快、适合吸附絮凝、用药量较少。这与传统絮凝剂如硫酸铝的形态趋向水解沉淀、电荷接近中性、絮团比较松散、适合网捕卷扫絮凝、用药量较多等特征有很大差异。目前通用的水处理反应器和工艺流程大多是适应硫酸铝的特征,以形成粗大絮团再加分离的目的而设计运行的,不能充分适应和发挥聚合类絮凝剂的特征和优点。未来研究中,依据羟基聚合铝的形态结构特征,不只在水力学层面上而且在微界面化学层面上加以理论深化，同时在反应器应用上加以强化，将会对水处理技术的发展起到启发和创新作用。

此外，传统给水处理工艺是使水中微细颗粒物及污染物经混凝聚集为粗大絮团，然后以重力沉降和颗粒层过滤先后分离，达到水质的最终净化。该处理工艺比较适合传统混凝剂，但未充分发挥聚合类絮凝剂的特征和颗粒物群体微界面吸附作用的优势。现代水处理工艺中许多技术单元都涉及难处理的纳米污染物与微界面的吸附絮凝作用，充分利用颗粒层群体微界面的吸附来强化絮凝过程，使微细颗粒物及污染物的脱稳聚集和分离在微界面上同时完成，可以称为界面吸附絮凝或接触絮凝。多层多管沉淀、悬浮絮体层澄清、溶气气浮分离、活性炭吸附分离、活性污泥生物絮凝，甚至各种纳米孔隙膜分离操作等工艺，往往是由颗粒物群体以固定床、悬浮床、流动床、透析床等形式构成微界面体系进行吸附絮凝来完成的。界面吸附絮凝作为普遍存在的现象，其作用机理实质尚未得到充分研究理解和发扬利用。目前，国内外对界面吸附絮凝虽有一些分散的讨论，但对其理论基础，特别是结合聚合类絮凝剂的特征进行的研究还很少见。

参 考 文 献

[1] Black A P，Williams D G. Electrophoretic studies of coagualtion for removal of organic color. J Am Water Works Assoc，1961，53：589-604.

[2] Miller L B. A study of the effects of anions upon the properties of "alum floc". Public Health Reports，1925，38：351-367.

[3] Black A P，Hannah S A. Electrophoretic studies of turbidty removal by coagulation with aluminum sulfate. J Am Water Works Assoc，1961，53：438-452.

[4] Mattson S. Cataphoresis and the electrical neutralization of colloidal material. J Phys Chem，1928，32：1532-1552.

[5] Langelier W F. Mechanism of flocculation in the clarification of turbid water. J Am Water Works Assoc，1949，41：163-181.

[6] Langelier W F，Ludwig H F，Ludwig R G. Flocculant phenomena in turbid water clarification. J Sanit Engng Div Proc ASCE，1952（2）：118-127.

[7] Derjaguin B V，Landau L. Theory of the stability of strongly charged lyophobic sols and of the adhesion of strongly charged particles in solutions of electrolytes. Acta Physicochim URSS，1941，14：633-662.

[8] Verwey E J W，Overbeek G J T. Theory of the stability of lyophobic colloids. J Colloid Sci，1955，10：224-225.

[9] Stumm W，Morgan J J. Chemical aspects of coagulation. J Am Water Works Assoc，1962，54：971-994.

[10] Stumm W，O'Melia C R. Stoichiometry of coagulation. J Am Water Works Assoc，1968，60：514-539.

[11] LaMer M J，Headley T W. Adsorption-flocculation reactions of macromolecules at the solid-liquid interface. Rev Pure App Chem，1963，13：112-132.

[12] 汤鸿霄. 浑浊水铝矾絮凝机理的胶体化学观. 土木工程学报，1965，5：45-54.

[13] 丹保宪仁. 水处理中混凝机理的研究（Ⅰ～Ⅳ）. 建筑译丛：给水排水，1966，7：2-8.

[14] Amirtharajah A. Rapid-mix design for mechanisms of alum coagulation. J Am Water Works Assoc，1982，74：210-216.

[15] Letterman R D, Iyer D R. Modeling the effects of hydrolyzed aluminum and solution chemistry on flocculation kinetics. Environ Sci Technol, 1985, 19: 673-681.

[16] Dentel S K. Application of the precipitation-charge neutralization model of coagulation. Environ Sci Technol, 1988, 22: 825-832.

[17] 王志石. 混凝与过滤工艺过程的基础理论方面. 土木工程学报, 1988, 21 (4): 48-63.

[18] 郭瑾珑.气浮及过滤过程中的接触絮凝研究.中国科学院生态环境研究中心博士学位论文, 2002: 1-117.

[19] 李大鹏.无机高分子混凝剂聚合氯化铝高效混凝动态模拟试验研究.中国科学院生态环境研究中心博士后结业论文, 1999: 1-136.

[20] Her R K. The Chemistry of Silica: Solubility, Polymerization, Colloid and Surface Properties, and Biochemistry. New York: John Wiley and Sons, 1979: 1-866.

[21] James R O. Adsorption of Inorganics at Solid-Liquid Interfaces. Michigan: Ann Arbor Science Publisher, 1981: 219-259.

[22] Letterman R D, Amirtharajah A, O'Melia C R. Coagulation and flocculation // Water Quality and Treatment. New York: McGraw-Hill, 1999: 1-86.

[23] 郭瑾珑, 王毅力. 逆流共聚气浮水处理工艺研究. 中国给水排水, 2002, 18 (7): 12-16.

[24] 王毅力, 李大鹏. 絮凝-DAF (dissolved air floatation) 工艺的化学因素与颗粒特征研究. 环境科学学报, 2002, 22 (5): 545-550.

[25] Gregory J. Particles in Water: Properties and Processes. Boca Roton: CRC Press, 2006.

[26] 汤鸿霄. 无机高分子絮凝理论与絮凝剂. 北京: 中国建筑工业出版社, 2006: 299-301.

[27] Benschoten J E Van, Edzwald J K. Chemical aspects of coagulation using aluminum salts- II. Coagulation of fulvic acid using alum and polyaluminum chloride. Water Res, 1990, 24: 1527-1535.